"十三五"普通高等教育规划教材

单片机应用设计与实践开发

（STC系列）

主　编　陈孟元
副主编　柏受军
编　写　陈晓飞　邢凯盛　伍永健　王　伟
主　审　郎　朗

中国电力出版社
CHINA ELECTRIC POWER PRESS

内 容 提 要

本书为“十三五”普通高等教育规划教材。

本书共分为3篇。第1篇为STC12C5A32S2实验开发板设计与实现，详细介绍了STC实验开发板原理图、PCB的绘制流程、注意事项以及实验开发板的焊接及调试。第2篇编写了18个软、硬件实验，内容由浅入深，循序渐进，引领学生在学习过程中逐步提高单片机软、硬件综合设计水平。实验程序用汇编语言及C语言两种语言完成。第3篇编写了Proteus实验和课程设计的相关内容，通过学习来掌握Proteus软件的基本操作、Proteus和Keil软件的联调方法。以本书为依托，可采用产品开发的教学模式，为以后单片机应用设计打下坚实的基础。

本书为高等院校单片机课程教材，同时还可供相关工程技术人员参考。

图书在版编目（CIP）数据

单片机应用设计与实践开发：STC系列/陈孟元主编．—北京：中国电力出版社，2017.1（2020.1重印）

“十三五”普通高等教育规划教材

ISBN 978-7-5123-9939-6

Ⅰ.①单… Ⅱ.①陈… Ⅲ.①单片微型计算机—高等学校—教材
Ⅳ.①TP368.1

中国版本图书馆CIP数据核字（2016）第309307号

中国电力出版社出版、发行
（北京市东城区北京站西街19号 100005 http://www.cepp.sgcc.com.cn）
三河市航远印刷有限公司印刷
各地新华书店经售
*
2017年1月第一版 2020年1月北京第五次印刷
787毫米×1092毫米 16开本 22印张 535千字
定价 **45.00** 元

前　言

单片机是一门实践性很强的课程，同时又涉及模拟电子技术、数字电子技术、C 语言程序设计、汇编语言程序设计等方面内容，因此具有较强的综合性。教材涉及的知识需要通过开放实验、实习实训、课程设计或科研活动等实践环节来加深理解和掌握现有的单片机实验平台为使用者提供的代码、实验指导等，但是多数实验平台只能让使用者根据实验步骤进行实验、观察结果或者按照使用说明修改参数设置，很难根据使用者的想法完成其他实验，例如将自己设计的模块与最小系统连接。这些正是学生提高实践能力、激发创新能力的重要途径。

编者近年来一直在积极开展产学研活动，合作研制、开发新产品和进行技术改造，并将新的科研成果及时地融入教学实践。基于在项目中取得的经验，编者将项目中制作的控制板改进为通用性更好的实验开发板，通过学生的制作和调试完成实验实训任务。这种实验装置的所有接口和器件的引脚都对使用者开放，学生可以在完成基本实验后，自行连接各种外置模块，根据具体情况进行设计性实验。与原有的单片机实验设备相比，教师更熟悉自制装置的硬件配置和资源，可以更好地指导学生。对于学有余力并且愿意参与教师科研项目的学生，通过这样的实验实训装置，可以让学生完成一些接近于教师科研课题的综合性实验。学生通过认识实习、电工电子实习、课程实验、课程设计、综合性实验、毕业设计等环节，在教师的指导下，完成单片机实验开发板原理图和 PCB 的绘制以及实验板的焊接调试，增强动手能力和创新能力的培养，突出了课程实践性和技术性的特点。

本书配套的 STC 单片机实验开发板于 2010 年研制成功并连续使用 7 年，编者多次对其进行升级和改造，已经被授权专利“一种基于单片机的实验开发板(201520439398.9)”。本书所有示例程序均在该实验开发板通过验证，开发板及相关配套元器件由芜湖卓源自动化技术有限公司生产提供。需要开发板及相关配套元器件的可以与公司或编者联系，希望可以为读者的学习和参考提供更多的方便。

在附录部分收录该实验开发板原理图、元器件清单等，供学习者对照安装调试。本书共享的相关资料，包括所有实例的 C 语言程序代码、Flash 烧写所需相关资源及常用的一些调试软件等，可以加入 QQ 群 450145648 自行下载、交流。

本书共分 3 篇 11 章，第 1～9 章由安徽工程大学陈孟元编写，第 10、11 章由柏受军编写，陈孟元负责全书统稿并制作全书配套的微课。王伟、陈晓飞同学对书中的示例程序进行验证，邢凯盛、张成、伍永健、李朕阳同学对本书部分书稿进行校对。安徽工程大学郎朗正高级工程师对全书进行了审阅。本书在编著过程中，得到了安徽工程大学电气工程学院许多老师的大力帮助，也参阅了许多国内外的相关著作和资料，在此一并向这些文献的作者表示衷心的感谢。

本书是安徽工程大学与安徽信息工程学院联合申请的 2017 年安徽省高等学校质量工程“规划教材”项目（2017ghjc412）研究成果，同时受到安徽省高等学校质量工程教学研究项目（2017jyxm0328）、安徽工程大学本科教学质量提升计划项目（2017jyxm09）和安徽省高校优秀青年人才支持计划项目（gxyqZD2018050）资助，在此表示感谢。同时感谢安徽省电气传动与控制重点实验室团队对本书编写所做的大量工作与支持。本书也是实验室师生多年来承担相关教学和科研实践的成果。

本书以 STC 单片机在工程应用中所需要的知识点为基础，突出 STC 单片机应用的基本方法，以实例为模板，叙述简洁清晰，工程性强，提供了完整的示例程序代码，可以作为工程技术人员进行 STC 单片机应用设计与开发的参考书。

限于编者学术水平，本书的体系结构与内容仍有不足或疏漏之处，敬请读者批评指正。

作者通信地址：安徽省芜湖市北京中路安徽工程大学电气工程学院（邮编 241000），E-mail：mychen@ahpu. edu. cn。

陈孟元

2016 年 12 月

目　录

第2篇 实验与实践指导

第3篇 基于Proteus的单片机设计和仿真

微课总码

中国电力教材服务
数字资源平台

微课总码

书链数字资源平台

第1篇

STC12C5A32S2实验开发板设计与实现

第 1 章　开发工具 Protel 99se

1.1　Protel 99se 介绍

1. Protel 99se 的组成

Protel 99se 是在桌面环境下以独特的设计管理和协作技术（PDM）为核心的全方位印制电路板设计系统。Protel 99se 主要有两大部分组成，每部分各有三个模块。

（1）电路设计部分。

1）用于原理图设计的模块 Advanced Schematic 99。该模块主要包括设计原理图的原理图编辑器，用于修改、生成元件的元件库编辑器以及各种报表的生成器。

2）用于印制电路板设计的模块 Advanced PCB 99。该模块主要包括用于设计印刷电路板的编辑器，用于修改、生成元件封装的元件封装编辑器以及印刷电路板组件管理器。

3）用于 PCB 自动布线的模块 Advanced Route 99。这个模块主要适用于电子器件少、布线简单的 PCB。布线前先设置好布线规则，如最基本的线宽、线距。若电子元器件非常多，布线又非常复杂，单面板根本不可能完成布线时，建议使用手动布线。

（2）电路仿真与 PLD 设计部分。

1）用于可编程逻辑器件设计的模块 Advanced PLD 99。该模块主要包括具有语法意识的文本编辑器，用于编译和仿真设计结果的 PLD 以及用来观察仿真波形的 Wave。

2）用于电路仿真的模块 Advanced SIM 99。该模块主要包括一个功能强大的数/模混合信号电路仿真器模块，能提供连续的模拟信号仿真和离散的数字信号仿真。

3）用于高级信号完整性分析的模块 Advanced Integrity 99。该模块主要包括一个高级信号完整性仿真器，能分析 PCB 设计和检查设计参数，测试过冲、下冲、阻抗和信号斜率。

2. Protel 99se 的特点

Protel 99se 是基于 Windows 的完全 32 位 EDA 设计系统。它采用了三大技术，即 SmartDoc 技术、SmartTeam 技术、SmartTool 技术。这些技术将产品开发的三个方面——人、由人建立的文件和建立文件的工具有机地结合在一起。

（1）SmartDoc 技术。所有文件（原理图、PCB、输出文件、材料清单，以及其他设计文件，如手册、费用表、机械图等）都存储在一个综合设计数据库中，以便对它们进行有效管理。

（2）SmartTeam 技术。将所有的设计工具（原理图设计、电路仿真、PLD 设计、PCB 设计、自动布线、信号完整性分析以及文件管理器）都集中到一个独立的、直观的设计管理器界面上。

（3）SmartTool 技术。设计组的所有成员可同时访问同一个设计数据库的综合信息，更改通告以及文件锁定保护，确保整个设计组的工作协调配合。

Protel 99se 继承了 Protel 98 原有的特点，包括：

（1）灵活、方便的编辑功能；

（2）功能强大的自动化设计；

（3）完善的库管理功能；

（4）良好的兼容性和可扩展性。

1.2 Protel 99se 常用菜单介绍

1. Protel 99se 菜单栏

Protel 99se 菜单栏的功能是进行各种命令操作，设置各种参数，进行各种开关的切换等。它主要包括“File”“View”和“Help”三个下拉菜单，如图 1-1 所示。

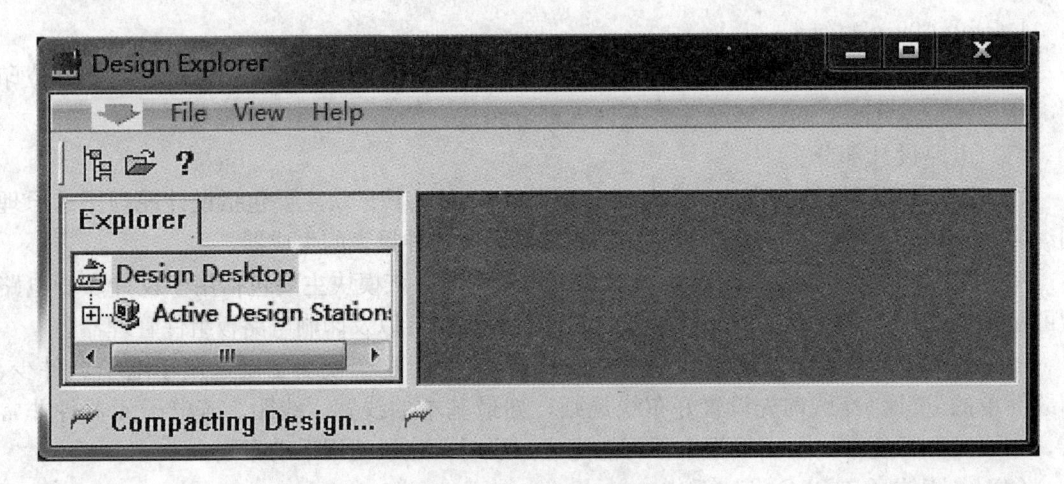

图 1-1 Protel 99se 菜单栏

（1）“File”菜单。如图 1-2 所示，“File”菜单主要用于文件的管理，包括文件的打开、新建、退出等。

“File”菜单的选项及功能如下：

1）“New”选项：新建一个空白文件，以便用户能够在上面完成设计。文件的类型为综合型数据库，格式为“.ddb”。

2）“Open”选项：打开并装入一个已经存在的文件，以便进行修改。

3）“Exit”选项：退出 Protel 99se。

（2）“View”菜单。如图 1-3 所示，“View”菜单用于切换设计管理器、状态栏、命令行的打开与关闭，每项均为开关量，鼠标单击一次，其状态改变一次。

（3）“Help”菜单。如图 1-4 所示，“Help”菜单用于打开帮助文件。

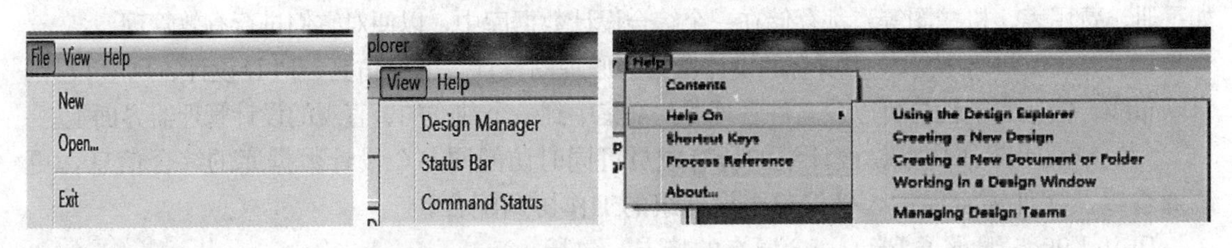

图 1-2 “File”菜单　图 1-3 “View”菜单　图 1-4 “Help”菜单

2. 菜单栏属性的设置

用户利用鼠标左键双击菜单栏前的图标就会出现如图 1-5 所示的“Menu Properties”

对话框。

3. Protel 99se 系统菜单

用户利用鼠标左键单击图标或者在面板上单击鼠标右键，就会出现如图 1-6 所示的菜单。其主要功能是设置 Protel 99se 客户端的工作环境和各种服务器的属性。

系统菜单的选项及具体功能如下：

（1）“Servers”。它是 Protel 99se 服务器设置的编辑器，可对 Protel 99se 所有服务器进行管理和设置，包括安装、打开、停止、移走，设置安全性、属性以及观察角度等。单击该项会出现如图 1-7 所示的对话框。在图 1-7 中，先利用鼠标选定服务器，然后用鼠标单击图中图标“Menu”即可弹出命令菜单，以实现服务器的管理和设置。

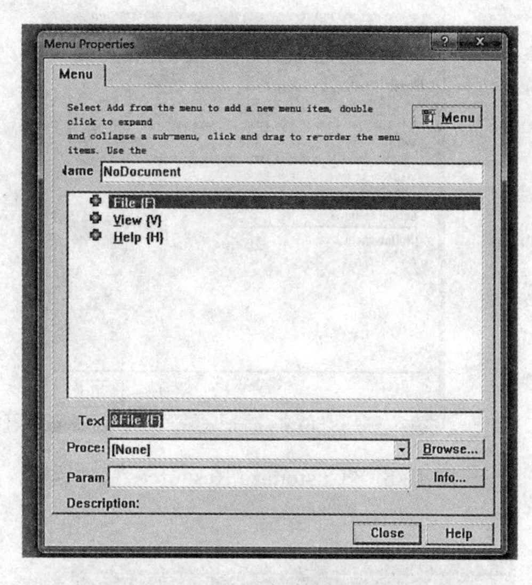

图 1-5 “Menu Properties”对话框

图 1-6　系统菜单

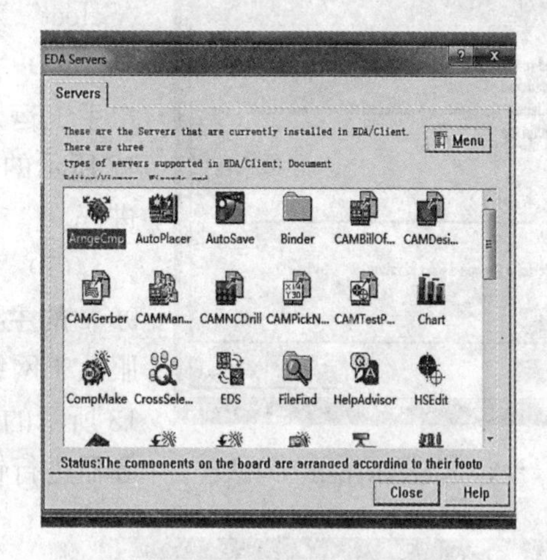

图 1-7 “Servers”对话框

（2）“Customize”。Protel 99se 是一个高可定制的集成环境。在 Protel 99se 用户/服务器框架体系中，对于所有服务器而言，所有菜单、工具栏、快捷键都是用户端的资源，且都设定为可修改的。单击该项后会弹出如图 1-8 所示的“Customize Resources”对话框，可以对相关资源进行创建、修改、删除等。

（3）“Preference”。该选项用于设置系统的相关参数，如是否需要备份、显示工具栏等；另外，还可以设置自动保存和系统字体。单击该项后会弹出如图 1-9 所示的“Preference”对话框，可进行相关设置。

（4）“Design Utilities”。单击该项后会弹出如图 1-10 所示的对话框。通过该对话框可以对数据库文件压缩和修复。在“Compact”选项中可实现数据库文件的压缩，在“Repair”选项中可实现数据库文件的修复。

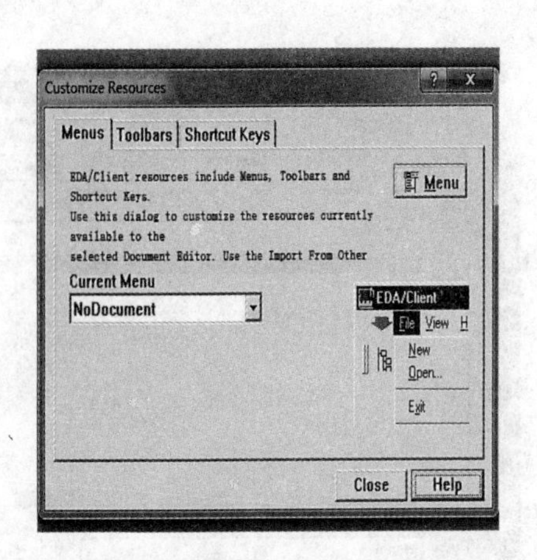

图 1-8　“Customize Resources”对话框

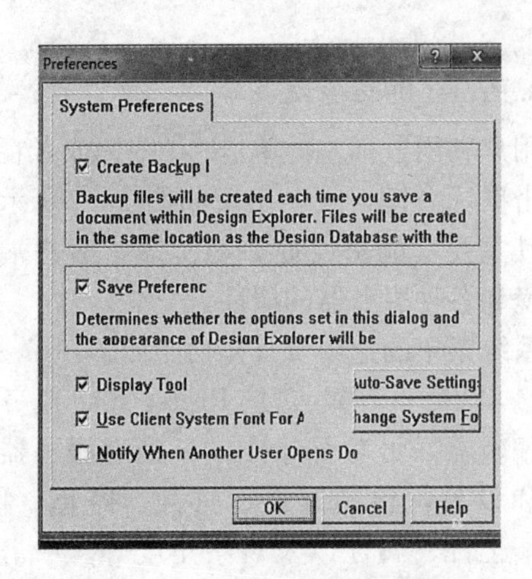

图 1-9　“Preference”对话框

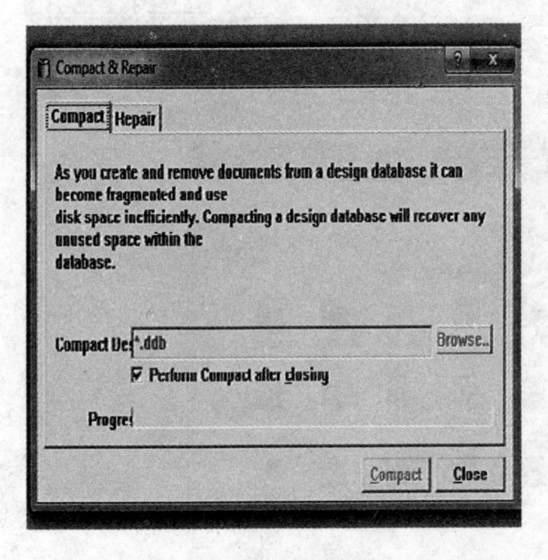

图 1-10　“Compact&Repair”对话框

(5)“Run Script”。在 Protel 99se 中，可以运行脚本程序。单击该项后会弹出如图 1-11 所示的“Select”对话框，以选择脚本程序。

(6)“Run Process”。在 Protel 99se 中，允许用户手工运行多个进程。用户单击该项会弹出如图 1-12 所示的“Run Process”对话框，可选择要运行的进程。

(7)“Security”。Protel 99se 允许用户对 Protel 99se 的主要服务器进行锁定和解锁。此项安全设置服从于网络浮动授权规则。单击该项会弹出如图 1-13 所示的“Security Locks”对话框，可以对相关服务器进行锁定和解锁。

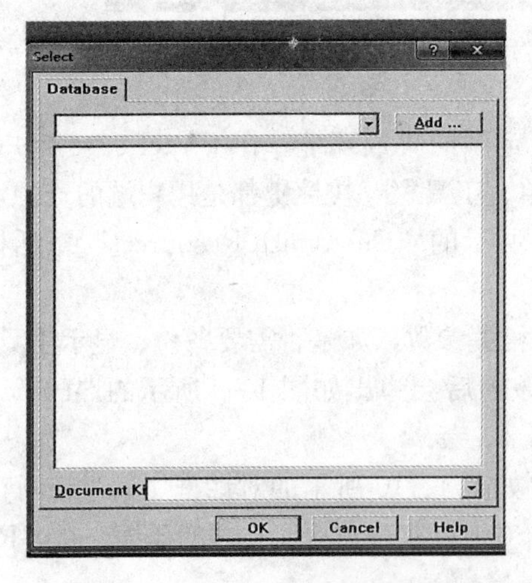

图 1-11　“Select”对话框

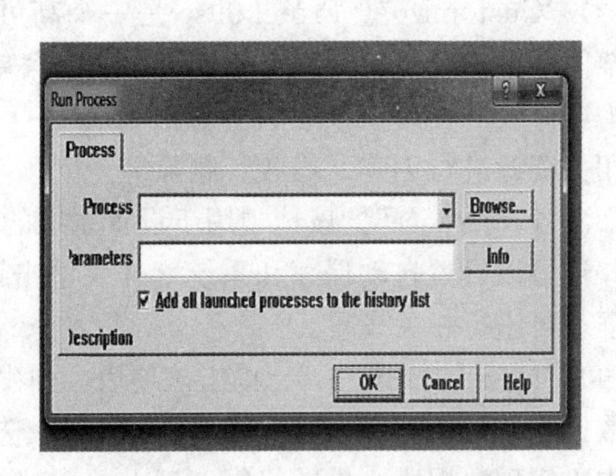

图 1-12　“Run Process”对话框

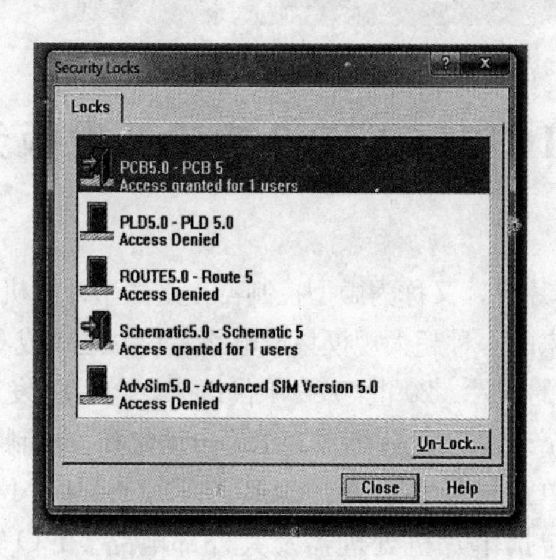

图1-13 “Security Locks”对话框

第 2 章　STC12C5A32S2 实验开发板元器件封装

单片微型计算机简称单片机，又称为微型控制器，是微型计算机的一个重要分支。单片机是 20 世纪 70 年代中期发展起来的一种超大规模集成电路芯片，是集成 CPU、RAM、ROM、I/O 接口和中断系统于同一硅片上的器件。20 世纪 80 年代以来，单片机发展迅速，各类新产品不断涌现，出现了许多高性能新型产品，现已逐渐成为工厂自动化和各控制领域的支柱产业之一。

本实验开发板，包括单片机最小系统、USB 转 TTL 模块、I/O 输入/输出部分、Zigbee 模块等。单片机最小系统包括单片机处理器及其外部电路。I/O 输入/输出部分包括流水灯模块、按键模块、蜂鸣器模块、四位数码管模块、温度传感模块、电动机驱动模块、LCD 液晶屏模块和时钟模块。USB 转 TTL 模块提供两种功能：一是给单片机最小系统的各个模块供电，二是为单片机提供程序烧写功能。本实验开发板结构框图如图 2-1 所示。

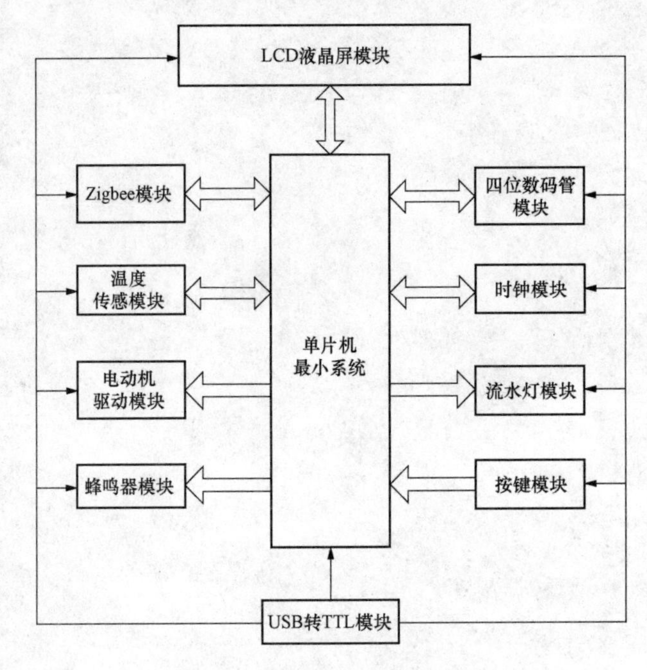

图 2-1　实验开发板结构框图

2.1　STC12C5A32S2 核心板封装设计

STC12C5A32S2 为宏晶科技公司生产的新一代增强型 8051 单片机，在设计该类单片机时应该考虑频率对硬件 PCB 的影响，防止干扰。

如图 2-2 所示，STC12C5A32S2 单片机芯片有 40 个引脚，为通用的 DIP40 封装。DIP40 封装尺寸如图 2-3 所示。

图 2-2　STC12C5A32S2 单片机芯片

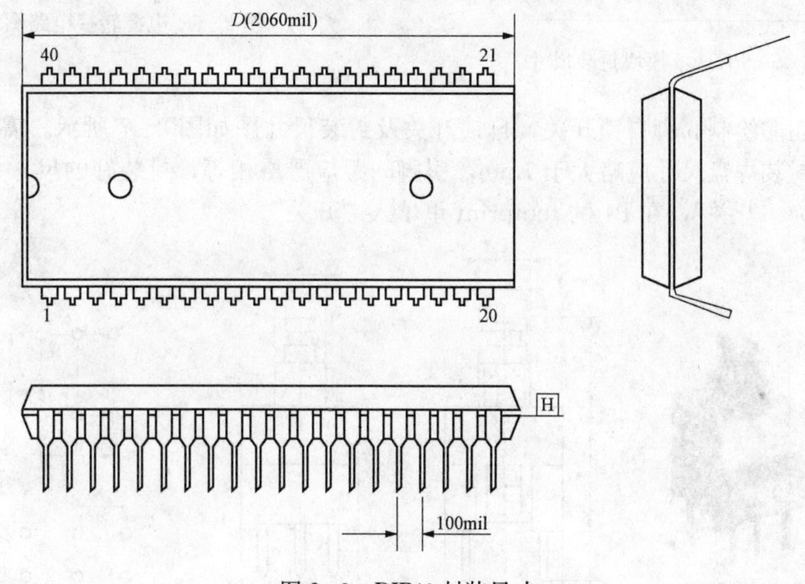

图 2-3　DIP40 封装尺寸

2.2　电源供电和程序烧写电路

该单片机最小系统采用如图 2-4 所示的 PL2303 模块，对系统进行供电和程序烧写。该模块的主芯片为 PL2303，安装驱动后生成虚拟串口。USB 头为公头，可直接连接电脑 USB 口取电，引出接口包括 3.3V（<40mA），5V，GND，TXD，RXD，信号脚电平为 3.3V，正逻辑。支持从 300bit/s～1Mbit/s 间的波特率。通信格式支持：①5、6、7、8 位数据位；②支持 1、1.5、2 停止位；③odd、even、mark、space、none 校验。

图 2-4　PL2303 模块

PL2303 模块的封装尺寸并非常规，在封装库里新建一个元件。按照图 2-5 的尺寸封装 PL2303 模块插座，绘制封装后命名为 USB2TTL。

电源转换电路如图 2-6 所示，在 USB 的 footprint 里填入 USB2TTL。为了保证 PL2303 模块的稳定运行，在 PL2303 模块与单片机之间需要加二极管和 1kΩ 电阻。其中，二极管正极接单片机的 RXD，负极接 PL2303 模块的 TXD。1kΩ 电阻则加在单片机的 TXD 和 PL2303 模块的 RXD 之间。

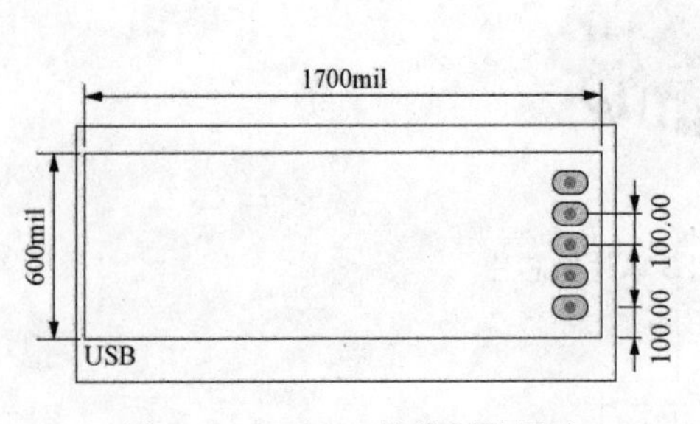

图 2-5　PL2303 模块封装尺寸

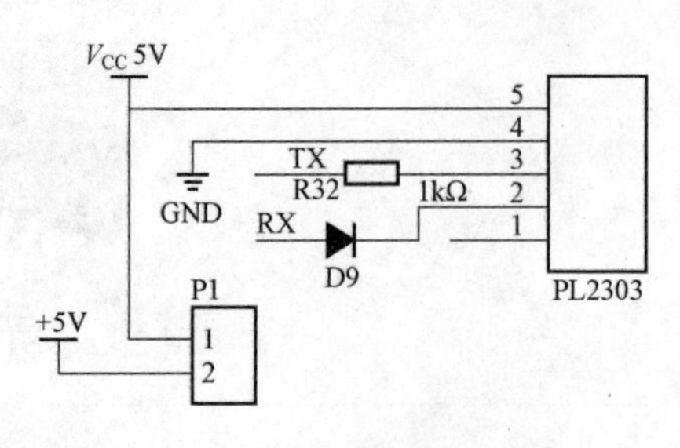

图 2-6　电源转换电路图❶

电路中还需绘制 6 脚自锁开关，自锁开关及封装尺寸图如图 2-7 所示。需要注意自锁开关的引脚封装焊盘尺寸应略大于 1mm，引脚间距应严格相等，封装好的尺寸如图 2-8 所示。命名其为“开关”，在 P1 的 footprint 里填入“开关”。

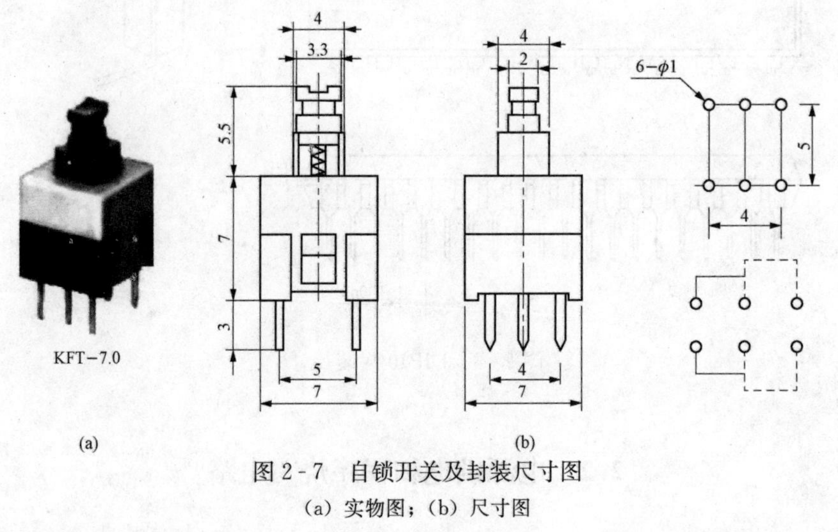

图 2-7　自锁开关及封装尺寸图

（a）实物图；（b）尺寸图

LED 发光二极管的两根引脚为 A 和 K，分别对应发光二极管的正极和负极。绘制好的 LED 封装图如图 2-9 所示。在原理图中对 D9 的 footprint 填入 LED。两根引脚间距采用 100mil（1mil=0.0254mm）。

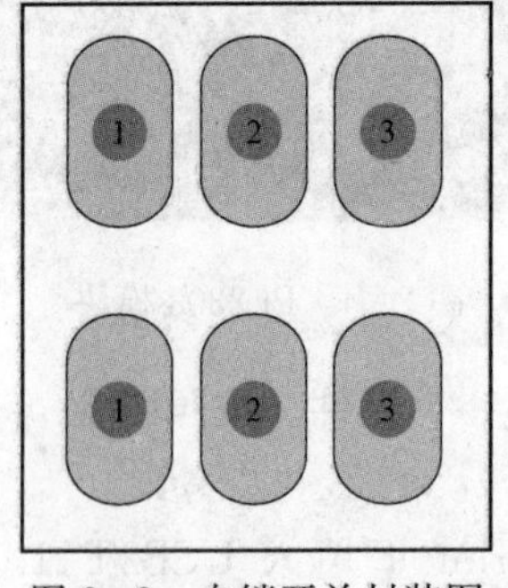

图 2-8　自锁开关封装图

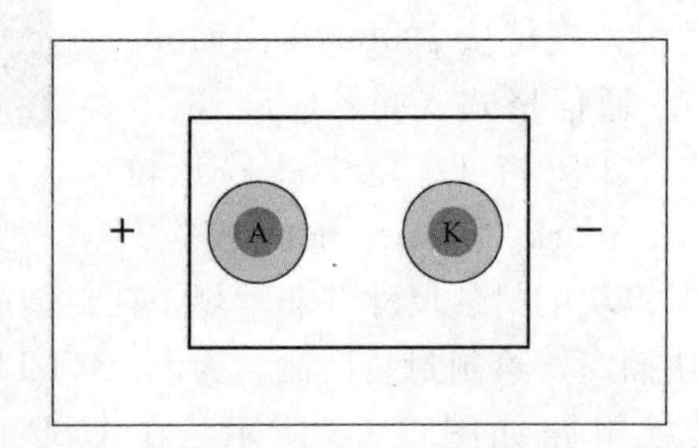

图 2-9　LED 封装图

❶　为方便学生利用 Proteus、Protel 等软件进行实验，本书中电气元件的符号与软件中的保持一致，有些为旧符号。为方便学生了解最新国家标准符号，附有“新旧电气元件符号对比”。

2.3　键盘输入模块及流水灯模块

如图2-10所示键盘输入模块的按键采用四脚开关，封装尺寸为6mm×6mm。两对引脚焊盘间距不一样，短间距离为4.5mm，长间距为9.2mm，焊盘孔径放大到1mm，尺寸如图2-11所示。封装完命名为SW-PB，在原理图中对S1、S2、S3、S4的footprint填入SW-PB。

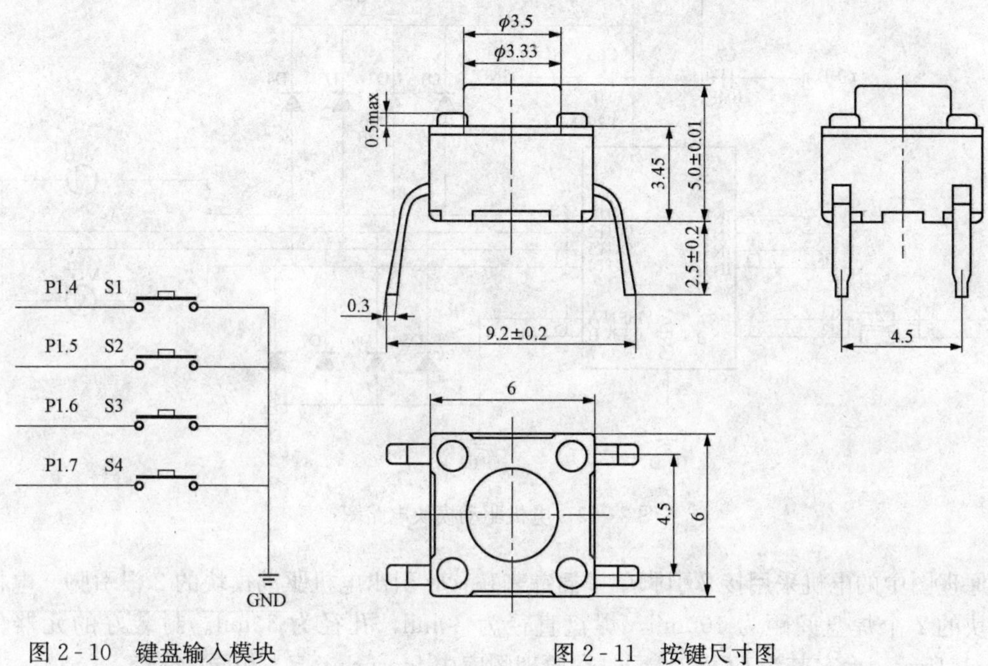

图2-10　键盘输入模块　　　图2-11　按键尺寸图

如图2-12所示流水灯模块电路的封装使用常用封装尺寸。

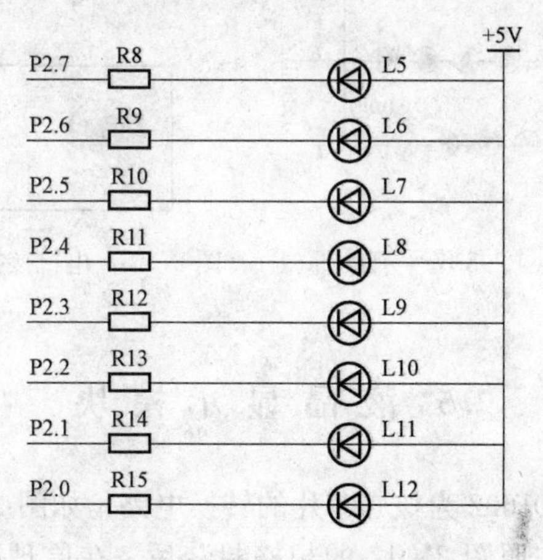

图2-12　流水灯模块电路图

2.4 电机驱动模块

电机驱动模块以电机驱动芯片 L298N 为核心电路模块图如图 2 - 13 所示。L298N 驱动芯片封装为不规则封装，其封装尺寸如图 2 - 14 所示。焊盘孔径为 40mil，焊盘直径 60mil，封装后命名其为 L298N，在原理图库中对 L298N 的芯片的 footprint 填入 L298N。

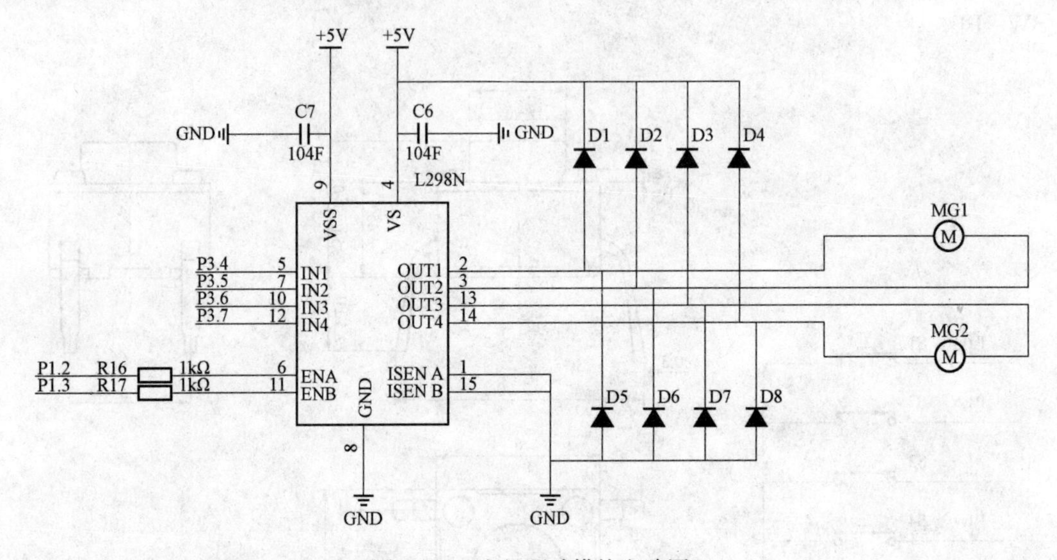

图 2 - 13　电机驱动模块电路图

原理图中的电机采用接 2 引脚单排插针来替代，引出电机驱动模块的 2 根引脚。电机驱动模块的 2 个焊盘间距为 100mil，焊盘直径为 60mil，孔径为 30mil。封装好的元器件如图 2 - 15所示，命名其为 CON2，同时在原理图库中 footprint 填入相同的名字。

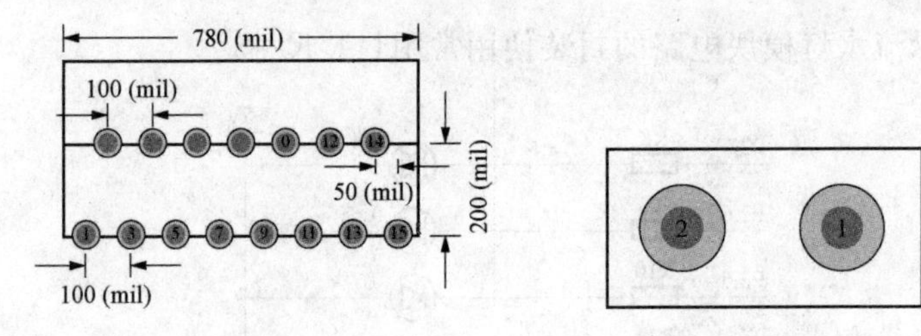

图 2 - 14　L298 尺寸示意图　　　图 2 - 15　电机接插件尺寸封装

2.5 液晶显示模块

液晶显示模块是以 LCD1602 为核心芯片的转换电路，如图 2 - 16 所示。LCD1602 的封装尺寸如图 2 - 17 所示。按照图 2 - 17 的规格封装后，在原理图库中对 LCD1602 芯片的 footprint 填入 SIP16 即可。模块中电阻 R3 采用 SIP3 的封装。

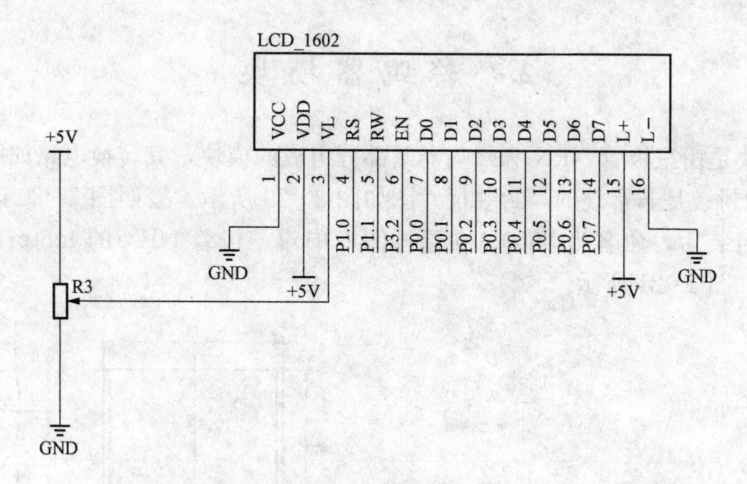

图 2－16　LCD1602 显示电路

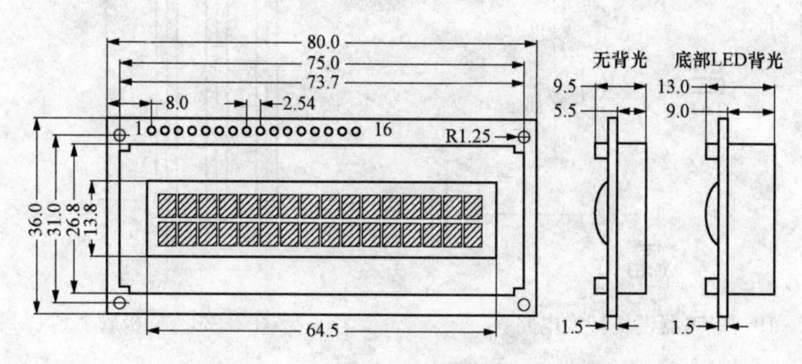

图 2－17　LCD1602 封装尺寸

2.6　温度传感模块

温度传感模块是以 DS18B20 为核心芯片，其转换电路如图 2－18 所示。DS18B20 的封装是常规封装。在原理图库中对 DS18B20 芯片的 footprint 填入 SIP3 即可。

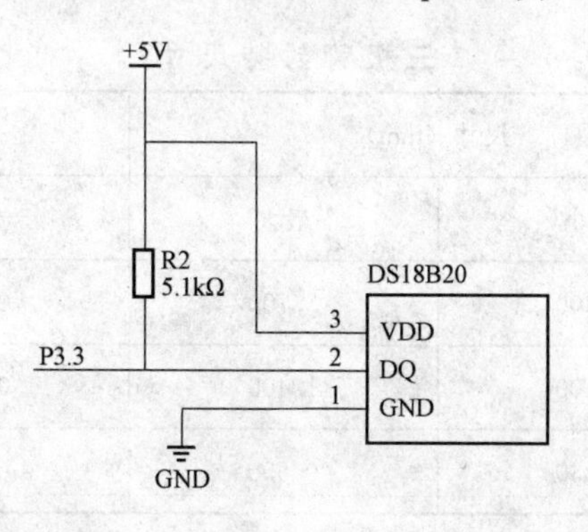

图 2－18　DS18B20 转换电路图

2.7 蜂鸣器模块

蜂鸣器模块是由三极管 NPN 和蜂鸣器两部分组成的模块，其转换电路如图 2-19 所示。三极管 NPN 的封装是非常规的，封装尺寸图如图 2-20 所示。按照图 2-20 以及表 2-1 所列的规格进行封装后，命名为 8050。在原理图库中对三极管 NPN 的 footprint 填入 8050。三极管封装后如图 2-21 所示。

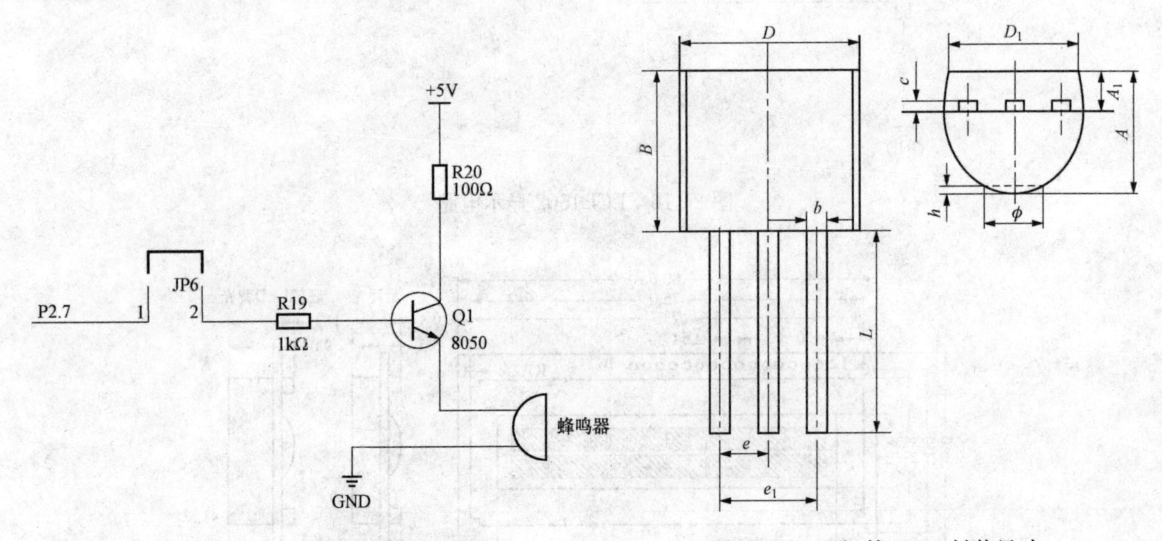

图 2-19 蜂鸣器模块转换电路　　图 2-20 三极管 NPN 封装尺寸

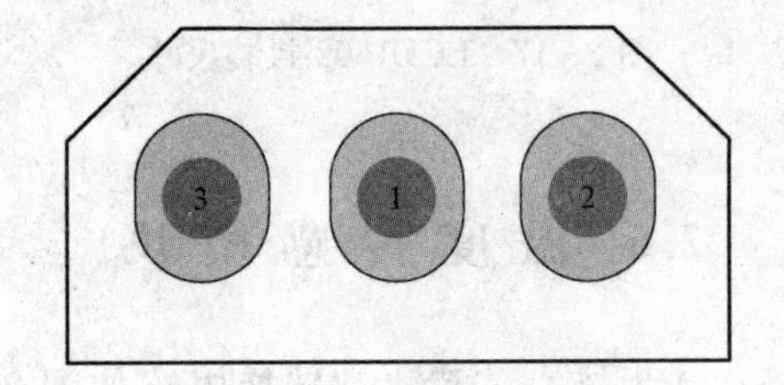

图 2-21 三极管封装

表 2-1 三极管封装尺寸

符号	尺寸（mm）		尺寸（in）	
	最小	最大	最小	最大
A	3.300	3.700	0.130	0.146
A_1	1.100	1.400	0.043	0.055
b	0.380	0.550	0.015	0.022

续表

符号	尺寸（mm）		尺寸（in）	
	最小	最大	最小	最大
c	0.360	0.510	0.014	0.020
D	4.400	4.700	0.173	0.185
D_1	3.430		0.135	
E	4.300	4.700	0.169	0.185
e	1.270TYP		0.050TYP	
e_1	2.440	2.640	0.096	0.104
L	14.100	14.500	0.555	0.571
Φ		1.600		0.063
h	0.000	0.380	0.000	0.015

2.8 数码管显示模块

数码管显示模块是由 7289BS 和数码管 DS1-4 两部分组成的模块，其转换电路如图 2-22所示。7289BS 的封装是常规的。在原理图库中对 7289BS 的 footprint 填入 SOP28。

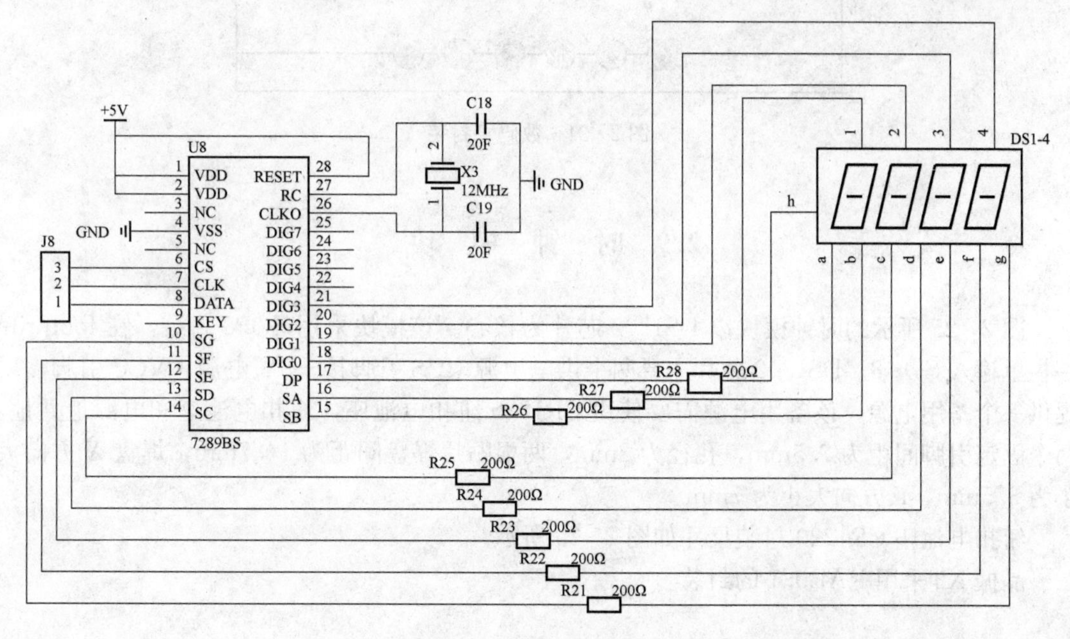

图 2-22　数码管转换电路

数码管的封装是非常规的。其封装尺寸图如图 2 - 23 所示。按照图 2 - 23 的规格进行封装后，命名为 ARK。在原理图库中对数码管 DS1 - 4 的 footprint 填入 ARK。封装后的数码管如图 2 - 24 所示。

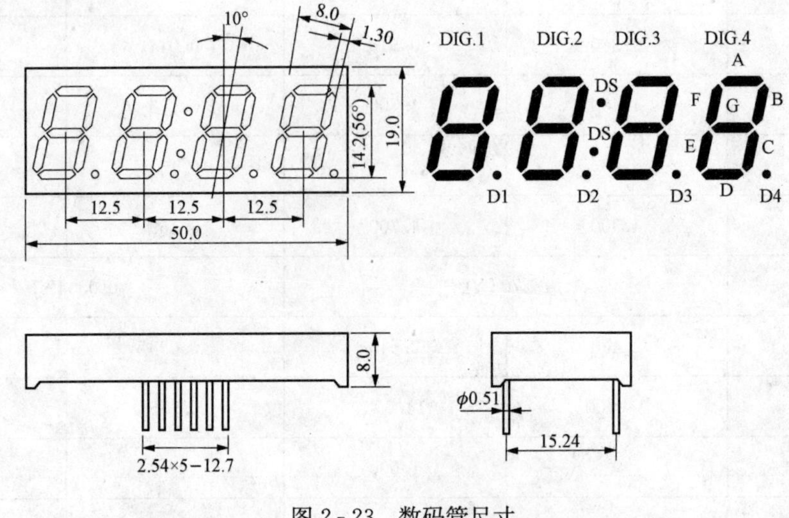

图 2 - 23 数码管尺寸

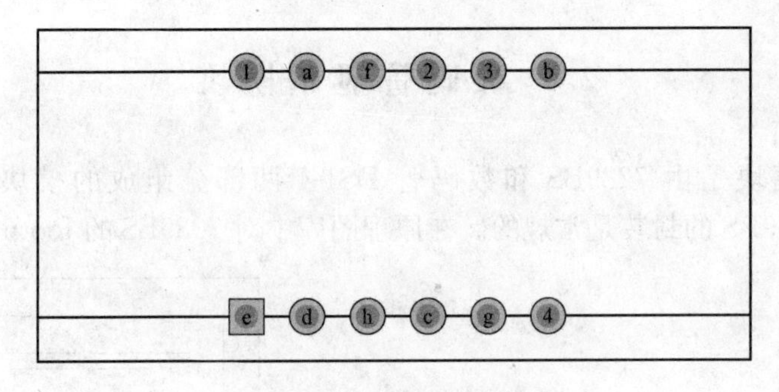

图 2 - 24 数码管封装

2.9 时 钟 模 块

图 2 - 25 所示的时钟模块以 DS1302 芯片为核心。该模块采用 SOP8 封装，在 footprint 一栏里输入 SO - 8。DS1302 芯片需要两个供电电源。CS 引脚接＋5V 电源；VCC 引脚需要提供一个备用电源，该备用电源需要使用 CR1220 纽扣电池座，纽扣电池座和电源地共地。两个固定引脚间距为 7.5mm，孔径为 2mm，两根贴片焊盘间距为 14.7mm，焊盘 X 方向大小为 3.5mm，Y 方向大小为 7mm。

纽扣电池座 CR1220 封装尺寸如图 2 - 26 所示。

晶振 X2 采用 RAD0.1 的封装。

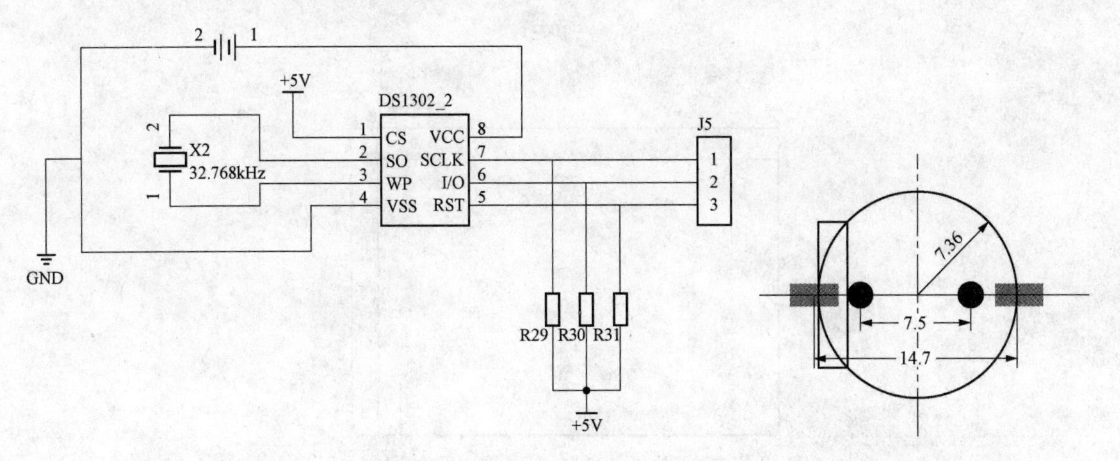

图 2-25　时钟模块电路图　　　　图 2-26　CR1220 封装尺寸

2.10　Zigbee 无线传输模块

图 2-27 所示为 Zigbee 无线传输模块电路图。Zigbee 模块采用自定义的 Zigbee 封装，封装尺寸如图 2-28 所示。焊盘直径为 100×66.929mil，孔径为 35.433mil。

模块中的发光二极管采用 LED5 封装，Header 2X2 采用 sp-4 封装。

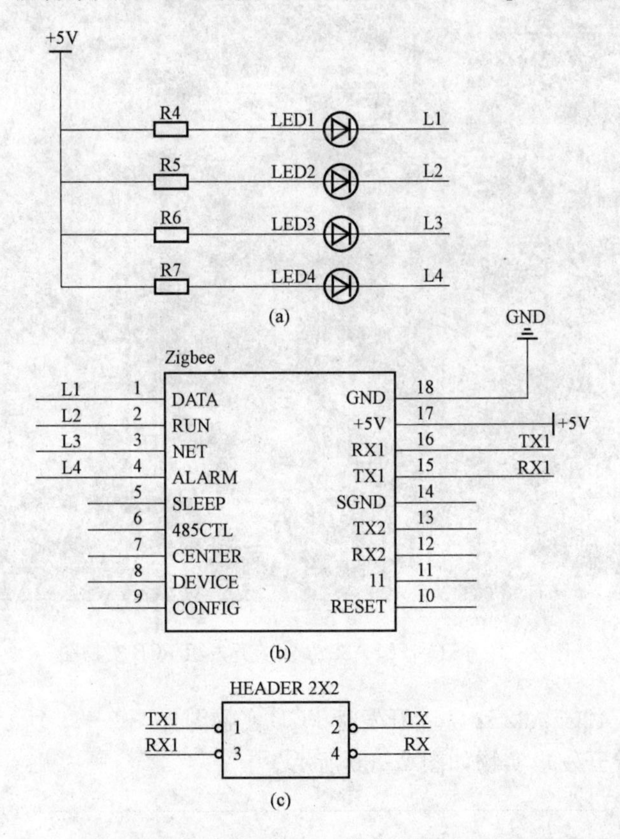

图 2-27　Zigbee 模块电路图

(a) 指示灯；(b) Zigbee；(c) 插针

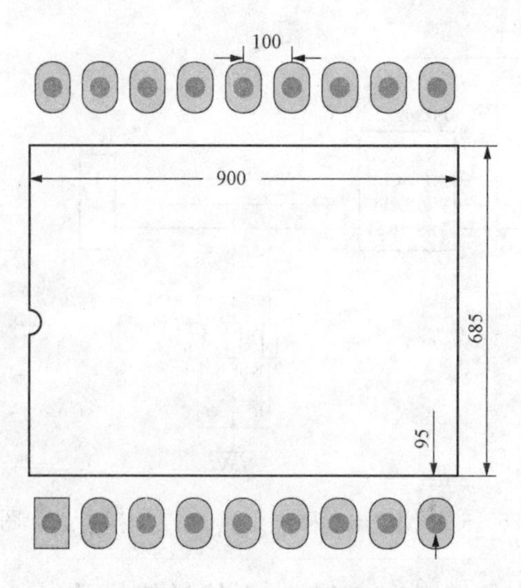

图 2 - 28　Zigbee 封装尺寸

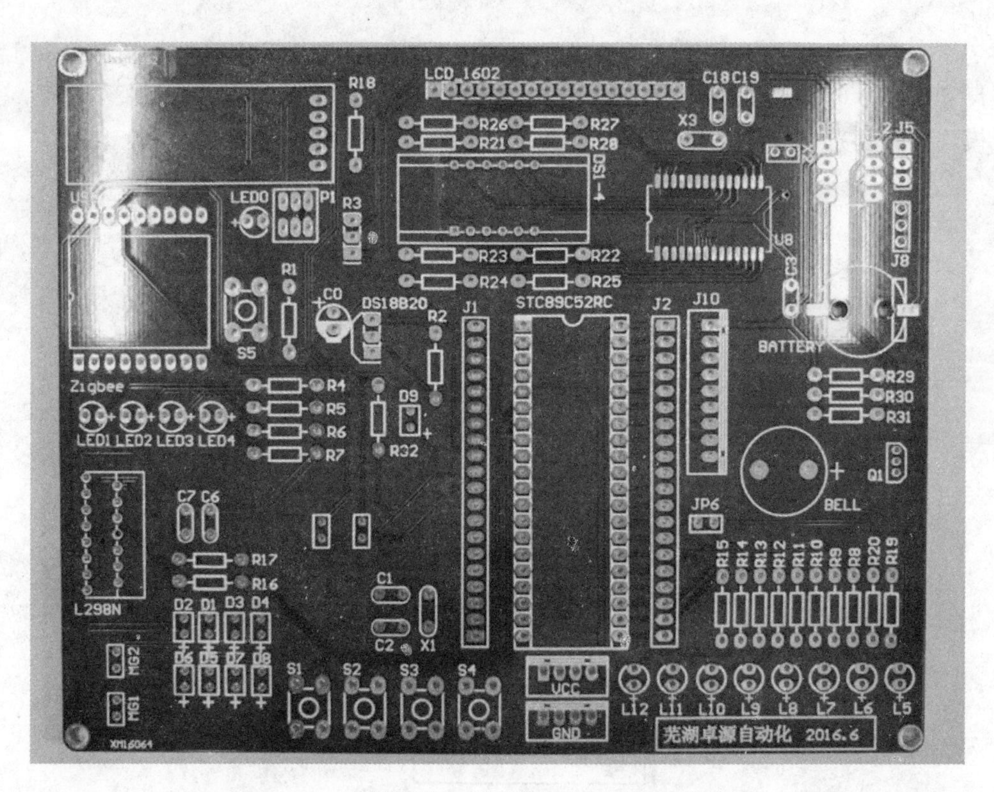

图 2 - 29　STC12C5A32S2 实验开发板 PCB 实物图

制作完成的 STC12C5A32S2 实验开发板 PCB 实物图如图 2 - 29 所示。焊接调试完毕的 STC12C5A32S2 实验开发板实物如图 2 - 30 所示。

扫一扫

观看彩图

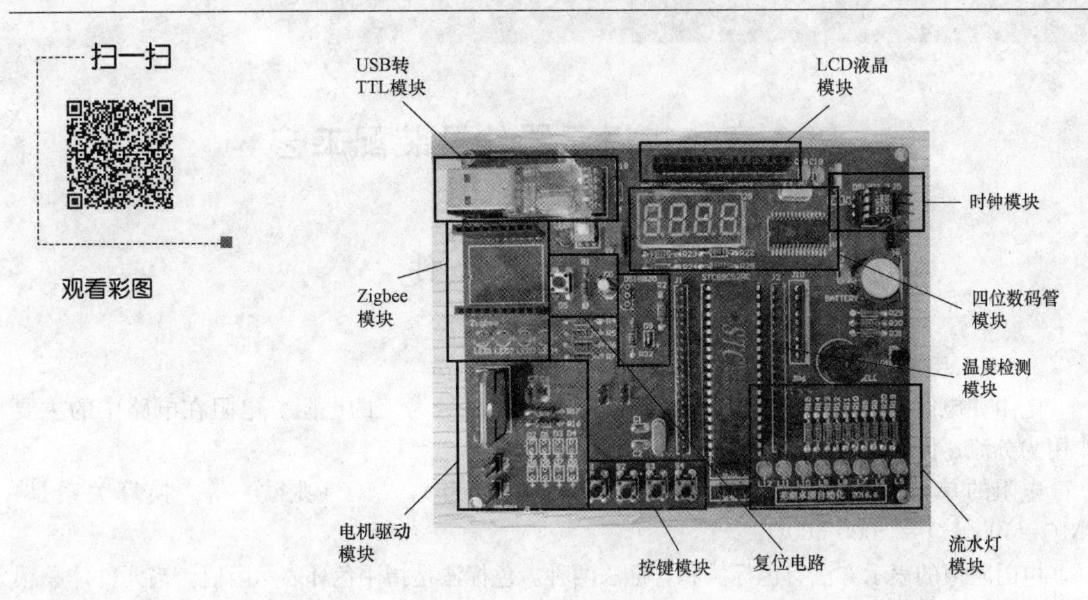

图 2-30　STC12C5A32S2 实验开发板实物

第 3 章　辨识元器件及装配工艺

3.1 辨识元器件

3.1.1 电阻识别

电阻在电路中用“R”加数字表示，如 R1 表示编号为 1 的电阻。电阻在电路中的主要作用为分流、限流、分压、偏置等。

电阻的单位为 Ω（欧姆），倍率单位有 kΩ（千欧），MΩ（兆欧）等。换算关系是：1MΩ=1000kΩ=1 000 000Ω。

电阻阻值的表示方法有色标法和直标法两种。色标法是指用色环表示阻值。当元件体积很小时，一般采用色标法，如果采用直标法，会使读数困难。一般直标法用于体积较大的电阻。

1. 色标法的优点

(1) 色标法可以从任意角度一次性读取代表电阻值的颜色信息。

(2) 在元件弯制和安装时不必考虑阻值所标的位置。

(3) 当元件体积较小时，一般采用色标法。

2. 色标法的标注方法

使用色标法的电阻常称为色环电阻。比较常见的色环电阻有金属膜电阻、柱状金属膜电阻、碳膜电阻和金属氧化膜电阻，如图 3-1 所示。

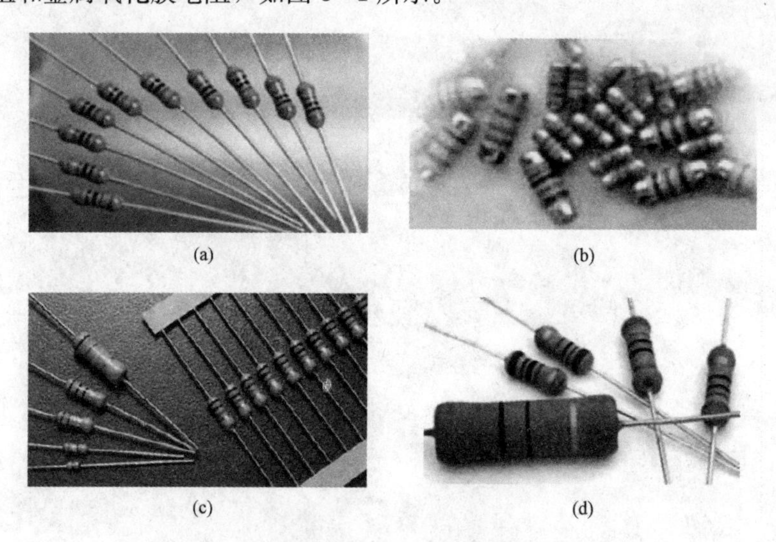

(a)　(b)　(c)　(d)

图 3-1　色环电阻

(a) 金属膜电阻；(b) 柱状金属膜电阻；(c) 碳膜电阻；(d) 金属氧化膜电阻

(1) 图 3-2 所示为 4 色环电阻，一般是碳膜电阻。4 色环电阻用 3 个色环来表示阻值（前 2 个色环表示有效值，第 3 个色环表示倍率），第 4 个色环表示误差。

（2）图 3-3 所示为 5 色环电阻，一般是金属膜电阻。为更好地表示精度，5 色环电阻上用 4 个色环表示阻值（前 3 个色环表示有效值，第 4 个色环表示倍率），第 5 个色环表示误差。

（3）表示允许误差的色环比其他色环稍宽，离其他色环稍远。

（4）常见的 4 色环电阻，最后一环误差环一般是金色或银色。

（5）常见的 5 色环电阻，最后一环误差环一般是棕色。

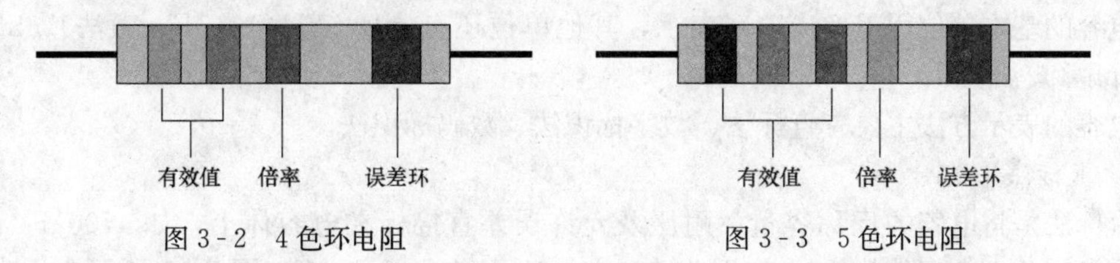

图 3-2　4 色环电阻　　　图 3-3　5 色环电阻

3. 色环/数码的对照

色环电阻上的不同色环代表不同的阻值。根据图 3-4 所示对照图可以读取相应电阻的大小。

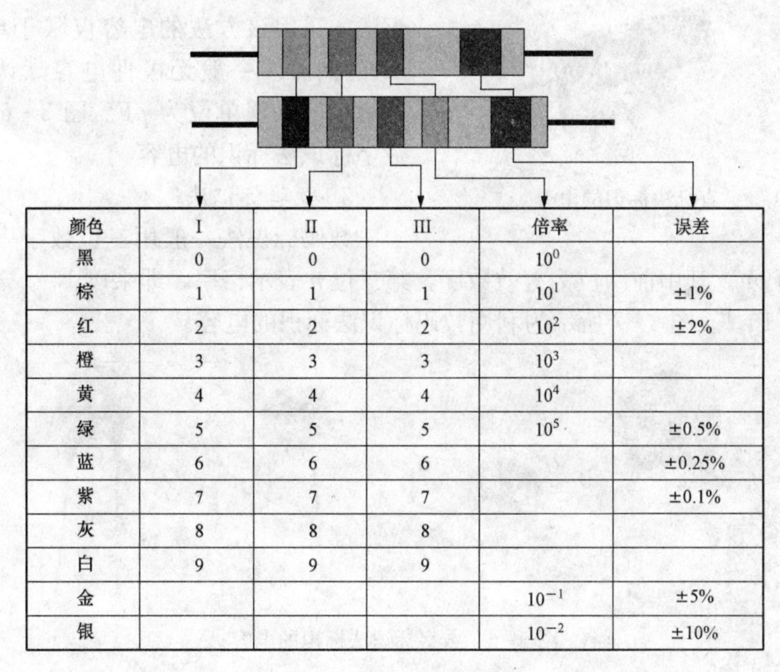

颜色	I	II	III	倍率	误差
黑	0	0	0	10^0	
棕	1	1	1	10^1	±1%
红	2	2	2	10^2	±2%
橙	3	3	3	10^3	
黄	4	4	4	10^4	
绿	5	5	5	10^5	±0.5%
蓝	6	6	6		±0.25%
紫	7	7	7		±0.1%
灰	8	8	8		
白	9	9	9		
金				10^{-1}	±5%
银				10^{-2}	±10%

图 3-4　色环/数码对照图

4. 色环电阻的测量方法

（1）将万用表拨到电阻挡。

（2）根据阻值范围选择合适的量程。

（3）测阻值前先调零。

（4）万用表两表笔分别放到电阻两端进行测量。

3.1.2　电容识别

电容在电路中一般用“C”加数字表示，如 C13 表示编号为 13 的电容。电容是由两片金属膜紧靠，中间用绝缘材料隔开而组成的元件。电容的特性主要是隔离直流电导通交流电。

电容容量的大小是指其能储存电能的大小。电容对交流信号的阻碍作用称为容抗，其值与交流信号的频率和电容量有关。

电容的基本单位用 F（法拉）表示，其他单位还有 mF（毫法）、μF（微法）、nF（纳法）、pF（皮法）。

电容的表示方法主要有直标法、数字标识法、数码标识法。

1. 直标法

直标法是将电容的标称容量、耐压及允许误差直接标在电容体上，如 4700μF　25V。若是零点零几，常把整数位的“0”省去，如 .01μF 表示 0.01μF。图 3-5 所示为用直标法标识的电容。

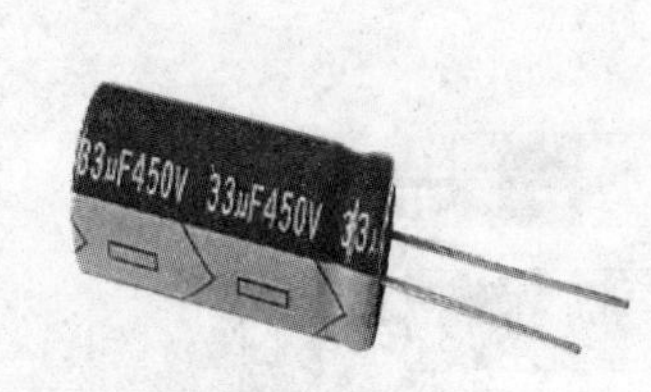

图 3-5　直标法标识的电容

2. 数字标识法

数字标识法是只标数字不标单位的直接标识法。采用该方法的电容仅限于单位为 pF 和 μF 的两种。一般无极性电容默认单位为 pF，电解电容默认单位为 μF。图 3-6 所示为利用数字标识法标识的电容。

3. 数码标识法

数码标识法一般用三位数字来标识容量的大小，单位为 pF。其中前两位为有效数字，第三位 n 表示倍率，即乘以 10^n。若第三位数字为 9，则倍率 10^{-1}。图 3-7 所示为利用数码标识法标识的电容。

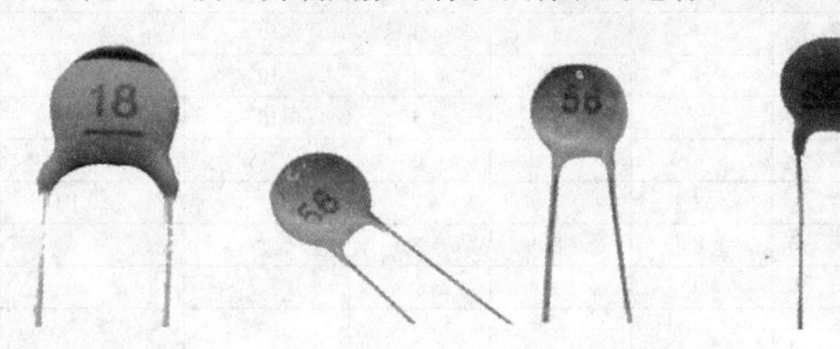

图 3-6　数字标识法标识的电容

3.1.3　晶体二极管识别

晶体二极管在电路中常用“D”加数字表示，如 D5 表示编号为 5 的二极管。

二极管的主要特性是单向导电性，也就是在正向电压的作用下导通电阻很小，而在反向电压作用下导通电阻极大或无穷大。正因为二极管具有上述特性，常将其用在整流、隔离、稳压、极性保护、编码控制、调频调制电路和静噪电路等电路中。晶体二极管按作用可分为整流二极管（如 1N4004）、隔离二极管（如 1N4148）、肖特基二极管（如

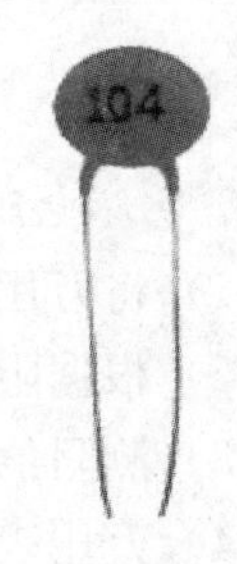

图 3-7　数码标识法标识的电容

BAT85)、发光二极管、稳压二极管等。

二极管的识别很简单。常采用符号“P”“N”来表示二极管极性。其中，P 表示正极，N 表示负极。此外，二极管的正负极可从引脚长短来识别，长引脚为正极，短引脚为负极。

3.1.4　实验开发板的元器件辨识

图 3-8 所示为实验开发板及其元器件。

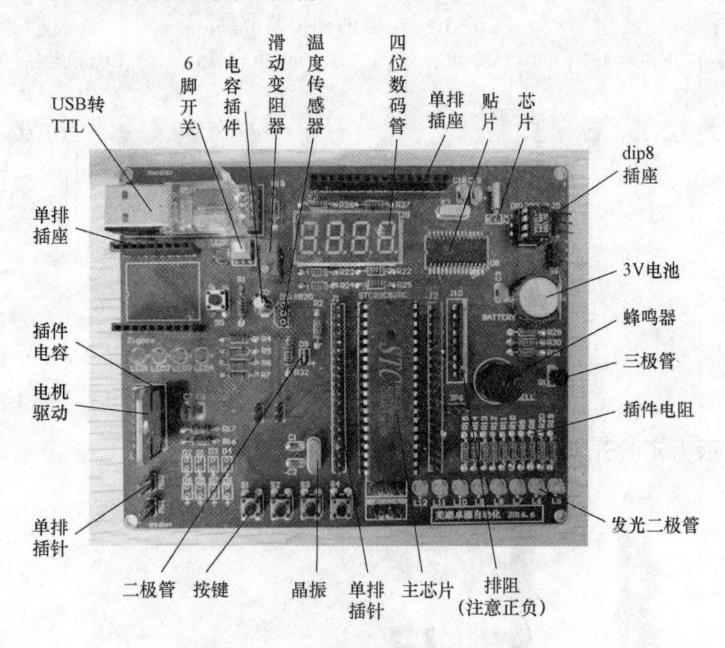

图 3-8　实验开发板的元器件

1. 电阻

图 3-9 所示为实验开发板需要的电阻种类及个数。

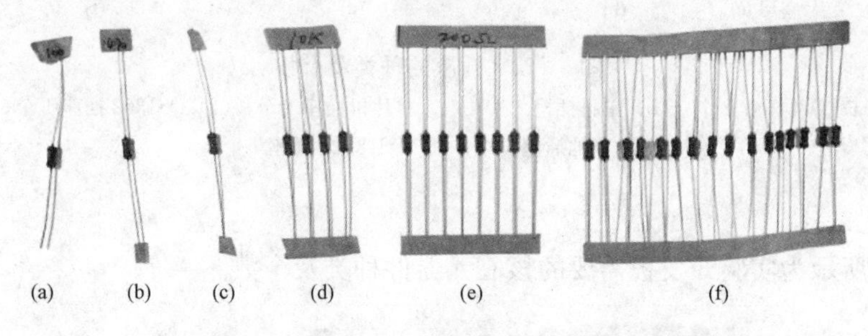

图 3-9　电阻的种类及个数

(a) 100Ω 电阻 1 个；(b) 470Ω 电阻 1 个；(c) 5.1kΩ 电阻 1 个；(d) 10kΩ 电阻 4 个；(e) 200Ω 电阻 8 个；(f) 1kΩ 电阻 16 个

2. 电容

图 3-10 所示为实验开发板需要的电容种类及个数。

3. 发光二极管

图 3-11 所示为实验开发板需要的发光二极管种类及个数。

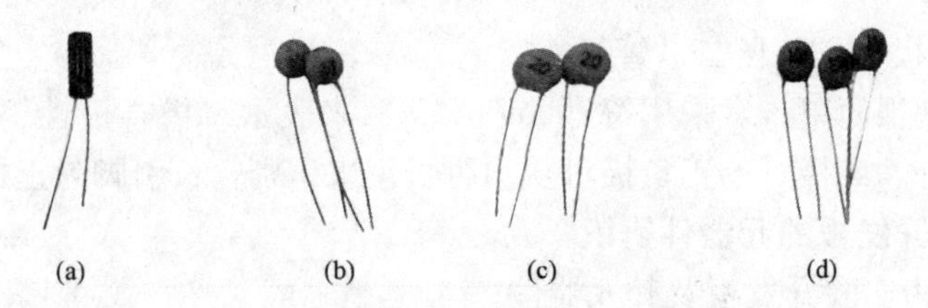

图 3-10　电容的种类及个数

(a) 10μF 电容 1 个；(b) 33pF 电容 2 个；(c) 20pF 电容 2 个；(d) 104pF 电容 3 个

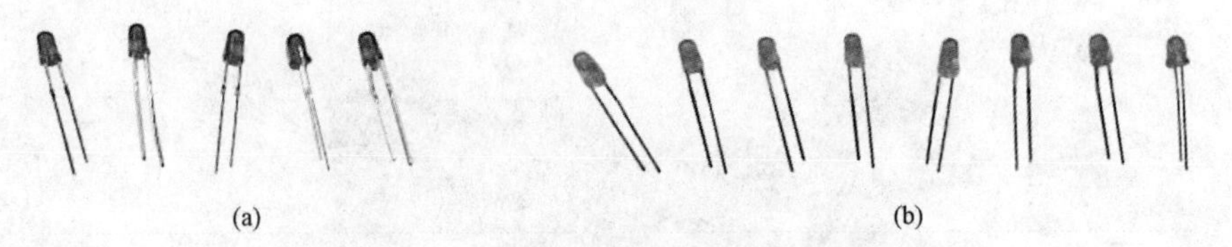

图 3-11　发光二极管的种类及个数

(a) 红色 5 个；(b) 绿色 8 个

4. 插座

图 3-12 所示为实验开发板需要的插座种类及个数。

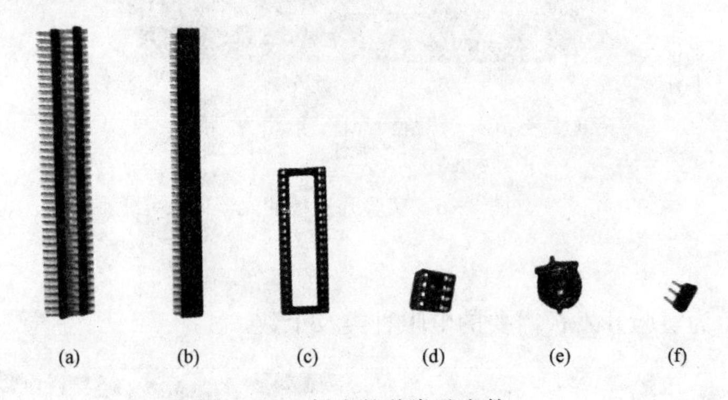

图 3-12　插座的种类及个数

(a) 单排插针 2 个；(b) 单排插槽 1 个；(c) 单片机插座 1 个；(d) DS1302 插座 1 个；
(e) 电池插座 1 个；(f) DS18B20 插座 1 个

5. 核心元器件

图 3-13 所示为实验开发板需要的核心元器件种类及个数。

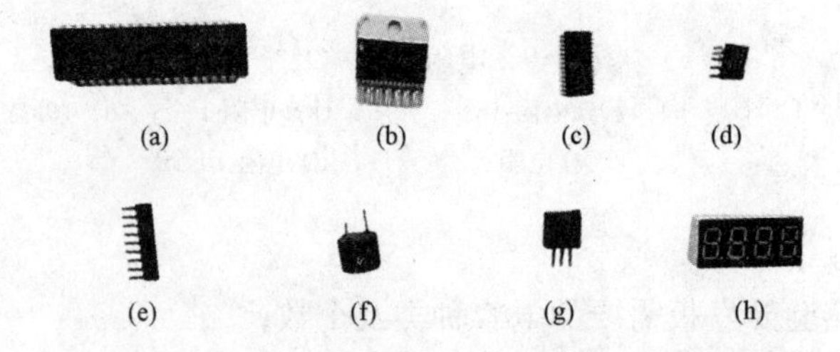

图 3-13　核心元器件种类及个数

(a) STC 单片机 1 个；(b) 直流电机芯片 1 个；(c) 7289BS 芯片 1 个；(d) DS1302 芯片 1 个；
(e) 排阻 1 个；(f) 蜂鸣器 1 个；(g) 滑动变阻器 1 个；(h) 四位数码管 1 个

6. 简单元器件

图 3-14 所示为实验开发板需要的简单元器件种类及个数。

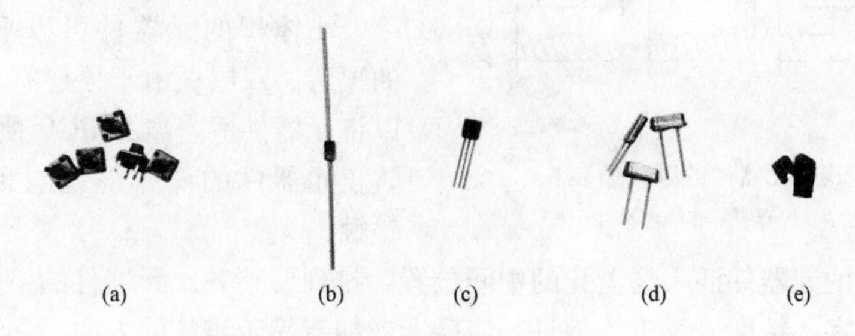

图 3-14　简单元器件的种类及个数

(a) 4 脚开关 5 个；(b) 二极管 1 个；(c) 8050 三极管 1 个；(d) 晶振 3 个；(e) 跳帽 3 个

7. 配件

图 3-15 所示为实验开发板需要的配件种类及个数。

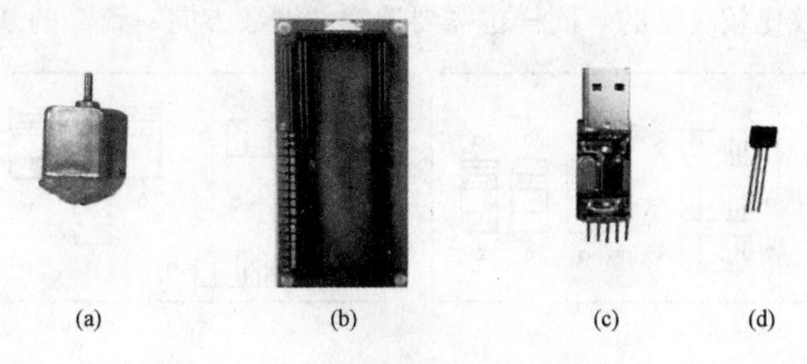

图 3-15　配件的种类及个数

(a) 直流电机 1 个；(b) LCD1602 显示屏 1 个；
(c) USB 1 个；(d) DS18B20 芯片 1 个

3.2　元器件装配工艺

元器件装配是进行系统组装的第一步工作，主要包括将直插式元器件插入焊孔或者将贴片式元器件对齐焊盘，为下一步的焊接工作做好准备。

良好的装配工艺是保证电子产品工作可靠的重要环节，不合理的装配可能会导致电路性能的劣化、整机工作失常。

3.2.1　元器件的插装

1. 插装方式

直插式元器件需要插入 PCB 的焊盘孔中进行焊接。常见的插装方法有卧式插装、立式插装、横向插装等。

(1) 卧式插装。卧式插装是将元器件水平贴近 PCB 的顶层，如图 3-16 所示。轴向引出引脚的大多数元器件采用了卧式插装形式，如电阻器、二极管等。

卧式插装应用范围较为广泛，尤其适用于较高频率的各类电路。卧式插装将绝大多数元器件放置在同一个平面高度，便于机械手进行大规模的批量插装作业。卧式插装后的元器件排列整齐、外形美观；由于元器件的排列高度低，因而电子产品可以做得比较薄。

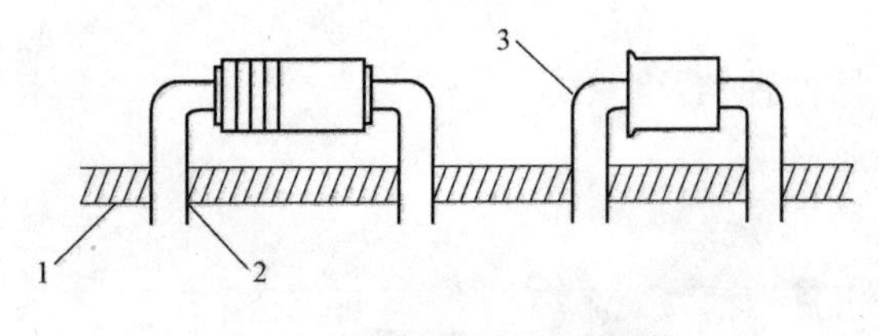

图 3-16　元器件的卧式插装
1—PCB；2—焊盘孔；3—元器件引脚

采用卧式插装的元器件引脚需要剪短。在单层板上进行元器件的卧式插装时，小功率、小体积的元器件可以平行地紧贴 PCB 的顶层。双层板由于顶层有布线存在，则可以将元器件适当离开 PCB 顶层 1～2mm，以防止元器件的裸露部位与顶层的电气连线碰触。

将卧式安装的元器件插入焊盘孔的中间位置，排列要整齐。元器件的参数标记（用色码或字符标注的数字、精度、耐压等信息）应朝上或朝着易于辨认的方向，参数标记的读数方向应该基本一致。例如，色环电阻误差环的朝向应该按照统一的方向进行布置。

电阻卧式插装示例如图 3-17 所示。图 3-17（a）中，水平摆放的电阻均是按照从左到右的方式插装，垂直摆放的电阻均是按从上到下的顺序插装（误差环与其他色环的距离相对较大），这样便于以后在调试过程中准确识读元器件的参数与型号，即使对于图 3-17（b）中同类型元器件摆放比较凌乱的，同样也需要遵守“读数方向一致”的基本原则进行插装。

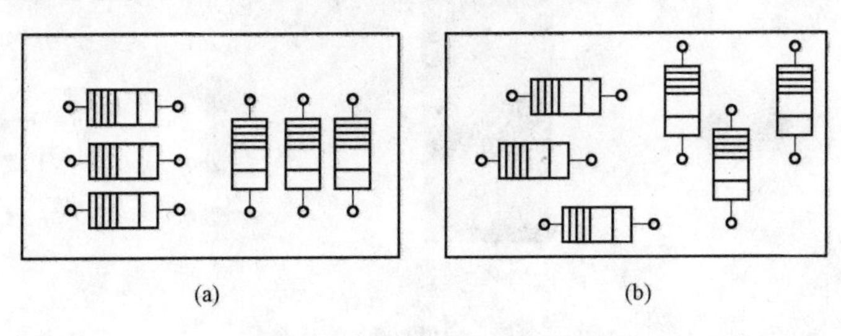

图 3-17　电阻卧式插装示例
（a）电阻排列整齐的插装；（b）电阻排列凌乱的插装

（2）立式插装。立式插装是将元器件竖直地插入 PCB，主要用于元器件的引脚都在同一个方向的元器件，如晶体管、电解电容等。立式插装的效果如图 3-18（a）所示。

对于引脚从不同方向引出的轴向封装元器件，需要将引脚弯折 180°后再插入对应的焊盘孔，如图 3-18（b）所示。

立式插装在早期的收音机电路中应用非常广泛。其最大特点是元器件的排列紧凑，单位面积内容纳的电子元器件数量较多，安装密度大，能够节省一定的 PCB 面积。立式插装适用于 PCB 所处的机箱、机壳内部水平空间较小的场合。

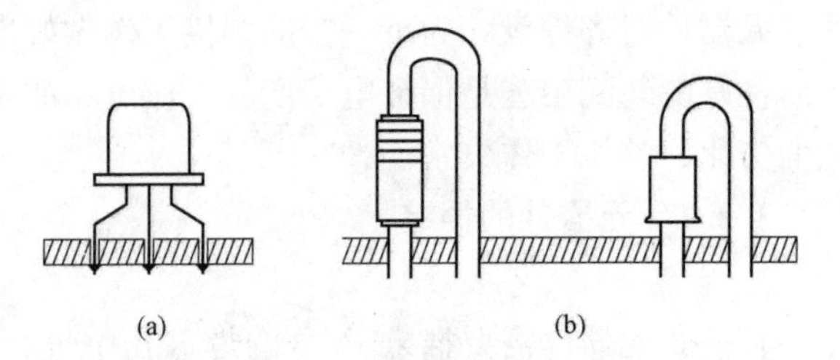

图 3-18　元器件的立式插装
（a）引脚在同一个方向的元器件；（b）引脚在不同方向的元器件

立式插装的缺点是元器件的引脚弯曲、引线偏长，不适合用于高频电路中。此外，立式插装的元器件高度较高，引脚因振荡等原因发生形变后容易倾斜，如果碰触到邻近的元器件容易引起短路故障，降低了产品的工作可靠性。为使立式插装的邻近元器件的引脚相互隔离，往往采用加装绝缘塑料套管的方法，但是无形中加大了插装的工作量。

立式插装的元器件种类、外形尺寸往往不一致，使得最终装配完成的元器件可能无法位于同一个平面高度，视觉效果较差。

直插型晶体管基本都采用立式插装形式。在进行晶体管插装前，首先要分清引脚的排列规律，再进行正确的插装；晶体管的引脚不能留得长，以保持管子的稳定性；不要齐根弯折晶体管的引脚，而应在引脚与管体连接下方 1～2mm 处进行弯折，使引脚不容易被折断，如图 3-18（a）所示。

对于带有散热片的大功率塑封晶体管，为保证足够的输出功率，往往需要将其安装在散热器上使用。

同类型立式插装的元器件高度应保持一致，上端的引线不要留得长以免出现短路。

电阻器立式插装的效果对比如图 3-19 所示。图 3-19（a）中所有电阻的插装整齐、规范。但图 3-19（b）中电阻的插装高度不一致，电阻上端的引线普遍留得过长，而且色环的排布方向不一致，影响读数的效率和准确性。这些不规范的插装都需要改进。

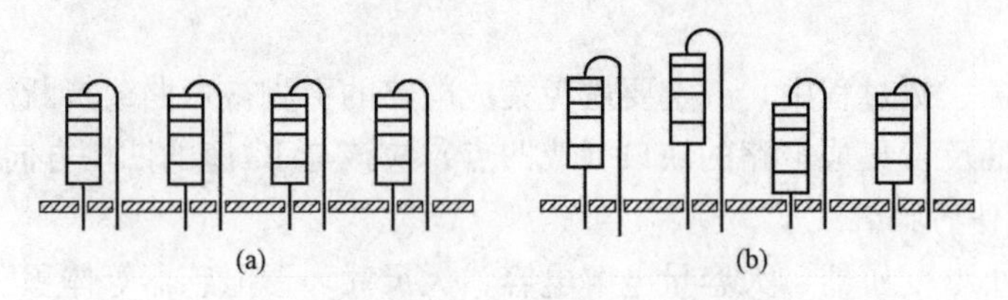

图 3-19　电阻器立式插装的效果对比

（a）规范的插装形式；（b）不规范的插装形式

（3）横向插装。横向插装是将元器件垂直插入 PCB 后再将其水平倒置的插装方式，如图 3-20 所示。

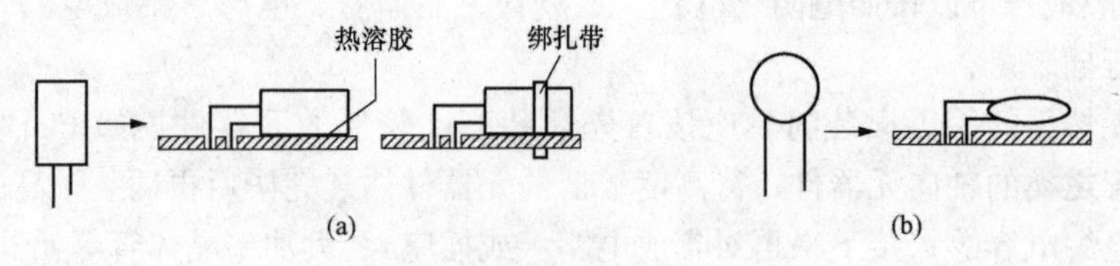

图 3-20　元器件的横向插装

（a）电解电容的横向插装；（b）无极性电容的横向插装

横向插装本质上也属于立式插装，但是为了减小 PCB 在机箱内部所占的高度，而将高度过高的元器件倒置后紧贴 PCB。圆柱形电解电容在进行横向安装后，电容体与 PCB 之间的接触仅为一条线，对此可以采用热溶胶、绑扎带将其固定在 PCB 表面，如图 3-20（a）所示。

（4）混合式插装。由于元器件的封装形式、机箱内空间尺寸有所不同，同时考虑到电路结构的具体要求，实际的 PCB 上较多地采用了混合插装，对径向引出引脚的元器件采用立式插装，而轴向引出引脚的元器件则多采用卧式插装，如图 3-21 所示。

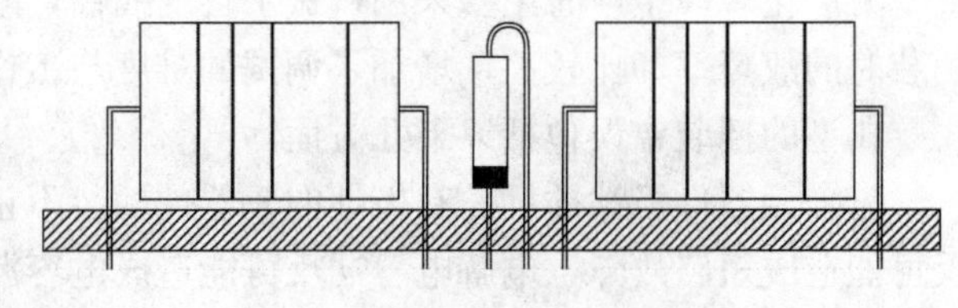

图 3-21　混合式插装

2. 集成电路的插装

对于“DIP××”和“SIP××”等封装形式的直插式集成电路，建议使用集成电路插座（俗称IC座）代替芯片焊接在PCB上，然后再将集成电路插座装到IC座内使用。使用IC座不容易因为错误的焊接工艺而损坏芯片，而芯片在工作过程中损坏后的更换也比较方便、快捷。

插装集成电路之前，首先应分清集成电路的起始引脚。如果是全新的集成电路芯片，还需要适当减小每排引脚的张开角度，使之能够轻松地插入IC座的对应插槽中。插装集成电路时，不能用力过猛，以防止折断或弄偏引线。集成电路插装到位后，应再稍微用力将其插紧，以避免出现与IC座之间的接触不良。

在需要拔下IC插座中的芯片时，不允许用手直接拔下芯片，以免引脚划伤手指。正确的做法是用镊子或刀片塞入芯片与IC座之间的缝隙，然后轻轻撬动芯片，使之轻柔地脱离集成电路插座。

集成电路的插、拔过程中，一定要避免集成电路的引脚被弯曲或折断。绝不允许将集成电路芯片的方向插反，集成电路的缺口（或凹点）应该与IC座的凹槽方向一致。

3. 重型元器件的插装

对于焊板式小型变压器、大容量电解电容、大尺寸环形电感器等体积、质量均比较大的重型元器件，在将其引脚插入PCB对应的焊盘孔后，一般还需要使用螺钉、塑料绑扎带、热熔胶、铁箍等辅助材料对其实施固定，确认没有松动后再进入下一步的锡焊工序。

4. 插装顺序

元器件插装的基本顺序为“先低后高”“先轻后重”“先易后难”“先一般元器件后特殊元器件”。一般地，可以按照电阻、电容、二极管、晶体管、电感、集成电路、大功率元器件的顺序进行插装。

在进行元器件的手工插装时，应该首先插装高度较低的元器件，如PCB上的短接线、电阻、二极管之类的轴向元器件；待高度较低的元器件插装完毕后再插装较高的元器件，如立式电感、电解电容等；接下来再对集成电路（或插座）、大功率晶体管等元器件进行插装；最后插装的是散热片、支架等。对于不耐热的普通元器件，如注塑元件等，需要最后插装、焊接。如果PCB上有需要采用螺钉或卡箍进行机械固定的元器件，则需要固定好此类元器件后再进行焊接。

上述顺序如果颠倒，严重时会因机械紧固操作造成PCB受力变形、焊点松动或元器件损坏等故障。

5. 插装时的常见故障

工厂化规模生产时主要采用机械手自动插件，故障率很低。但是在业余条件下进行手工插装时的故障率却比较高，增加了调试的难度与工作量。

典型的插装错误包括以下几方面：

（1）元器件极性插反。有极性的元器件插装不正确往往会导致严重的后果，如二极管插反可能造成短路故障，电解电容插反可能造成电容漏液或爆炸，LED插反将无法正常指示，电源插座插反可能损坏集成电路。因而在插装有极性的元器件时一定要仔细对照电路原理图、PCB的印丝顶层标记来确定正确的插装方向。

（2）元器件型号差错。对于初学者而言，电阻器的色环参数标注往往并不直观，因而对电阻的读数有时会出现错误，尤其在电阻种类比较多的情况下，更是经常容易出现差错。另外，外形比较接近的元器件也常常被插错，如立式电感与小电解电容、色环电感与小功率色环电阻。这些都是造成元器件插装错误的主要因素，建议每次插装完成后都要反复对照电路原理图进行检查。

(3) 元器件漏插。调试用的PCB往往是针对多种电路方案进行的设计，因而在进行其中的某个方案调试时某些元器件并不需要插装、焊接，电路板上会出现一些空置的焊盘孔。这些空置焊盘孔的存在可能会分散使用者的注意力，从而出现漏装某些必要的元器件的现象。建议每次结束插装工序后都要反复检查有无元器件的漏插。

(4) 插装短路。将轴向封装的元器件进行立式插装时容易出现相邻引脚之间的短路故障，插装完毕后需要及时检查有无引脚触碰的故障现象，对于距离太近的引脚需要套上合适的绝缘套管。

当多只功率晶体管共用散热片时，需要在散热片与晶体管背面垫上绝缘垫片并涂上导热硅脂，固定螺钉应套上绝缘粒。如果绝缘垫片、绝缘粒破损，会引起插装短路的故障。因此在散热片装配完毕后，应及时用万用表检测共用散热片的各只功率管集电极是否存在短路现象。

3.2.2　贴片元器件的表面贴装

20世纪70年代问世的表面安装技术（Surface Mounting Technology，SMT），又称表面贴装技术、表面组装技术，是将电子元器件直接安装在印制电路板表面的装接技术，是实现电子产品微型化和集成化的关键。目前，电子产品设计正在不断向小型化方向发展，贴片元器件以其体积小和便于维护等优点已开始大量取代直插式元器件出现在各类电子产品中。

1. 贴片元器件的特点

贴片元器件常常被形象地称为片状元器件，它有以下几个显著特点：

(1) 体积小、质量轻。在贴片元器件的电极上，有些焊端完全没有引线，有些只有非常短的引线；相邻电极之间的距离比标准的双列直插式集成电路的引线间距（2.45mm）小很多，某些元器件相邻引脚的中心间距已经缩小到0.3mm，并且还有进一步减少的趋势。在集成度相同的情况下，贴片元器件的体积比传统的元器件小很多，只有传统元器件的1/3～1/10，可以装在PCB的两面，实现了密集安装，减小了电路板的面积。采用贴片元器件后可使电子产品的体积缩小40%～60%，质量减轻60%～80%。

(2) 易于焊接和拆焊。拆卸直插元器件比较麻烦。在两层或者多层板中，由于存在金属化过孔，即使元器件只有两只引脚，在拆卸时也容易损坏电路板的焊盘和金属化过孔，拆卸难度较大。

贴片元器件直接贴装在PCB表面，其焊盘没有贯穿整个PCB，且焊盘面积较小、用锡量少。

相比较而言，贴片元器件的拆卸容易得多。不光两只引脚的贴片元器件容易拆焊，即使多达一二百只引脚的元器件，也只需要直接用热风吹焊台的出风口对准引脚进行均匀加热，待引脚上的焊锡熔化后轻轻撬动贴片元器件即可顺利实现拆焊，对PCB和焊盘几乎都是无损的，整个拆卸过程耗时一般不超过30s。

(3) 稳定性和可靠性更高。贴片元器件减少了PCB中的通孔数量，减小了电磁干扰和射频干扰，在高频电路中能够显著减少分布参数的影响，提高信号传输质量，改善高频特性，达到提升产品性能的目的。

贴片元器件的引脚无引线或引线很短，质量轻，因而抗震能力较强，焊点失效率显著降低，大大提高了产品的可靠性。

（4）降低产品成本。贴片元器件体积小，可有效减小PCB的面积，降低成本；其引脚很短，安装时可省去引脚成形、剪脚等工序。通常情况下，采用表面安装技术可使电路的生产成本降低10％以上。

2. 贴片元器件的贴装工艺

贴片元器件在PCB上没有固定孔，因而无法直接固定在PCB上。一般的方法是使用点胶方式，在贴片元器件的下方用点胶机点上红胶，接着放上贴片元器件，然后进行固化处理，红胶即可将贴片元器件可靠地粘贴在PCB上。

业余条件下如果没有点胶机，则可以采用“边定位、边焊接”的方法。

第4章　手　工　焊　接

手工焊接是焊接技术的基础，焊接质量的好坏将影响到电子产品的质量。在掌握焊接技术的同时，还需要经常练习，以提高熟练程度。

焊锡熔化后形成的烟雾、焊剂加热挥发出的化学物质会对人体造成不同程度的伤害，因此电烙铁在工作时应距离头部至少 30cm 以上。距离太近，人体容易吸入过多的有害气体。建议在焊接现场安装通风换气设备，如风扇、吸烟仪等。

焊锡丝中铅的成分比例较高，因此操作者最好佩戴手套进行工作。每次焊接、调试完毕应及时洗手，避免铅的摄入量过多而引起慢性铅中毒。

4.1　焊接材料与焊接工具

4.1.1　焊接材料

焊接材料包括焊料和焊剂。

(1) 焊料。如图 4-1 所示焊锡，焊料为易熔金属，是用来连接两种或多种金属表面，同时在被连接金属的表面之间起冶金学桥梁作用的金属材料。手工焊接所使用的焊料为锡铅合金，又称焊锡。

焊料要求具有熔点低、凝固快、良好的导电性、机械强度高、表面张力小、良好的浸润作用和抗氧化能力强、抗腐蚀性要强等优点。

(2) 焊剂。焊剂是用来增加润湿，以帮助和加速焊接的进程，故焊剂又称助焊剂，如图 4-2 所示。焊剂的作用有除去氧化膜，防止氧化，减小表面张力，使焊点美观。

图 4-1　焊锡

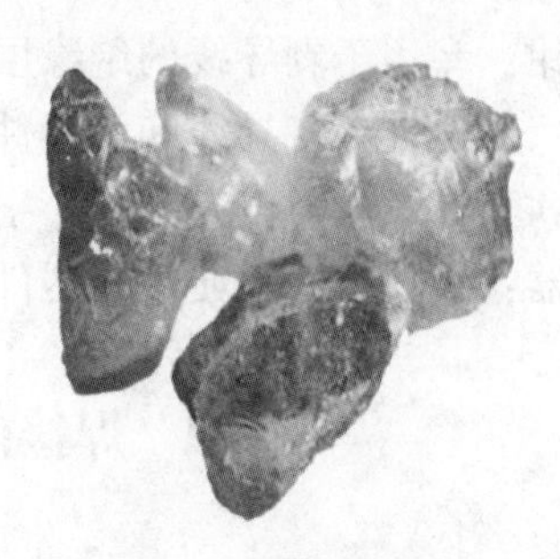

图 4-2　焊剂（松香）

4.1.2　电烙铁

电烙铁可分为调温式电烙铁和普通电烙铁。

图 4-3 所示为调温式电烙铁。它使用集成芯片来检测烙铁头的温度，然后调整温控器的电量来控制温度。当烙铁头温度低于设定温度，主机接通，供电给温控器发热；当烙铁头

温度高于设定温度，主机关闭，停止发热 。

图 4-4 所示为普通电烙铁。它由烙铁头、烙铁心、外壳、手柄、电源引线、插头等部分组成，结构较为简单。

图 4-3　调温式电烙铁

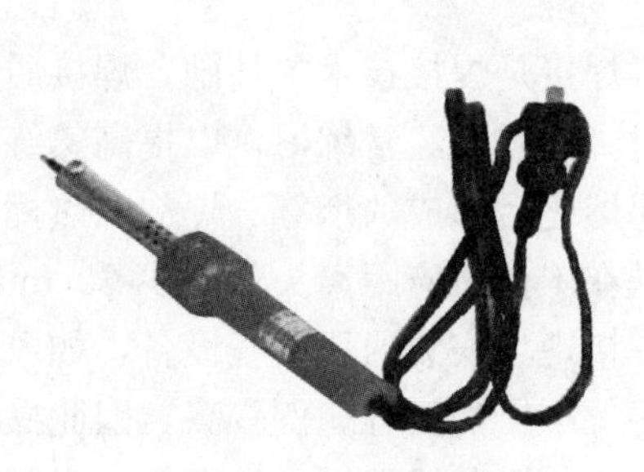

图 4-4　普通电烙铁

如图 4-5 所示，烙铁头主要分为刀口形烙铁头和尖头形烙铁头。

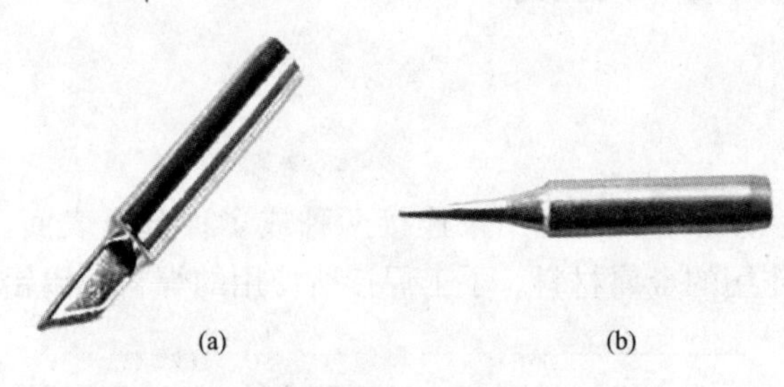

图 4-5　常用烙铁头

(a) 刀口形烙铁头；(b) 尖头形烙铁头

图 4-5（a）所示为刀口形烙铁头。它使用刀形部分焊接，竖立式或拉焊式焊接均可，属于多用途烙铁头。它适用于 SOJ、PLCC、SOP、QFP、电源和接地部分元件的焊接，同时可以修正锡桥。

图 4-5（b）所示为尖头形烙铁头。该烙铁头尖端细小，适合精细焊接，或焊接空间狭小的情况，也可以修正焊接芯片时产生的锡桥。

4.1.3　其他工具

（1）尖嘴钳：头部较细，适用于夹小型金属器件。

（2）斜口钳：主要用于剪切导线。

（3）剥线钳：专用于剥导线的绝缘层。

（4）镊子：用途是夹持导线和元器件，在焊接时镊子兼有散热作用。

（5）起子：又称螺丝刀，有“一”字形和“十”字形两种，专用于拧螺钉。

（6）吸锡器：吸除焊锡，便于元器件取下。

4.2　焊接前的准备及注意事项

4.2.1　元器件引脚的弯制

元器件经过长期存放，会在元器件引脚表面形成氧化层，不但使元器件难以焊接，而且影响焊接质量，因此当元器件表面存在氧化层时，应首先清除元器件引脚表面的氧化层。消除氧化层时注意用力不能过猛，以免使元器件引脚受伤或折断。

如图 4-6 所示，清除元器件引脚表面的氧化层的方法是：左手捏住电阻或其他元器件的本体，右手用锯条轻刮元器件引脚的表面，左手慢慢地转动，直到引脚表面氧化层全部去除。

引脚氧化层去除后，进行元器件引脚的弯制。左手用镊子紧靠电阻的本体，夹紧元器件的引脚，使引脚的弯折处距离元器件的本体有2mm以上的间隙（见图4-7），左手夹紧镊子，右手食指将引脚弯成直角。

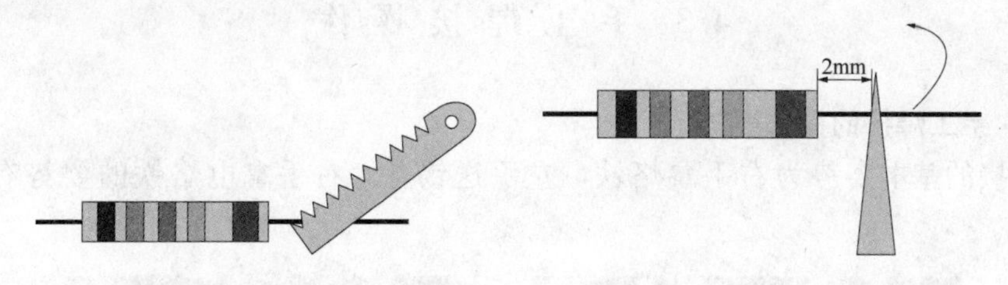

图4-6　清除元器件表面的氧化层　　　图4-7　元器件引脚的弯制

注意：不能用左手捏住元器件本体，右手紧贴元器件本体进行引脚弯制，如果这样，引脚的根部在弯制过程中容易受力而损坏。引脚之间的距离根据线路板孔距而定。

一般情况下，二极管应水平插装；当孔距很小时，可垂直插装。为了将二极管的引脚弯成美观的圆形，应用螺丝刀辅助弯制。如图4-8所示，将螺丝刀紧靠二极管引脚的根部，十字交叉，左手捏紧交叉点，右手食指将引脚向下弯，直到两引脚平行。

4.2.2　拆除焊错元器件

1. 用电烙铁直接拆除元器件

引脚比较少的元器件，如电阻、二极管、三极管、稳压管等具有2～3个引脚，可用电烙铁直接加热元器件引脚，用镊子将元器件取下。

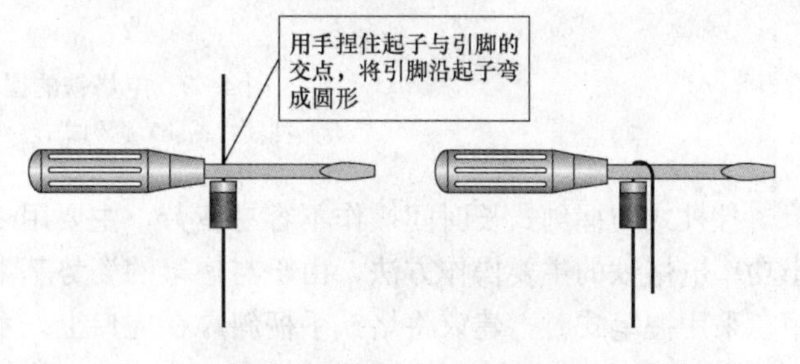

图4-8　用螺丝刀辅助弯制

2. 使用手动吸锡器拆除元器件

利用电烙铁加热引脚焊锡，用吸锡器吸取焊锡。拆除步骤：右手以握笔式握持电烙铁，使其与水平位置的电路板呈35°左右夹角。左手以拳握式持吸锡器，拇指操控吸锡按钮，使吸锡器呈近乎垂直状态向左倾斜约5°为宜，方便操作。首先调整好电烙铁温度，以2s内能顺利烫化焊点锡为宜；将电烙铁头尖端置于焊点上，使焊点融化，移开电烙铁的同时，将吸锡器放在焊盘上按动吸锡按键，吸取焊锡。

3. 使用电动吸锡枪拆除直插式元器件

吸锡枪具有真空度高、温度可调、防静电及操作简便等特点，可拆除所有直插式插装的元器件。拆除步骤：选择内径比被拆元器件的引脚直径大0.1～0.2mm的烙铁头；待烙铁达到设定温度后，对正焊盘，使吸锡枪的烙铁头和焊盘垂直轻触，焊锡熔化后，左右移动吸锡头，使金属化孔内的焊锡全部熔化，同时启动真空泵开关，即可吸净元器件引脚上的焊锡。按上述方法，将被拆元器件其余引脚上的焊锡逐个吸净。用镊子检查元器件每个引脚上的焊锡是否全部吸净，若未吸净，则用烙铁对该引脚重新补锡后再拆。重新补锡焊接的目的是使新焊的焊锡与过孔内残留的焊锡熔为一体，再解焊时热传递漫流就形成了通导，只有这样，元器件引脚与焊盘之间的粘连焊锡才能吸干净。

4. 使用热风枪拆除表面贴装元器件

热风枪为点热源，对单个元器件的加热较为迅速。将热风枪的温度与风量调到适当位置，对准表面贴装元器件进行加热，同时震动印刷电路板，使表面贴装元器件脱离焊盘。

4.3 手工焊接操作

4.3.1 手工焊接的操作姿势

手工焊接的基本姿势为右手拿烙铁，左手送锡丝。右手拿电烙铁的姿势有三种，如图 4 - 9所示。

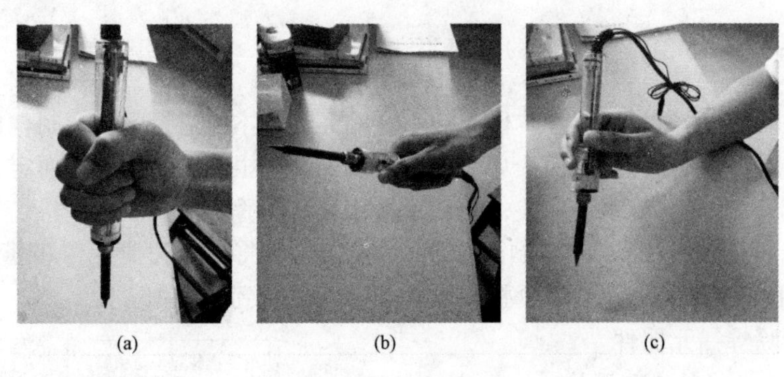

(a) (b) (c)

图 4 - 9 电烙铁的握姿

(a) 拄杖式；(b) 握剑式；(c) 握笔式

拄杖式与握剑式长时间操作不容易疲劳，主要用于大功率电烙铁的焊接操作。握笔式是小功率电烙铁的主要操作方法，由于与握笔的姿势基本一致，因而易于掌握，建议初学者采用。采用握笔式时，建议将烙铁手柄斜靠在虎口上，手指尽量落在烙铁的中部。在某些焊点比较密集的电路中，也可以采用毛笔式握法，直立烙铁进行焊接。

焊锡丝的握持方式如图 4 - 10 所示。图 4 - 10（a）适用于成卷焊锡丝的手工送锡；图 4 - 10（b）适用于段状焊锡丝的手工送锡。

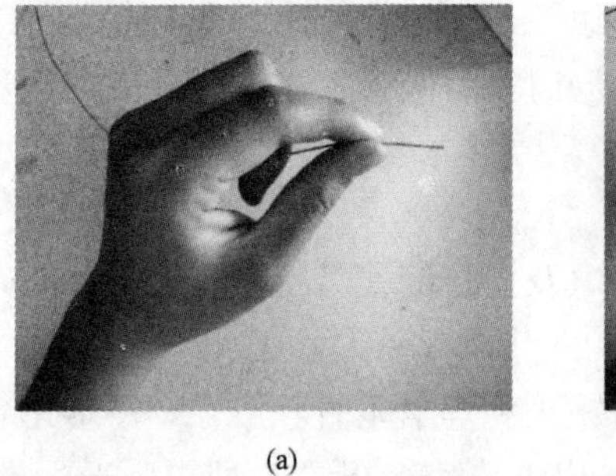

(a)

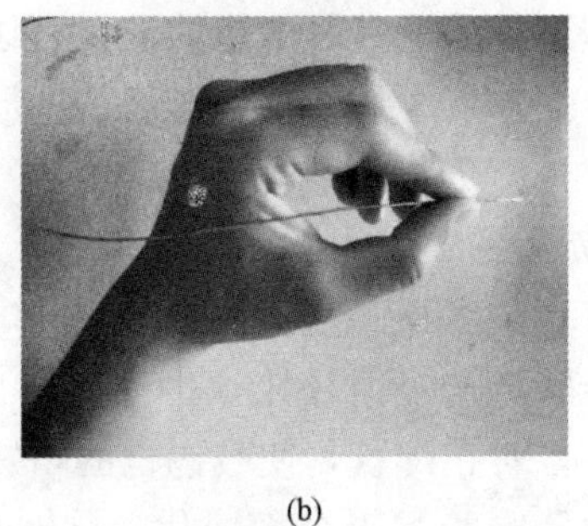

(b)

图 4 - 10 焊锡丝的握持方式

(a) 连续焊锡时；(b) 断续焊锡时

送锡时应注意焊锡的用量，焊锡使用过多会造成焊点太大，浪费焊锡并影响焊点质量；焊锡使用过少，容易降低焊点的机械强度，弱化焊点的粘接性，引发虚焊。

4.3.2　手工焊接的基本步骤

掌握好电烙铁的温度和时间，按正确的步骤进行焊接，才能得到良好的焊点。正确的手工焊接操作过程可以分解为五个步骤，俗称“五步法”，如图 4-11 所示。

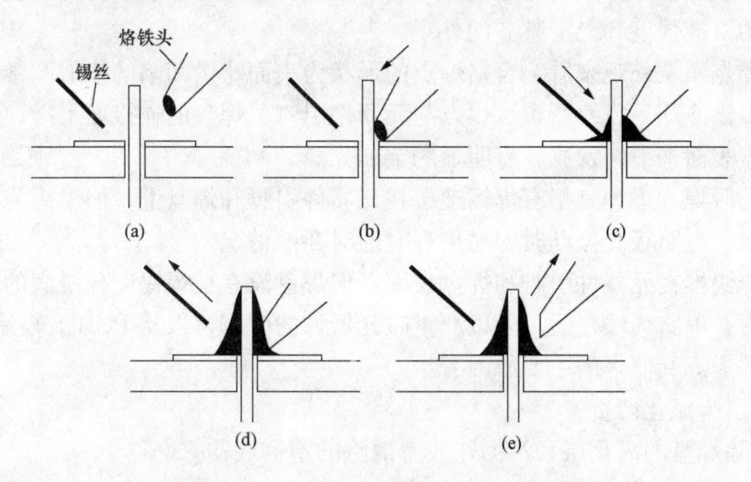

图 4-11　焊接“五步法”的分解动作

（a）焊前准备；（b）加热焊件；（c）熔化焊料；（d）移开焊锡；（e）移去烙铁

（1）焊前准备。焊接准备包括选用合适功率的电烙铁、合适的烙铁头，清洁被焊元器件处的积尘及油污，进行元器件引脚的休整。焊接新元器件前，应对元器件的引脚进行镀锡处理。

（2）加热焊件。加热焊件是指用烙铁头均匀加热 PCB 上的焊盘与元器件的引脚。

烙铁头将热量传递给焊点主要靠接触面积，因此用烙铁头对焊点施加压力是徒劳的，某些情况下还可能造成被焊件的损伤。例如，电位器、开关、接插件的焊接点往往都是固定在塑料构件上，加力的结果容易造成元器件失效。低压恒温焊台的烙铁头比较尖且比较脆，对烙铁头错误的施力容易折断烙铁头的尖端部分。

（3）熔化焊料。当焊件加热到能够熔化焊锡的温度后，用焊锡丝涂覆已经升温的焊盘，锡丝熔化后会自动润湿焊点。不要用烙铁头直接熔化焊锡丝，这样容易将焊锡直接堆附在焊点上，可能掩盖被焊工件因温度不够或氧化严重造成的虚焊、假焊现象。

（4）移开焊锡。当焊锡丝熔化一定数量后，将焊锡丝以斜向上 45°的方向移开。

（5）移开烙铁。当焊料的扩散范围达到要求后，助焊剂尚未完全挥发，覆盖在焊接点表面形成一层薄膜时，是焊接点上温度最恰当、焊锡最光亮、流动性最强的时刻，应迅速移开电烙铁。

烙铁头以斜向上 45°的方向移开会使焊点圆滑，但焊点体积可能略鼓；烙铁头沿水平方向撤离时，烙铁头可带走部分焊锡，使焊点扁平。

（6）小结。在焊料冷却、凝固前，被焊元器件的位置必须可靠地固定，不允许摆动和抖动，以免影响焊接质量。焊点自然冷却即可，必要的时候可以用嘴吹气的方式加速焊点冷却、凝固。

“五步法”是掌握手工电烙铁焊接的基本方法。对于普通焊点而言，整个手工焊接的过程耗时 1～3s，较大的焊点也应该在 5s 以内完成。各步骤之间停留的时间对焊接质量的影响较大，一定要通过亲手实践才能逐步认识与掌握。

4.3.3　焊点质量分析

焊点质量直接关系到产品的稳定性、可靠性和美观性，一个合格的焊点应具有可靠的电气连接、足够的机械强度和光滑整齐的外观。

（1）合格焊点。从外观来看，合格焊点的形状为表面略微凹陷的近似圆锥体，呈凹坡状的原因是由于焊锡冷却后收缩所致。焊点与元器件引脚、焊盘的连接面平滑、自然，接触角尽可能小。焊点表面平滑、发亮，有明显的金属光泽。

（2）虚焊与假焊。虚焊是指有焊锡连接在元器件引脚和焊盘上，但焊锡与引脚之间没有形成良好的接触，电路板受振动时容易出现时通时断的情况。

假焊是指焊锡堆在元器件引脚和焊盘表面，但焊盘没有被焊锡充分浸润的情况。因为锡料根本没焊上去，电路无法接通，所以严重时元器件的引脚可以从PCB上轻易地拔下。

造成元器件虚焊和假焊的主要原因有：

1）元器件引脚氧化严重；

2）没有清除焊盘的氧化层和污垢，或者清除的不彻底；

3）焊接时间较短，焊锡没有达到足够高的温度；

4）在焊锡还未完全凝固时元器件被晃动。

虚焊和假焊从外观上不容易准确识别，在进行大量焊接时，往往也无法对所有焊点都全部检测。为了减小后续的调试工作量，建议养成良好的焊接习惯，确保每一个焊点的质量。

虚焊、假焊的故障排查方法比较简单，直接使用万用表对疑似点进行阻值测试或通断测试即可，测试时可以结合元器件引脚晃动或对表笔施力等辅助措施。

初学者在进行焊接时，会出现或多或少的焊接缺陷。焊件、PCB、焊料、焊剂、电烙铁以及操作方法都是产生缺陷的重要原因。

4.3.4　易损件的焊接

易损件是指在插装焊接过程中因焊接温度过高而容易损坏的元器件，如注塑元器件、簧片类元器件、集成电路等。

（1）注塑元器件的焊接。目前，有机玻璃、聚氯乙烯、聚乙烯、酚醛树脂等有机材料广泛地应用在电子元器件的制造中。通过注塑工艺可以制成各种形状复杂、结构精密的开关和插接件，形成成本低、精度高、使用方便的注塑元器件。但注塑元器件的最大弱点是不能承受高温。焊接时如果不注意控制加热时间，高温容易经过引脚传导至塑料部位而造成有机材料的热塑性变形（软化），导致零件失效或性能降低。

注塑元器件的正确焊接方法是：

1）焊接前认真做好引脚表面的清洁工作，尽量一次镀锡成功；

2）焊接时选用较尖的烙铁头，尽量减小焊接时的接触面积；

3）尽量选择调温型电烙铁，焊接温度尽可能低；

4）使用烙铁头时不要对接线片施加压力，避免接线片变形；

5）在保证润湿的情况下，焊接时间一般不超过2s，确保一次性焊接成功；

6）使用低熔点的焊料。

如果焊件的可焊性良好，只需要用挂上锡的烙铁头轻轻点一下焊盘与接线片即可完成焊接，切忌长时间的反复烫焊。焊接后，在引脚、塑壳冷却前不要晃动注塑元器件。

(2) 簧片类元器件的焊接。簧片类元器件主要指继电器、波段开关等。其特点是在制造时对接触簧片已施加了预应力，使之有一定的弹性，以确保电接触的可靠。焊接过程中，不能对簧片施加过大的外力和热量，以免破坏接触点的弹力，造成元器件失效。

簧片类元器件的正确焊接方法如下：

1) 在保证润湿的情况下，焊接时间尽量短；

2) 焊接时不可对烙铁头施加外力；

3) 焊锡用量宜少。

(3) 集成电路的焊接。绝缘栅型场效应管（MOSFET）的输入阻抗很高、极间电容小，少量的输入静电荷即会感应较高的静电电压，导致元器件的"栅极—源极"间击穿损坏。双极型集成电路虽然不像 MOS 集成电路那样对静电荷敏感，但由于其内部集成度高，通常管子的隔离层很薄，吸收了过多热量后也容易造成元器件损坏。所以，在焊接这些元器件时，一定要非常小心并遵守相应的规则。

焊接集成电路时应注意以下几方面：

1) 放置集成电路时，尽量不要用手接触芯片引脚，而应拿着管子的外壳，避免人体感应的少量电荷损坏集成电路。

2) 焊接 MOS 集成电路时，电烙铁的外壳应良好接地，以防止烙铁头因漏电损坏集成电路。某些廉价电烙铁如果不方便接地，则必须等电烙铁温度稳定后，拔下电烙铁的电源插头，利用烙铁头的余热完成 1～2 个焊点的焊接。接下来再反复插、拔电烙铁，利用电烙铁的余温完成其余焊点的焊接。

3) 用来焊接集成电路的内热式电烙铁功率不要超过 30W，外热式电烙铁的功率不超过 35W，选择尖烙铁头，以减少受热面积。注意确保电烙铁的良好接地；必要时，还要采取佩戴防静电腕带、穿防静电工作鞋等防护措施。

4) 集成电路的引脚一般都经过镀金或镀锡处理，可以直接焊接。集成电路安全焊接的顺序是：接地端→输出端→电源端→输入端。

5) 工作台上如果铺有橡胶、塑料等易于积累静电的材料，则芯片不宜放在台面上，以免静电损伤，最好使用防静电胶垫。

为确保集成电路不会被意外损坏，焊接时一定要遵循以上原则。不过，近年来生产的元器件在设计、生产的过程中，已经考虑了防静电措施，只要按照正确的规程操作，一般不会造成芯片的损坏。

4.4 实验开发板的焊接

实验开发板包括单片机最小系统、USB 转 TTL 模块、I/O 输入/输出部分、Zigbee 模块等。单片机最小系统包括单片机处理器及其外部电路。USB 转 TTL 模块提供两种功能，一是给单片机最小系统板上的各个模块供电，二为单片机提供程序烧写功能。I/O 输入/输出部分包括流水灯模块、蜂鸣器模块、按键模块、四位数码管模块、温度显示模块、直流电机模块、LCD1602 液晶显示模块和时钟模块。Zigbee 模块用于实现实验开发板数据的无线传送和接收。

1. 最小系统的焊接

如图 4-12 所示，最小系统包括单片机、晶振电路、复位电路。外加 USB 转 TTL 模块。

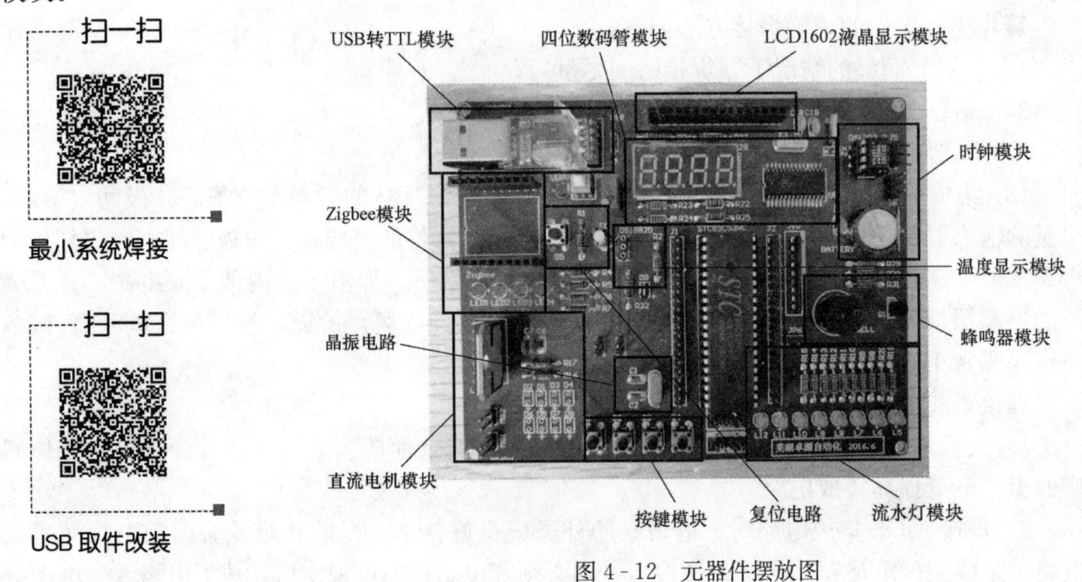

图 4-12　元器件摆放图

最小系统所使用元器件见表 4-1。

表 4-1　最小系统元器件清单

文字符号	元器件名称	数量
STC12C5A32S2	DIP40 插座（STC12C5A32S2 单片机）	1
J1，J2	20 脚单排插针	2
GND	4 脚单排插针	1
VCC	4 脚单排插针	1
C3	104pF 插件电容	1
C1，C2	33pF 插件电容	2
X1	11.0592MHz 晶振	1
S5	4 脚按钮开关	1
R1	10kΩ 插件电阻	1
C0	10μF/25V 插件电容	1
R18	470Ω 插件电阻	1
LED0	发光二极管（红色）	1
P1	6 脚开关	1

续表

文字符号	元器件名称	数量
D9	二极管（插件）	1
R32	1kΩ 插件电阻	1
USB	USB （电源供电 & 程序烧写电路）	1

焊接最小系统部分时，应当注意以下几点：

（1）焊接单片机部分时，避免直接将单片机插到开发板，应当焊接 DIP40 插座，注意插座上端的凹口要与开发板上图标的凹口方向一致。

（2）开发板上 J1、J2、VCC、GND 处焊接单排插针，应当将插针的短头插到开发板上。其中，J1、J2 各有 20 根引脚，VCC、GND 各有 4 根引脚。

（3）LED0 和 D9 二极管的正负极避免插反。其中 LED0 为红色发光二极管，长引脚为正极，短引脚为负极；D9 为插件二极管，黑色端为正，白色端为负。

（4）将六脚开关上端白色部分有凹口的那面朝向红色发光二极管 LED0 插到开发板上。

（5）R18、R1、R32 电阻避免出错。焊接之前，如果阻值大小不确定，利用万用表进行测量。

2. 流水灯模块的焊接

流水灯模块的相关元器件在实验开发板上的摆放位置如图 4－12 所示。

流水灯模块所使用元器件见表 4－2。

表 4－2　流水灯模块元器件清单

原理图符号	元器件名称	数量
R8，R9，R10，R11，R12，R13，R14，R15	1kΩ 插件电阻	8
L5，L6，L7，L8，L9，L10，L11，L12	发光二极管（绿色）	8

焊接流水灯模块时，应当注意以下几点：

（1）R8～R15 电阻阻值大小一致，均为 1kΩ。

（2）L5～L12 均为绿色发光二极管，注意其正负极，长引脚为正极，短引脚为负极。

3. 蜂鸣器模块的焊接

蜂鸣器模块的相关元器件在实验开发板上的摆放位置如图 4－12 所示。

蜂鸣器模块所使用元器件见表 4－3。

表 4-3 蜂鸣器模块元器件清单

原理图符号	元器件名称	数量
JP6	2 脚单排插针（需跳帽）	1
BELL	蜂鸣器	1
Q1	NPN 插件三极管 8050	1
R19	1kΩ 插件电阻	1
R20	100Ω 插件电阻	1

焊接蜂鸣器模块时，应当注意以下几点：

(1) JP6 为两根引脚的插针，插法和 J1、J2 一致；调试时需要在插针上插上跳帽（跳帽起连接作用，相当于通路）。

(2) 蜂鸣器有正负极之分，其中长引脚为正极，短引脚为负极。

(3) 放置三极管 8050 时，以平面朝向蜂鸣器的方式插到开发板；焊接时，避免三根引脚短接。

(4) R19、R20 电阻避免放错。

4. 按键模块的焊接

按键模块的相关元器件在实验开发板上的摆放位置如图 4-12 所示。

按键模块所使用元器件见表 4-4。

表 4-4 按键模块元器件清单

原理图符号	元器件名称	数量
S1，S2，S3，S4	4 脚按钮开关	4

5. 四位数码管模块的焊接

按键模块的相关元器件在实验开发板上的摆放位置如图 4-12 所示。

四位数码管模块所使用元器件见表 4-5。

表 4-5 四位数码管模块元器件清单

原理图符号	元器件名称	数量
R21，R22，R23，R24，R25，R26，R27，R28	200Ω 插件电阻	8
DS1-4	4 位数码管	1
C18，C19	20pF 插件电容	2
X3	12MHz 晶振	1
7289BS	贴片芯片 7289BS	1
J8	3 脚单排插针	1

扫一扫

7289BS 芯片焊接

焊接四位数码管模块时，应当注意以下几点：

（1）数码管上下各有 4 个阻值为 200Ω 的电阻。

（2）四位数码管插到开发板时，注意其方向，将 4 个点一端朝下放置。

（3）焊接贴片芯片 7289BS 时，将芯片及其上面的文字摆正，保证芯片上的小点朝向左下角以及芯片每个引脚与焊盘对应。

6. LCD1602 液晶显示模块的焊接

LCD1602 液晶显示模块的相关元器件在实验开发板上的摆放位置如图 4－12所示。

LCD1602 液晶显示模块所使用元器件见表 4－6。

表 4－6　**LCD1602 液晶显示模块元器件清单**

原理图符号	元器件名称	数量
LCD _1602	16 脚单排插座 （LCD1602 显示屏）	1
R3	滑动变阻器	1
J10	9 针排阻（5.1kΩ）	1

焊接 LCD1602 液晶显示模块时，应当注意以下几点：

（1）开发板 LCD1602 处，应当放置 16 脚单排插座，避免直接将显示屏焊接到开发板上。

（2）单排插座要求剪出 16 个引脚，切记从第 17 个引脚处开始剪。

（3）放置滑动变阻器时，将带有铜帽的一侧朝下插到开发板上。

（4）J10 为 5.1kΩ 的 9 针排阻。将 J10 标有文字的一面朝向单片机放置，并且保证文字上的白色小点朝上。

7. 时钟模块的焊接

时钟模块的相关元器件在实验开发板上的摆放位置如图 4－12 所示。

时钟模块所使用元器件见表 4－7。

表 4－7　**时钟模块元器件清单**

原理图符号	元器件名称	数量
R29，R30，R31	10kΩ 插件电阻	3
BATTERY	3V 电池/电池座	1
J5	3 脚单排插针	1
DS1302 _ 2	DIP8 插座（DS1302）	1
DS1302 _ 2	时钟芯片	1

焊接LCD1602液晶显示模块时，应当注意以下几点：

(1) J5和J8的插法、焊接一致。

扫一扫

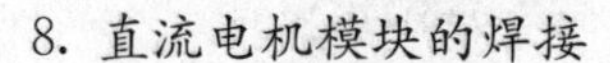

电机改装

(2) 焊接DS1302时，避免直接将芯片焊接。

(3) 电池插座要注意方向。焊接时，先在两边焊盘上加上焊锡，将电池插座放上，然后用电烙铁加热两面的电池铜片，等其熔化并冷却。

8. 直流电机模块的焊接

直流电机模块的相关元器件在实验开发板上的摆放位置如图4-12所示。

直流电机模块所使用元器件见表4-8。

表4-8　直流电机模块元器件清单

原理图符号	元器件名称	数量
L298N	L298N电机驱动	1
C6，C7	104pF插件电容	3
R16，R17	1kΩ插件电阻	2
MG1，MG2	2脚单排插针	2

焊接直流电机模块时，应当注意以下几点：

(1) 焊接直流电机芯片时，焊锡量要适中，避免焊锡从孔中漏到前侧导致芯片两引脚相连短路。

(2) MG1、MG2为2脚单排插针，用法和其他插针一样。

9. 温度显示模块的焊接

温度显示模块的相关元器件在实验开发板上的摆放位置如图4-12所示。

温度显示模块所使用元器件见表4-9。

表4-9　温度显示模块元器件清单

原理图符号	元器件名称	数量
R2	5.1kΩ插件电阻	1
DS18B20	DS18B20（只焊插座）	1
DS18B20	DS18B20芯片	1

焊接温度显示模块时，应当注意开发板DS18B20处为DS18B20插座。

10. Zigbee模块的焊接

Zigbee模块的相关元器件在实验开发板上的摆放位置如图4-12所示。

Zigbee模块所使用元器件见表4-10。

表 4 - 10　　Zigbee 模块元器件清单

原理图符号	元器件名称	数量
Zigbee	9 脚单排插座	2
LED1，LED2，LED3，LED4	发光二极管（红色）	4
R4，R5，R6，R7	1kΩ 插件电阻	4
	2 脚单排插针（需跳帽）	2

焊接 Zigbee 模块时，应当注意以下几点：

(1) 开发板 Zigbee 处，上下各放置 9 脚单排插座，避免直接将通信模块接到开发板上。

(2) 单排插座要求剪出 9 个引脚，切记从第 10 个引脚处开始剪。

(3) LED1、LED2、LED3、LED4 均为红色发光二极管，插入时注意方向。

(4) 开发板上剩余两个图标（长方形的框内包含两个圆孔），可放置 2 引脚的插针，使用方法和 JP6 一样。

第5章 电路调试技术

电子产品整体装配完毕或单元电路焊接完成后，为使电子产品的各项性能参数满足要求并具有良好的可靠性，调试工作非常重要。调试的目的：

(1) 检查系统或单元电路的工作是否正常，发现设计缺陷和安装错误并加以改进与纠正，或者提出整改建议。

(2) 调整电路中的元器件参数，确保产品的各项功能和性能指标达到设计要求。

5.1 电路调试基本步骤

电路调试的技术手段很多，不同产品的调试方法存在较大差异，但调试思路与步骤基本一致。

1. 预检查

对于初次组装完成，即将开始调试的电路，可能存在元器件插错、插反、型号错误等非原理性故障，因此在电路调试之前不要贸然通电，应该通过仔细的预检查，发现和纠正比较明显的安装错误和故障点，避免引发连锁性故障。

由于电源故障对系统的破坏性较强，因而建议使用万用表测试电源输入端的电阻，判断有无短路、元器件插反等故障。

对需要维修的电路进行调试时，应仔细观察电路中比较明显的元器件故障（如元器件的损坏、电气连线的开路），以寻找直接的故障点。

2. 通电调试

通电调试包括通电观察、静态调试和动态调试等内容。不论电路的复杂程度如何，调试中都应该养成“先静态、后动态”“分单元、分阶段”调试的良好习惯。

(1) 通电观察。在进行电路调试以前，调试者应该充分熟悉被调试电路的工作原理和性能指标，明确调试内容。

接通电源后不要急于测量电气指标，要注意观察电源指示灯是否点亮，系统有无异常现象，如整机工作电流是否偏大，有无异常气味飘出，电路有无冒烟现象，用手或温度计触摸集成电路、晶体管、二极管等重点元器件表面以判断有无温度异常。如出现上述异常现象，说明电路内部存在故障，必须立即切断电源并排查故障。

对于复杂程度较高的电路系统，不建议一次性将电源加到所有电路单元中，可以采用分块通电或独立通电的模式进行通电观察，以明确故障所在的位置。

1）分块通电是指按照电路的功能模块，从系统的前级到后级或者从后级到前级依次接通各个单元的电源，观察有无异常情况并记录整机工作电流。分块通电主要用于单元模块间存在信号单向流动且各个模块工作状态差别较大的情况。

2）独立通电是对各个单元模块进行独立的分时供电并分别测试各自工作状态。独立通电主要适用于各个单元模块工作状态差别不大，特别是每个模块的工作电流均比较大的场合。

(2) 静态调试。如果系统通电后基本工作情况正常，就可以使用万用表、示波器等设备进行电路静态调试。静态调试是针对直流工作状态的调试。它根据实际电路的工作情况，可以选择将输入信号接地、保持输入端悬空或者加某个固定电平信号模式。

直流工作状态是一切电路的工作基础。直流工作点不正常，电路自然无法实现特定的电气功能。很多早期电子产品的电气原理图上，均标注有详细的直流工作点参数（如晶体管各电极的直流点位或工作电流，集成电路各引脚的工作电压或对地电阻），作为电路调试的参考依据。

应该注意，元器件的数量都具有一定的偏差，仪器仪表本身也具有一定的测试误差，可能会出现测试数据与参考的直流工作点不完全相同的情况，但就总体而言，它们之间的差值不应该很大，相对误差基本不会超出±10%。

在静态调试阶段需要测量以下内容：

1) 确定电源电压是否正常加载，确定晶振电路是否起振；

2) 采用万用表测试晶体管的静态工作点、集成电路关键引脚的电压值；

3) 采用电流表测量各级单元模块的静态工作电流；

4) 采用示波器测试电源的纹波系数。

通过测量值与参考值的比对，或者结合电路工作状态的分析、预测，即可判断电路的直流工作状态是否正常，以及时发现电路中的故障点。

通过更换损坏的元器件或调整电路参数，直到电路的静态工作参数符合设计要求。

(3) 动态调试。电路的动态调试是建立在静态调试基础上的，当电路的静态工作参数基本调试完成之后，即可转入动态调试阶段。

动态调试需要在电路的输入端接入合适的信号，并按照信号的流向，分单元检查并调整有关元器件，检测重要观测点的输出信号，直至系统各个单元均能较好地完成预定的电气功能。

动态调试的过程中，如果检测到不正常现象，应综合分析产生的原因并研究故障排除方案，反复调试直到满足指标要求。如果被调试的单元模块工作频率很高或者处理的信号非常微弱，则需要采取一定的屏蔽措施，防止模块的工作状态被其他信号干扰，或者对其他电路产生干扰。

在动态调试中常用的测量仪器包括信号源、示波器、逻辑分析仪、频谱分析仪，扫频仪等。

(4) 电路分块调试。对于简单的电路，调试前只需要明确输入、输出关系即可。而对于复杂的电子电路，可以人为地将电路系统划分为若干个功能相对独立的子模块，然后针对每个模块进行单独调试。这种做法可以有效避免各个模块之间电信号的相互干扰；更重要的是，如果系统存在问题时，能够通过各个模块的相对独立性，迅速定位故障点，缩小故障排查范围。

除了正在调试的电路，其余各部分都被隔离元器件断开而不工作，因此不会产生相互干扰和影响。如果电路中没有设置隔离元器件，则可以采用逐级装配和调试的方法。每个单元调试完毕后再装配、调试下一单元。

3. 整机联合调试

各个单元模块调试完毕后，就可以接通所有的隔离元器件，将所有断开的信号通道全部恢复正常连接，进入整机联合调试阶段。

整机联合调试，简称整机联调，是在单元电路测试正常后对整个系统进行的联合调试和检测。通过调整可调元器件参数、修改不合理的元器件参数、纠正设计缺陷、改进设计方案，确保产品的各项功能和性能指标达到设计要求。

整机联调之前，各单元模块电路应首先通过调试并处于正常工作状态。将各个单元模块逐级连接起来之后，系统可能会出现新的相互影响甚至冲突。整机联调主要针对电路系统中某些元器件参数进行调整，使系统的各项技术指标达到预期要求。

常见的可调元器件包括电位器、微变电容、可变电感、多刀多掷开关、跳线等。可调元器件的优点是调节方便，即使电路工作一段时间以后参数发生变化，也可以重新调整。但是，可调元器件的可靠性较差，体积也比固定元器件大，在系统联调完毕之后，建议用等值的固定元器件对其进行更换。可调元器件的参数调整确定以后，为了避免因受热或振动等因素的影响，一般建议选用油漆或热熔胶固定其调整端。

整机联调是确保电路工作状态完好、工作指标合格的重要环节。整机联调的步骤，应该在调试工艺文件中明确、细致地规定出来，使调试人员易于理解并严格按照步骤执行。

在条件允许的情况下，最好能够对整机联调完毕的电路系统进行老化试验和环境试验。

5.2 单片机实验开发板分模块调试

焊接完毕的单片机实验开发板实物如图5-1所示。

图5-1 STC12C5A32S2实验开发板实物

扫一扫

最小系统调试

1. 最小系统调试

焊接完成后，对最小系统进行调试。打开烧录软件，下载程序，观察程序是否下载成功。若成功，表示最小系统可以工作，则进行下面模块调试；若下载不成功，表示焊接出现问题，可能的原因有：

扫一扫

流水灯模块调试

（1）部分焊点出现虚焊；

（2）晶振或电容损坏导致晶振电路不起振。

2. 流水灯模块调试

焊接结束并烧录程序，可观察流水灯有规律地闪烁和变化，如图5-2所示。

若出现流水灯不亮，则可能出现的原因有：

（1）电阻选择错误；

（2）流水灯正负极错误。

图5-2　流水灯模块调试

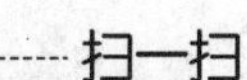

蜂鸣器模块调试

3. 蜂鸣器模块调试

烧录程序，在JP6处插上跳帽可听到蜂鸣器发出嘀嘀的响声。

若出现蜂鸣器不响或上电一直响，则可能的原因有：

扫一扫

按键模块调试

（1）电阻选择错误；

（2）蜂鸣器正负极错误；

（3）三极管短接或损坏。

4. 按键模块调试

按键模块调试，如图5-3所示，利用按键可以控制流水灯的亮灭。

5. 四位数码管模块调试

扫一扫

四位数码管模块调试

下载程序后，利用导线将J8的三个引脚分别和J2的2、3、4引脚相连，数码管上显示数字“1234”，如图5-4所示。

若数码管显示出现乱码，则可能出现虚焊或者数码管损坏。

若数码管不亮，则可能的原因有：

（1）数码管损坏；

（2）晶振电路不起振；

图 5-3 按键模块调试

图 5-4 四位数码管模块调试

（3）7289BS 贴片芯片焊反或损坏；

（4）J10 处的排阻未焊接；

扫一扫

LCD1602 液晶显示模块调试

（5）三根导线未连接或导线顺序错误。

6. LCD1602 液晶显示模块调试

如图 5-5 所示，安装显示屏，可观察到显示英文字符。

若显示屏不亮或不显示字符，则可能的原因有：

（1）显示屏插反或插错位；

（2）滑动变阻器 R3 处的铜帽未调节；

（3）显示屏损坏。

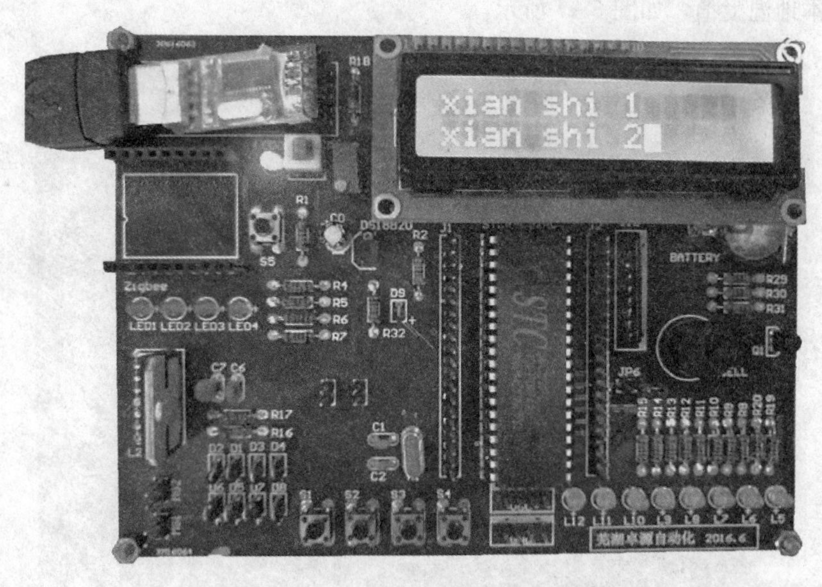

图 5 - 5　LCD1602 液晶显示模块调试

扫一扫

时钟模块和温度显示模块调试

7. 时钟模块调试

下载程序后，利用导线将 J5 的三个引脚分别和 J2 的倒数 3、2、1 引脚相连，并安装上电池，则液晶显示屏上显示电子万年历信息，如图 5 - 6 所示。

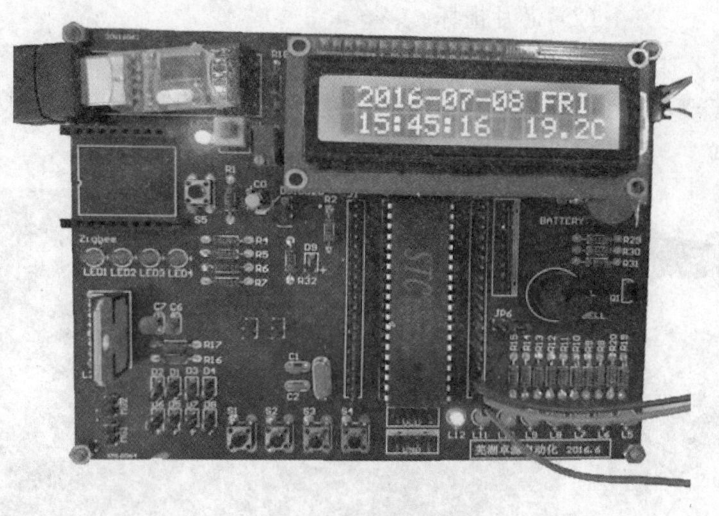

图 5 - 6　时钟模块调试

若显示屏上显示的万年历不正确，则可能的原因有：

(1) DS1302 芯片未插入插座或芯片插反；

(2) 三根导线连接错误。

8. 温度显示模块调试

下载程序后，插上 DS18B20 芯片（注意方向），平面朝向单片机插到插座上，在液晶显示屏上显示本地温度值，如图 5-7 所示。

图 5-7 温度显示模块调试

扫一扫

直流电机模块调试

若显示乱码或者“85”，则可能原因有：

(1) DS18B20 芯片没插或插反；

(2) 芯片损坏。

9. 直流电机模块调试

下载程序后，在 MG2 处插上直流电机，可观察到直流电机的正反转和停止，如图 5-8 所示。

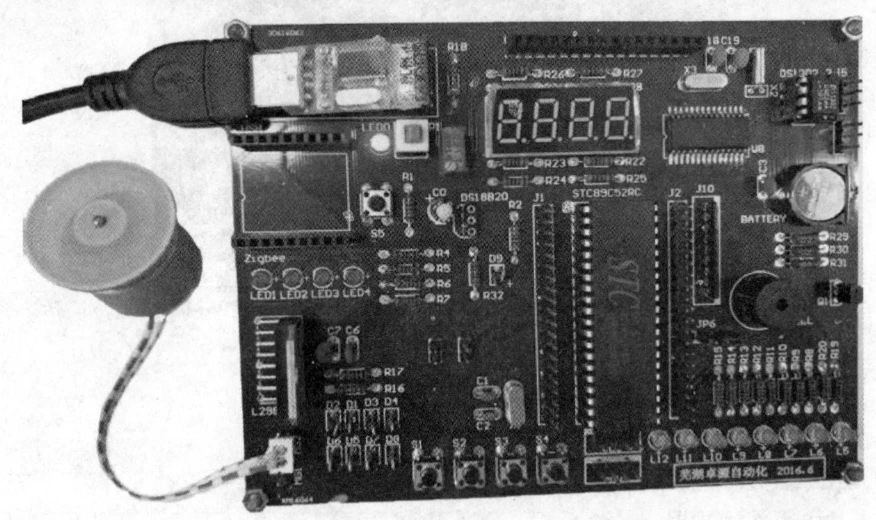

图 5-8 直流电机模块调试

若直流电机不转，则可能原因有：

（1）直流电机损坏；

（2）直流电机插错位置。

10. Zigbee 模块调试

如图5-9所示，使用两块配有Zigbee模块、DS18B20温度传感器以及液晶显示屏的开发板（在单片机左侧插针位置竖直方向插上两个跳帽）。使用两块开发板分别下载无线发送程序和无线接收程序。通电后，可在两块开发板上看到温度传输信息。

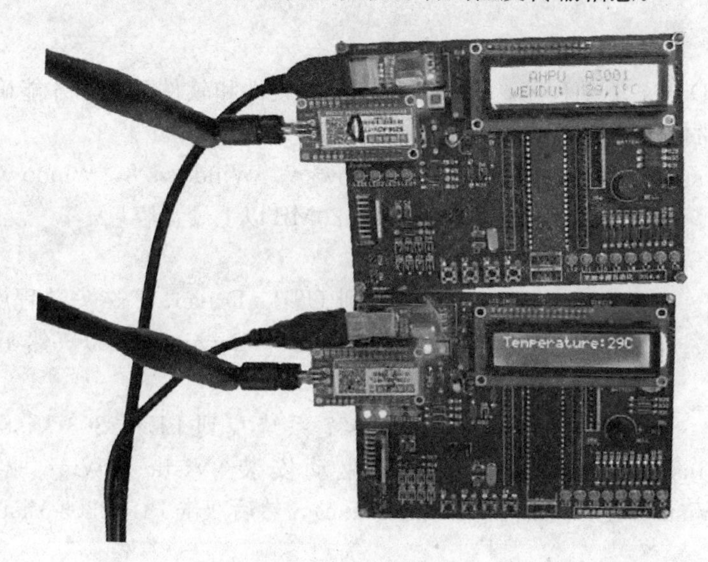

图5-9　Zigbee模块调试

若不显示温度或乱码，则可能原因有：

（1）Zigbee模块损坏；

（2）实验之前没有对Zigbee进行配置操作；

（3）Zigbee模块插反或插错位。

第6章 软 件 安 装

6.1 驱动程序的安装

1. 系统要求

安装 USB _ Driver 驱动程序，必须满足一定的硬件和软件要求，才能确保编译器以及其他程序功能正常使用，具体要求如下：

（1）Windows XP、Windows Vista、Windows 7、Windows 8、Windows 10 系统；

扫一扫

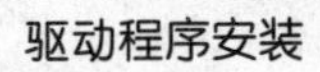

驱动程序安装

（2）至少 16MRAM、20MB 以上硬盘容量。

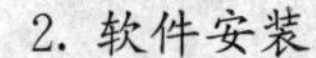

2. 软件安装

Windows XP 系统找到 USB _ Driver. Exe 安装程序（路径：USB 驱动安装 /XP /SETUP /USB _ Driver. Exe），然后双击 USB _ Driver. exe。

Windows Vista7/Windows 7 系统找到 PL - 2303 Vista&Win7 Driver Installer. exe（路径：USB 驱动安装\Vista _ Win7 驱动\PL - 2303 Vista&Win7 Driver Installer. exe），然后双击 PL - 2303 Vista&Win7 Driver Installer. exe。

Windows 8/10 系统找到 PL2303 _ Prolific _ DriverInstaller _ v1210. exe（路径：USB 驱动安装\Win8、10 驱动\PL2303 _ Prolific _ DriverInstaller _ v1210. exe），然后双击PL2303 _ Prolific _ DriverInstaller _ v1210. exe。

注：如果“PL - 2303 Vista&Win7 Driver Installer. exe”安装不上，再选择安装“PL2303 _ Prolific _ DriverInstaller _ v1210. exe”。

以 Windows XP 系统为例，PL - 2303 XP 安装界面如图 6 - 1 所示。单击下一步，等待安装完成，PL - 2003 XP 安装完成界面如图 6 - 2 所示。

安装完成后，将 USB 串口通过数据线连接至计算机。如果 USB 设备还不能正常使用，查看设备管理器中“端口（COM 和 LPT）”列表中是否出现感叹号，如图 6 - 3 所示。

若出现感叹号，此时需要手动安装，在“USB - Serial controller”单击右键，选择更新驱动程序，如图 6 - 4 所示。

弹出硬件更新向导，选择“自动安装软件”，如图 6 - 5 所示。

单击下一步出现，如图 6 - 6 所示界面。

等待搜索完成，完成界面如图 6 - 7 所示。

单击“完成”，USB 驱动安装成功。

Windows 7/8/10 安装步骤同上所述。Windows 8/10 如遇设备管理器中“端口（COM 和 LPT）”出现感叹号建议使用手动更新，具体步骤如下：

在设备管理器端口选项中找到 USB - Serial controller 单击右键，选择更新驱动程序。

选择浏览计算机查找驱动程序软件，如图 6 - 8 所示。此时，会弹出“浏览计算机上的

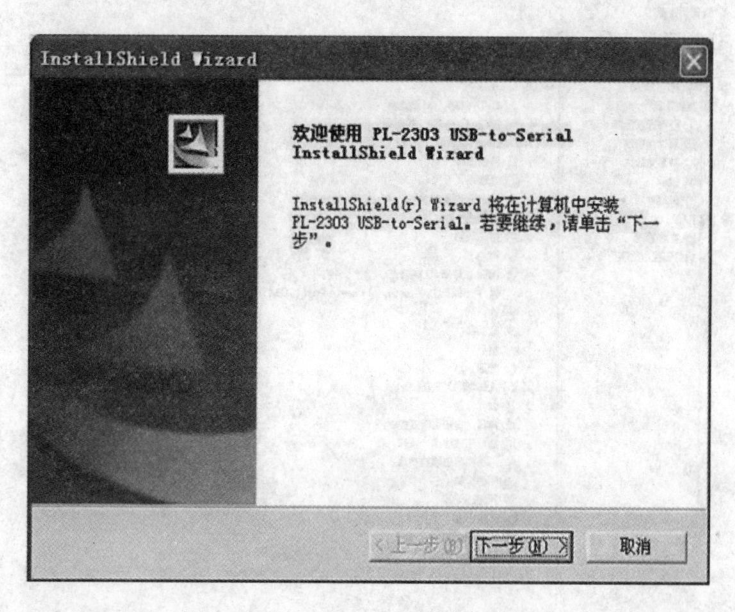

图 6 - 1　PL - 2003 XP 系统安装界面

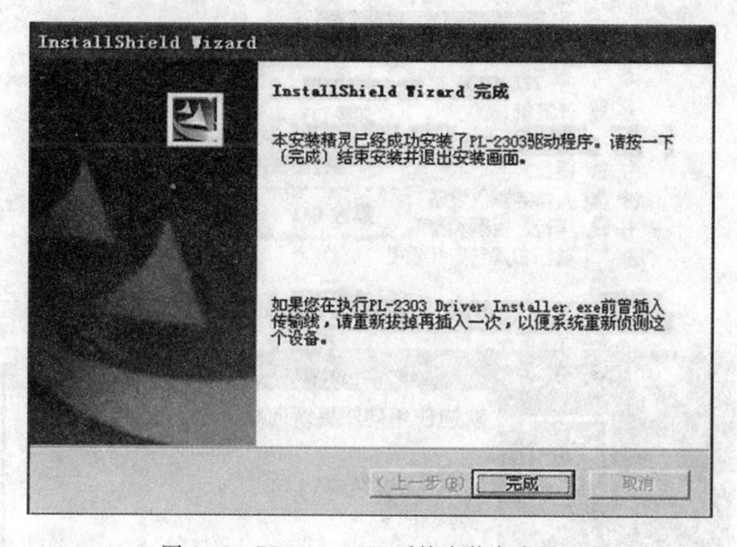

图 6 - 2　PL - 2003 XP 系统安装完成界面

驱动程序文件”，选择下方“从计算机的设备驱动程序列表中选择”，如图 6 - 9 所示。弹出“浏览计算机上的驱动程序文件”，在“型号”下方选择备注日期较早的版本选项，如下方选择“prolific USB - to - serial Comm port（COM4）[2005/8/3]”选项，如图 6 - 10 所示。

单击下一步，等待搜索，完成安装。

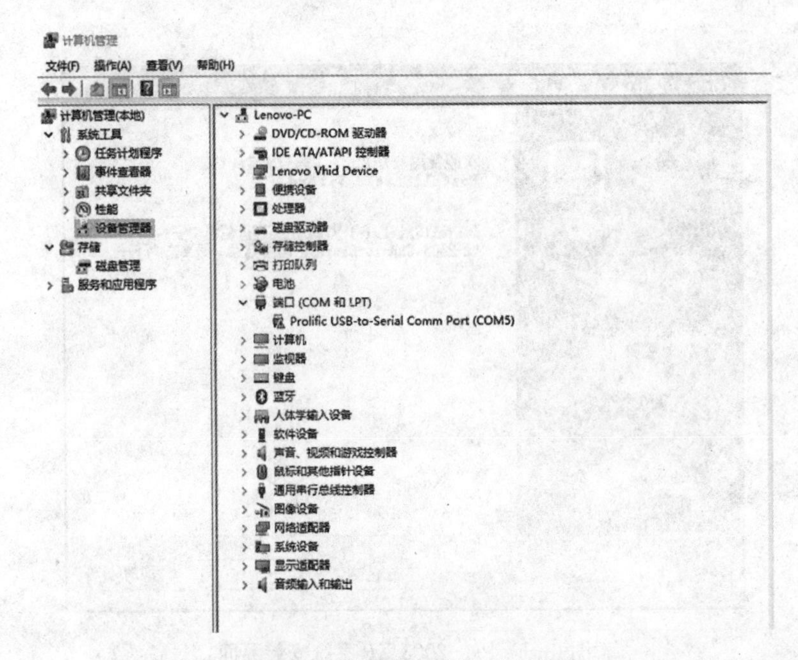

图 6-3　端口列表异常显示界面

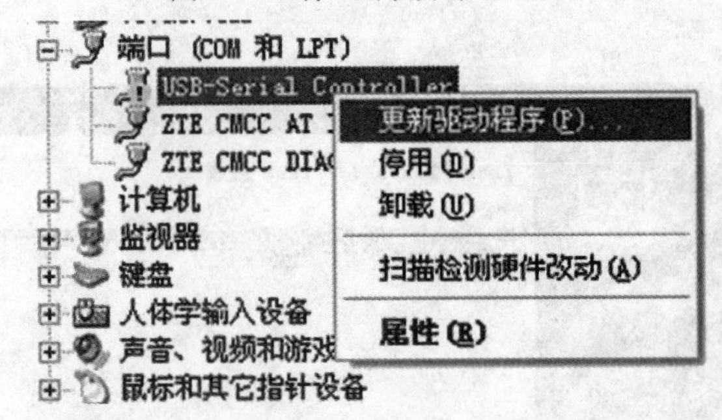

图 6-4　程序驱动界面

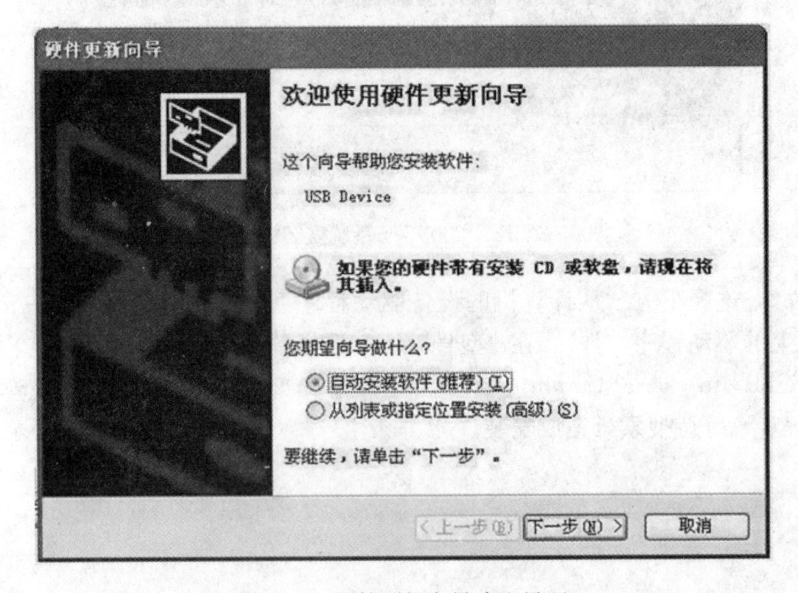

图 6-5　硬件更新向导欢迎界面

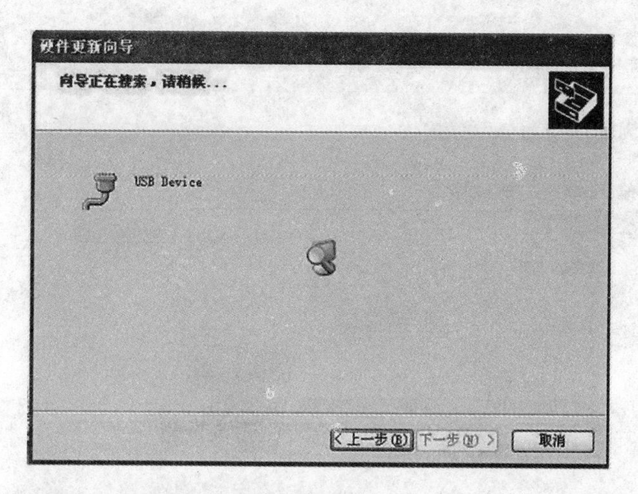

图 6-6 硬件更新向导下一步界面

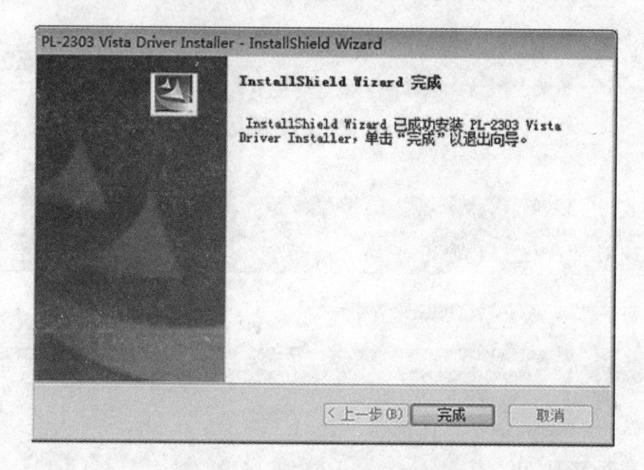

图 6-7 硬件更新向导完成界面

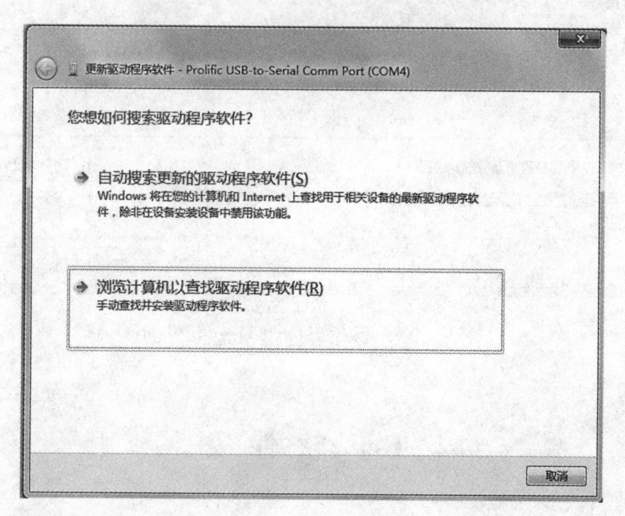

图 6-8 计算机驱动程序软件查找选项界面

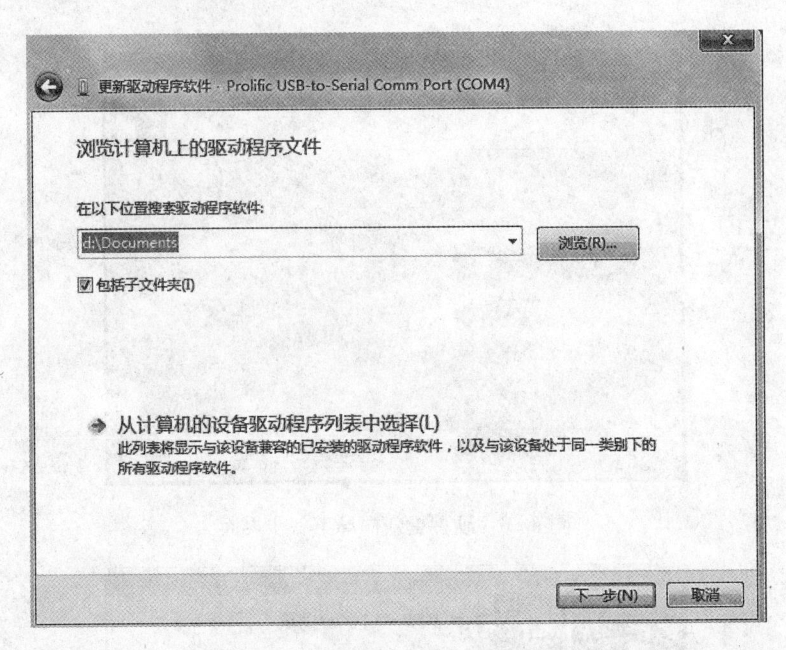

图 6-9　驱动程序文件列表选择界面

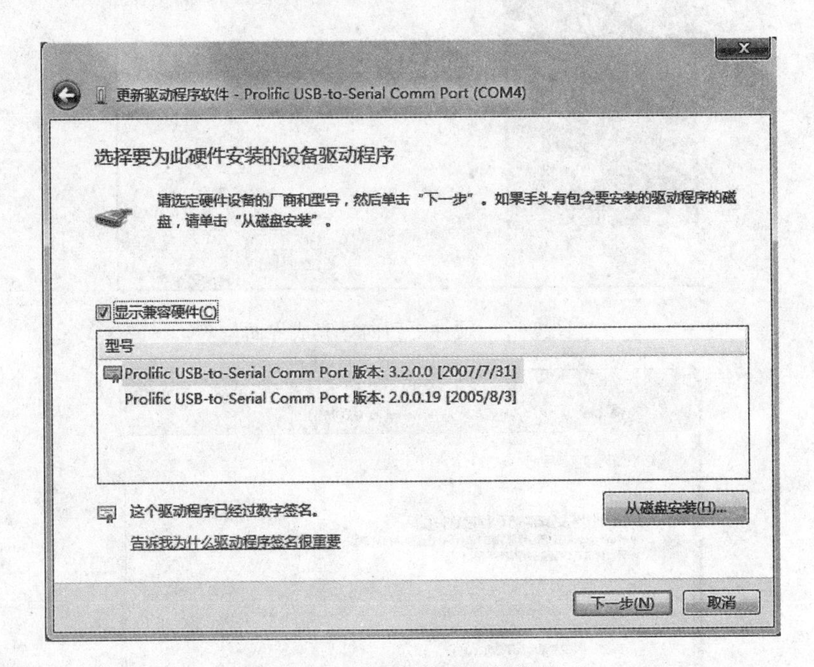

图 6-10　驱动程序型号选择界面

6.2　Keil 软件安装

Keil 软件是美国 Keil Software 公司出品的 51 系列兼容单片机 C 语言与汇编语言的开发软件，Keil 软件提供了包括 C 编译器、宏汇编、链接器、库管理和一个功能强大的仿真调试器在内的完整开发方案，通过一个集成开发环境将这些部分组成在一起。

运行 Keil 软件需要 Windows 2000、Windows XP、Windows 7/8/10 等操作系统。如果使用 C 语言编程，那么 Keil 软件方便易用的集成环境，强大的功能可以大大提高工作效率。Keil 软件还保留了汇编语言代码高效、快速的特点。Keil 软件的安装步骤具体如下：

图 6 - 11　安装程序运行图标

步骤一：运行安装程序，如图 6 - 11 所示。

步骤二：安装过程如图 6 - 12 所示。

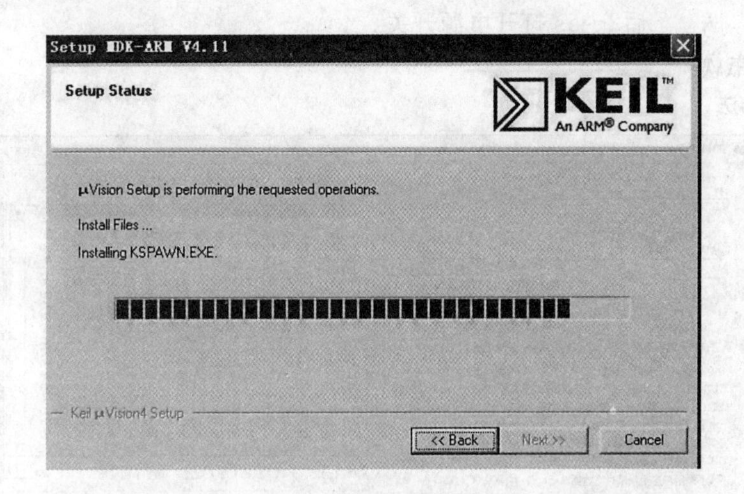

(a)

(b)

图 6 - 12　Keil 安装界面

(a) 安装中；(b) 安装完成

图 6 - 13　Keil 快捷方式

步骤三：双击运行刚安装完毕的 Keil μVision4（见图 6 - 13），进入 Keil μVision4 的集成编辑环境。

6.3 STC单片机烧录工具（STC-ISP）安装及使用方法

扫一扫

STC-ISP下载软件的使用方法

在官方网站 www.stcmcu.com 下载最新版的“编程烧录软件”。

1. 使用注意事项

打开下载软件，出现如图6-14所示界面，表示软件启动正常。

注意：在点击 Download/下载 之前，一定要关掉单片机电源开关，点击后2～5s打开电源开关。

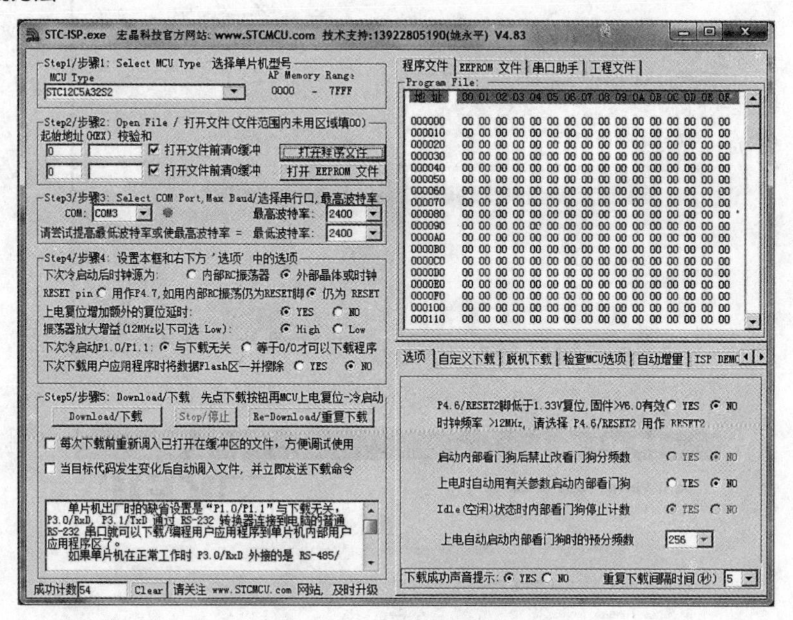

图6-14 STC-ISP显示界面

查看COM端口以及选用端口的方法：

（1）右键单击“我的电脑”或“计算机”。选择“属性”，弹出“属性”窗口后点击“硬件”标签，然后选择“设备管理器”按钮，或者按“开始”→“设置”→“控制面板”→“管理工具”→“计算机管理”→“设备管理器”进行选择。

（2）点开“端口”选项查看端口号，软件使用时COM端口就设置成此端口号。波特率最低和最高均设置成2400bit/s，不同的电脑设备可能会略有不同。

重要说明：图6-15所示设置不能更改，否则STC单片机无法下载程序。

2. 具体使用步骤

步骤一：打开软件目录下的STC解压版，将里面所有类似图6-16所示的DLL和OCX为后缀名的文件复制到系统Windows\system32下面。替换此目录下原来有的、大小为0的文件，如果没有就直接复制。如果复制时提示“×××文件正在被使用”，则需将电脑重启后再重新复制一次。（如果系统没有显示后缀名，请先在文件夹选项中选中显示文件后缀名。）

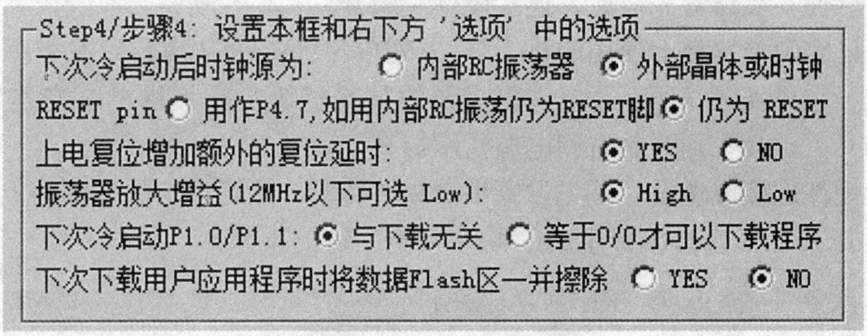

Step4/步骤4：设置本框和右下方'选项'中的选项
下次冷启动后时钟源为：　○ 内部RC振荡器　◉ 外部晶体或时钟
RESET pin ○ 用作P4.7，如用内部RC振荡仍为RESET脚 ◉ 仍为 RESET
上电复位增加额外的复位延时：　◉ YES　○ NO
振荡器放大增益(12MHz以下可选 Low)：　◉ High　○ Low
下次冷启动P1.0/P1.1：◉ 与下载无关　○ 等于0/0才可以下载程序
下次下载用户应用程序时将数据Flash区一并擦除　○ YES　◉ NO

图 6 - 15　STC - ISP 设置界面

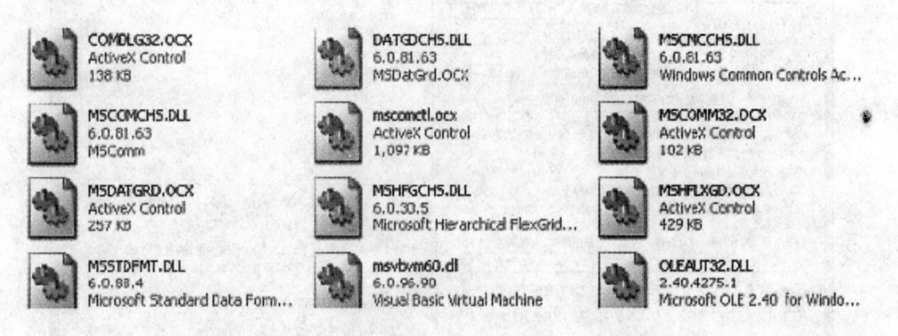

图 6 - 16　DLL 和 OCX 为后缀的名称文件

然后双击该目录下的 STC - ISP V29 Beta5 可执行文件 。

步骤二：软件安装完后，启动。首次设置时只需注意芯片的选择，在界面左上角下拉框中选择与硬件匹配的 STC 系列单片机具体型号，如图 6 - 17 所示。

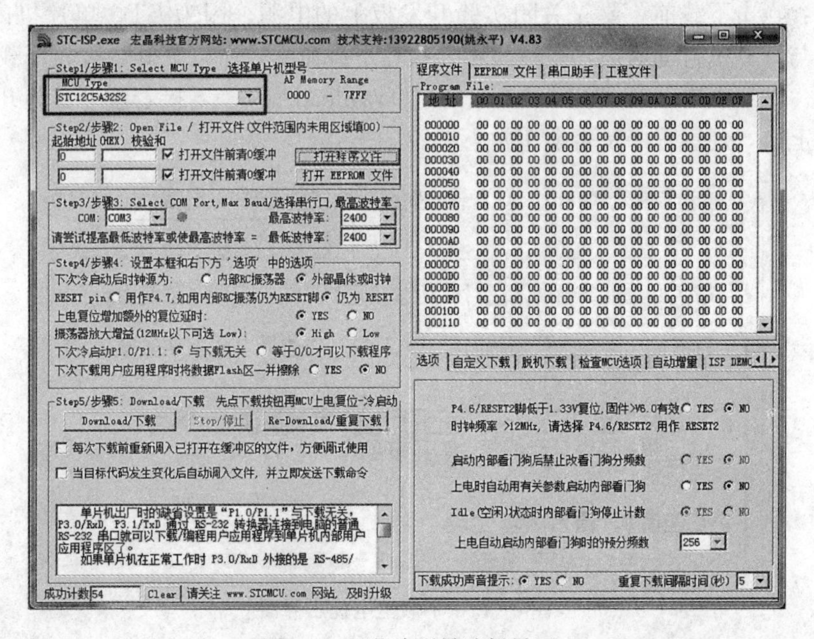

图 6 - 17　芯片型号选择界面

步骤三：软件安装设置完成后，连接硬件实验开发板。

首先要保证实验开发板上使用的是STC系列单片机；USB串口以及数据电缆线一定要与计算机相连，它可实现USB通信，更重要的是给整块实验板供电。当连好USB线后，按下左上方的开关，会看到开关右侧电源指示灯亮起。

步骤四：硬件连接成功后，首先设置串口和波特率。然后点击软件界面上“打开程序文件”，如图6-18所示。选择编译生成的hex文件，确定即可。

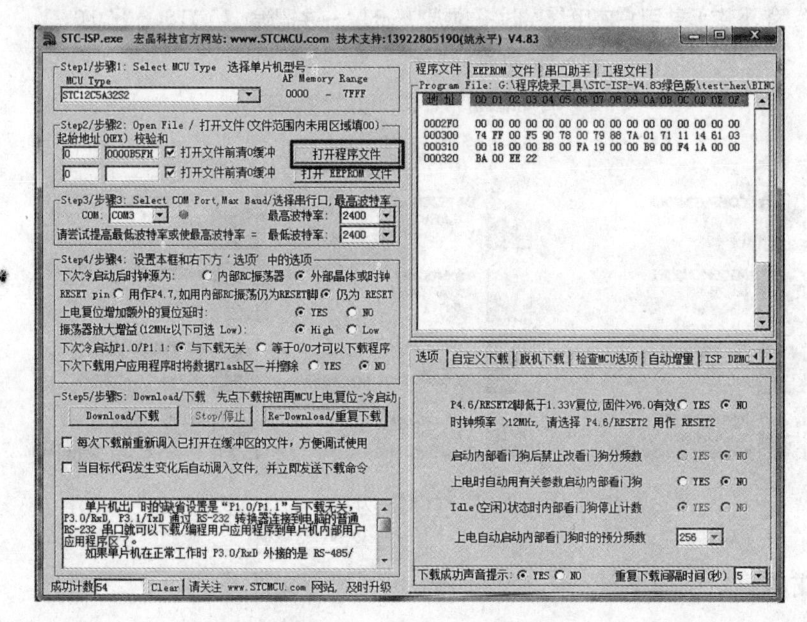

图6-18 程序打开界面

步骤五：点击下载前，要先关闭实验开发板上的电源，因为STC单片机内有引导码，在上电时会与计算机自动通信，检测是否要执行下载命令，所以要等待接收下载命令后再给单片机上电。然后点击图6-19所示界面的“Download/下载”，接着按下实验开发板上的电源给单片机上电，观察程序是否能正常下载。

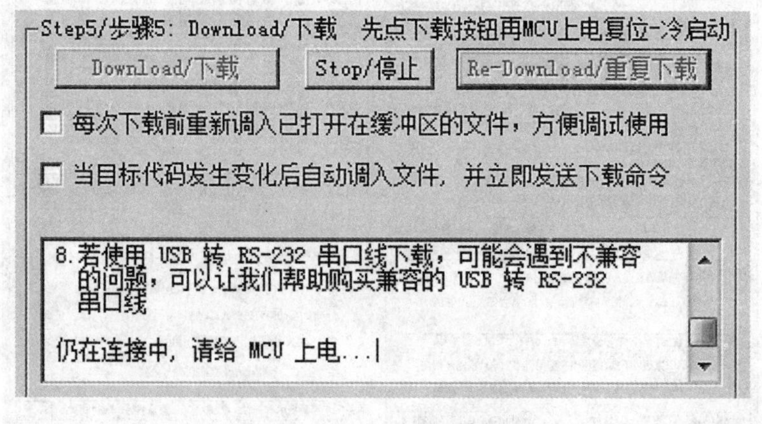

图6-19 下载上电提示界面

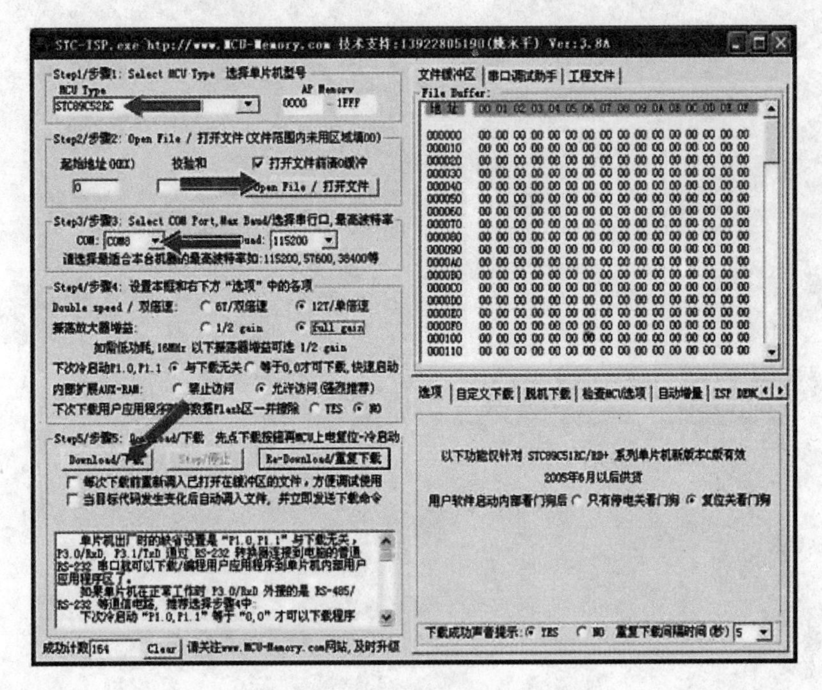

图 6-20　单片机烧录步骤汇总

3. 单片机烧录步骤汇总

（1）选择单片机类型，必须是 STC 系列。

（2）打开需要烧写的 hex 文件。

（3）选择对应的 COM 端口，以及合适的波特率。

（4）点击下载，关掉实验开发板电源，然后稍等片刻打开电源，等待下载完成。

具体步骤如图 6-20 所示。步骤中第（4）步的操作非常重要，是冷启动，即电源完全关掉，然后重新上电。

4. STC 单片机烧录问题汇总

（1）第（4）步开关顺序不正确。

（2）串口没有选择正确。

（3）串口线或者 USB 转串口线没有连接好。

（4）电源开关未打开。

（5）芯片放置不正确，型号选择不正确。

（6）软件不兼容。可在 http：//www. stcmcu. com/下载最新版本。

（7）波特率设置过高，需要变换较低的波特率。有的笔记本电脑波特率甚至要设置到最低（2400bit/s）。V4.83 版本的，最低和最高波特率均设置为 2400bit/s。

（8）如果是台式机，建议使用电脑后面的 USB 接口。

（9）检查芯片是否有可能损坏。

第2篇

实 验 与 实 践 指 导

第7章　软　件　实　验

实验一　Keil C51 集成开发平台的使用练习

一、实验目的

熟悉 Keil C51 集成开发平台的使用方法。

二、实验要求

熟练掌握 Keil C51 集成开发平台的工程建立、编辑与编译功能。

三、实验仪器和设备

（1）硬件：计算机。

（2）软件：Keil 软件 μVision3。

四、实验内容

（1）进行 Keil C51 集成开发平台的安装和使用练习。

（2）建立一个工程项目并进行编译。

五、实验方法和步骤

（1）启动软件：双击桌面的 Keil C51 快捷图标，进入图 7-1 所示的 Keil C51 集成开发平台。

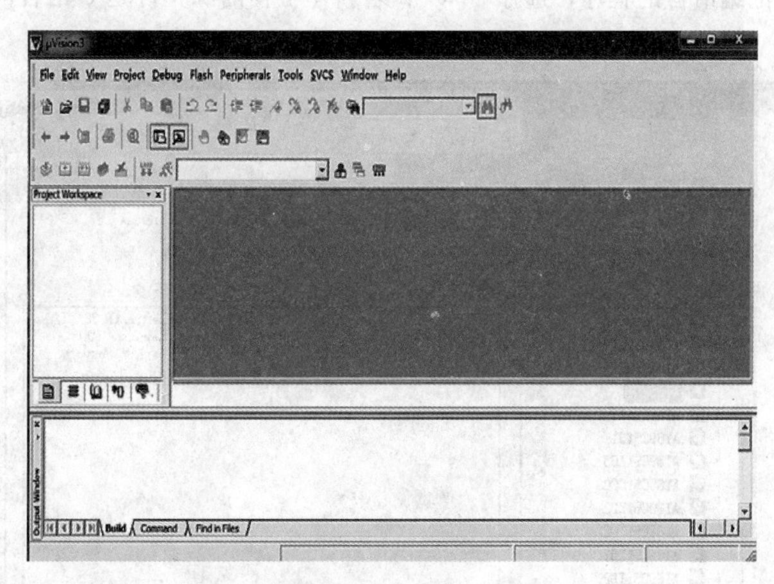

图 7-1　Keil 启动界面

（2）建立工程项目：选择工具栏的【Project】→【New Project】命令，建立一个新的 μVision3 工程，取一个工程名，单击“保存（S）”按钮。为方便工程管理，在新建工程之前，先新建一个文件夹，将工程保存在新建的文件下，如图 7-2 所示。

图 7-2　建立工程项目

选择 CPU 的型号为 Atmel 系列 AT89C51，如图 7-3 所示。单击确定后，在跳出的界面“Copy Standard 8051 Startup Code to Project Folder and Add File to Project?”上选择。若新建工程的源文件是汇编语言的程序，选择“NO”；若新建工程的源文件是 C 语言的程序，选择“YES”。

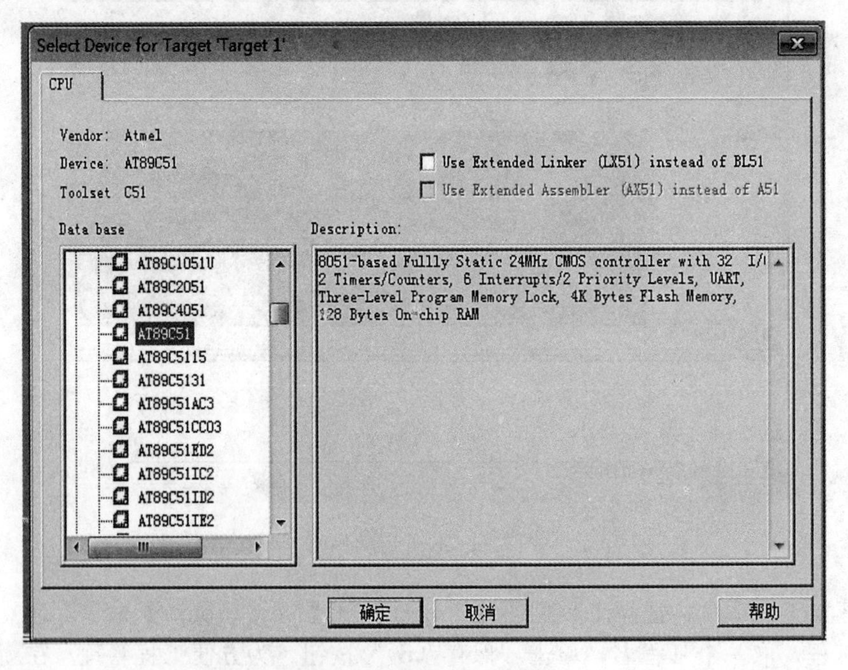

图 7-3　选择 CPU 型号

（3）建立项目文件：单击【File】→【New】新建一个名为“Text1”的空白文件，单击【File】→【Save】，如图 7 - 4 所示。

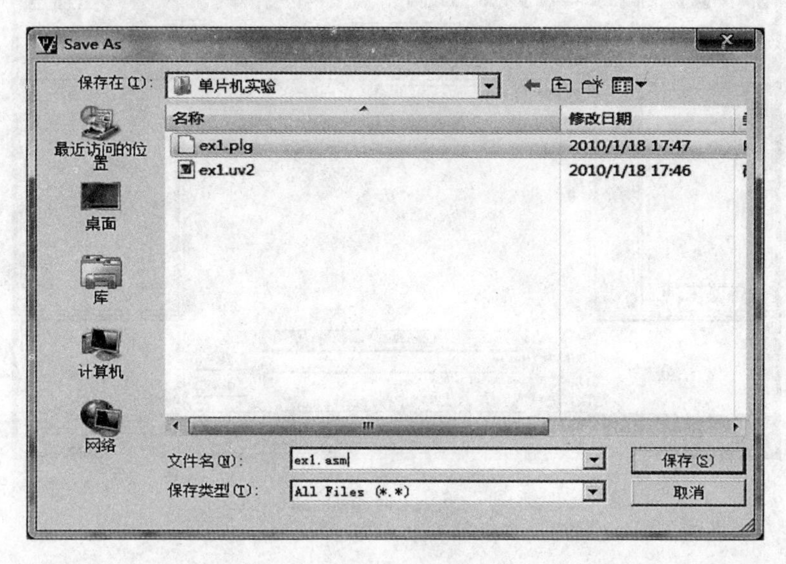

图 7 - 4　项目文件建立

输入文件名，汇编文件保存格式为“源文件名 . asm”，C 语言文件保存格式为“源文件名 . c”。

（4）添加项目文件：单击如图 7 - 4 所示界面“保存”后出现图 7 - 5 所示界面。单击左侧列表中的“Target 1”，出现下拉文件选项“Source Group 1”。右击“Source Group 1”，选择“Add Files to Group ‘Source Group 1’”。然后找到刚才新建的源文件并选择，单击“Add”，加载完成后单击“Close”，如图 7 - 6所示，然后即可在弹出的编辑界面上编写程序，如图 7 - 7 所示。

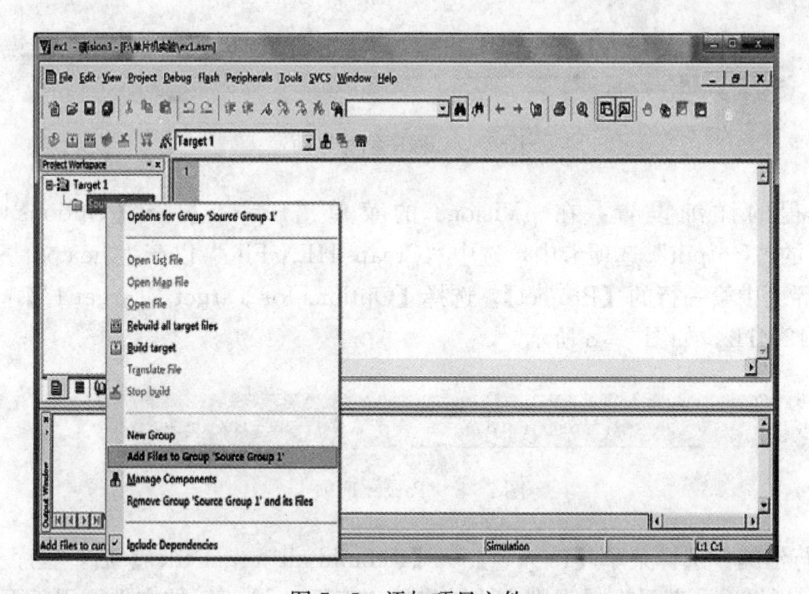

图 7 - 5　添加项目文件

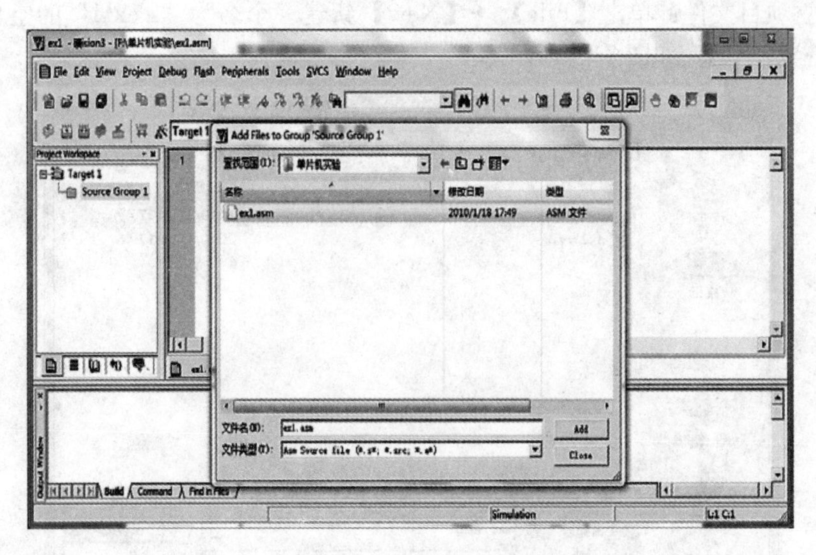

图 7-6　文件添加完成

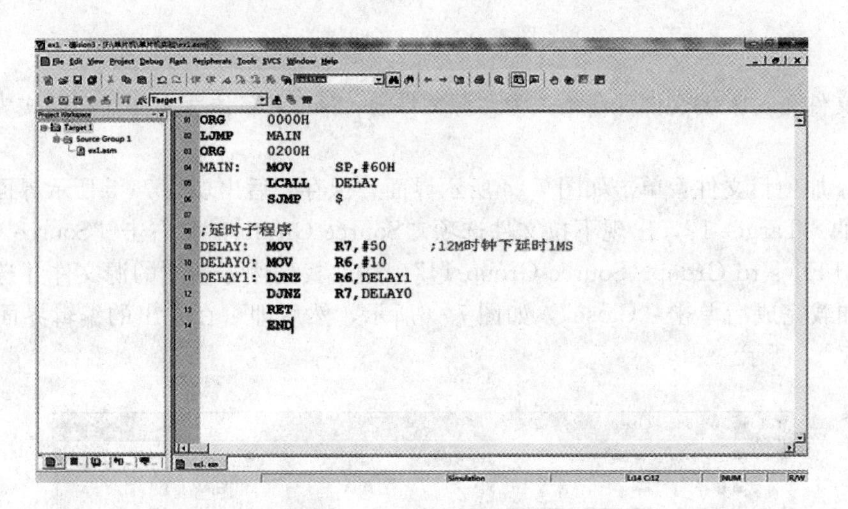

图 7-7　程序编写界面

（5）工程的详细设置：在 μVision3 的菜单【Project】→【Options For Target 'Target1'】的"Output"选项卡中，选中"Create HEX File"以产生 hex 文件。

点击主界面中第一行的【Project】，选择【Options for Target 'Target 1'】，将晶振时钟频率选择为 12MHz，如图 7-8 所示。

图 7-8　Target 选项卡

（6）进行汇编：选择菜单【Project】→【Rebuild all target files】后，程序会出现图 7-9 所示程序编译界面。若没有错误则生成相应的"工程名 . hex"的文件，用于下载程序到单片机上单独硬件运行。

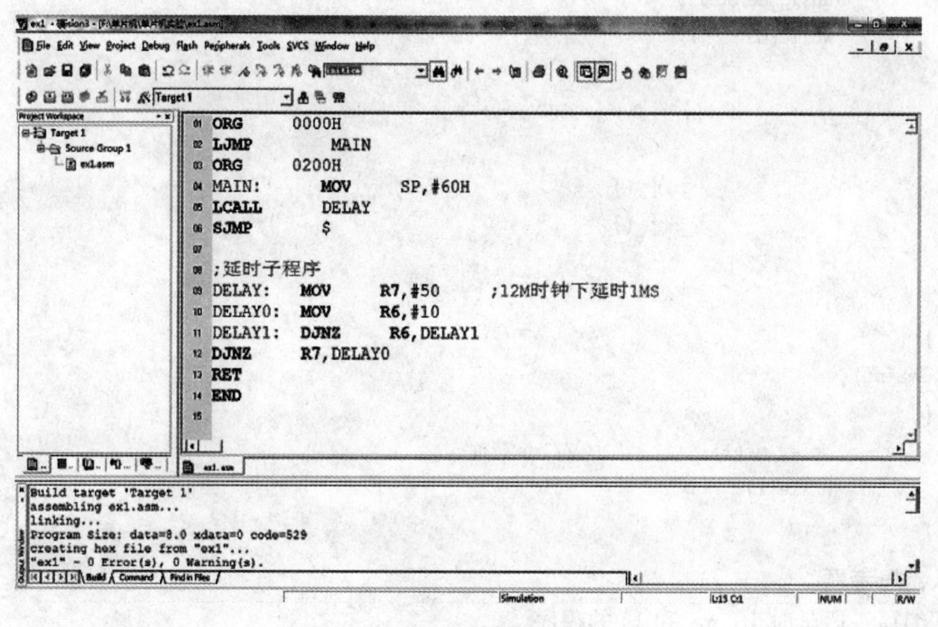

图 7-9 程序编译界面

六、实验注意事项

(1) 做实验要养成一个良好的习惯。在每次做实验时，都要在工作盘新建一个文件夹，保存项目和汇编源文件，为了下一步的添加源文件做准备。

(2) 在做软硬件联合调试时，注意一定要选择正确 CPU 的型号。

七、实验参考程序

汇编语言程序：

```
1           ORG     0000H
2           LJMP    MAIN
3           ORG     0200H
4  MAIN:    MOV     SP,＃60H
5           LCALL   DELAY
6           SJMP    $ ;             延时子程序
7  DELAY:   MOV     R7,＃50;       12M 时钟下延时 1ms
8  DELAY0:  MOV     R6,＃10
9  DELAY1:  DJNZ    R6,DELAY1
10 DJNZ     R7,DELAY0
11 RET
12 END
```

C 语言程序：

```
1 ＃include <intrins.h>
2 void delay_ms(int ms)                //1ms 单位延时
```

```
3 {
4         unsigned char y ;
5         while(ms - - )
6         {
7                 for(y = 0 ; y<100 ; y+ + )
8                 {
9                     _nop_() ;
10                    _nop_() ;
11                }
12        }
13 }
14  main()
15 {
16        delay_ms(1);            //1ms 延时
17        while(1);
18 }
```

八、思考题

试编写一段延时100ms和1s的程序。

实验二　查寻LED段码实验

一、实验目的

掌握单片机简单程序的设计，熟悉采用Keil软件的调试技术。掌握使用某些窗口，比如寄存器窗口等。

二、实验要求

熟悉掌握Keil C51集成开发环境仿真调试技术。

三、实验仪器和设备

（1）硬件：计算机。

（2）软件：Keil软件 μVision3。

四、实验内容

设计一段查寻LED段码的程序。

五、实验方法和步骤

根据要求对调试环境设置好后（注意：此时的实验为纯软件仿真，所以目标应用程序应该从0000H开始存放；在图7-10所示Debug调试环境设置界面中，Debug调试方式应选“Use Simulator”模拟仿真），单击快捷命令进入Debug调试界面，单步运行程序，注意观看A的变化。

六、实验参考程序

汇编语言程序：

```
1       ORG     0000H
2       LJMP    MAIN
```

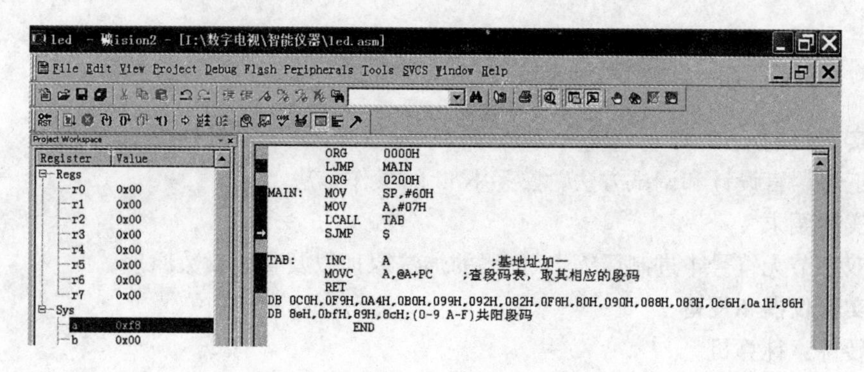

图7-10 Debug调试环境设置界面

```
3          ORG      0200H
4   MAIN:
5          MOV      SP,#60H
6          MOV      A,#07H
7          LCALL    TAB
8          SJMP     $
9   TAB:
10         INC      A
11         MOVC     A,@A+PC
12         RET
13         DB       0C0H,0F9H,0A4H,0B0H,099H,092H,082H,0F8H,80H,090H
14         DB       088H,083H,0C6H,0A1H,86H,8EH;(0~F)共阳段码
15         END
```

C语言程序：

```
1 #include <reg51.h>
2 unsigned char code tab[] = {0x0c0,0x0f9,0x0a4,0xb0,0x99,0x92,0xf82,0xf8,
3 0x80,0x90,0x88,0x83,0xc6,0xa1,0x86,0x8e};                    //(0~F)共阳段码
4 main()
5 {
6       unsigned char a;
7       a = tab[0x07];
8       while(1);
9 }
```

七、实验思考题

怎样使用MOVX指令来编写查表程序？

实验三　无符号十进制数加法实验

一、实验目的

掌握汇编语言设计和调试方法，熟悉 Keil 的操作方法。

二、实验要求

掌握双字节无符号十进制压缩 BCD 码的加法原理以及查表读数原理。

三、实验仪器和设备

(1) 硬件：计算机。

(2) 软件：Keil 软件 μVision3

四、实验内容

编写并调试一段双字节无符号十进制数加法程序。其功能为将由数据表输入的两个字节压缩 BCD 码（即 4 位十进制数）的加数和被加数写入由（R0）指出的内部 RAM 中，并将这两个数相加，结果存放于（R1）指向的内部 RAM 中。

例如：被加数写入 41H、40H 单元，加数写入 51H、50H 单元，运行程序结果写入 52H、51H、50H 中，则加法程序功能为

(41 H)(40H)＋(51H)(50H)＝(52H)(51H)(50H)

实验流程图如图 7-11 所示。

五、实验方法和步骤

(1) 断点运行程序，检查 41H、40H、51H、50H 与键入值是否对应。

(2) 全速或断点运行程序，检查 52H、51H、50H 存在的十进制数运算结果是否正确。

(3) 程序连续运行，改变加数、被加数后，显示运行结果。若有错误改用单步或断点分段调试程序，排除软件错误。

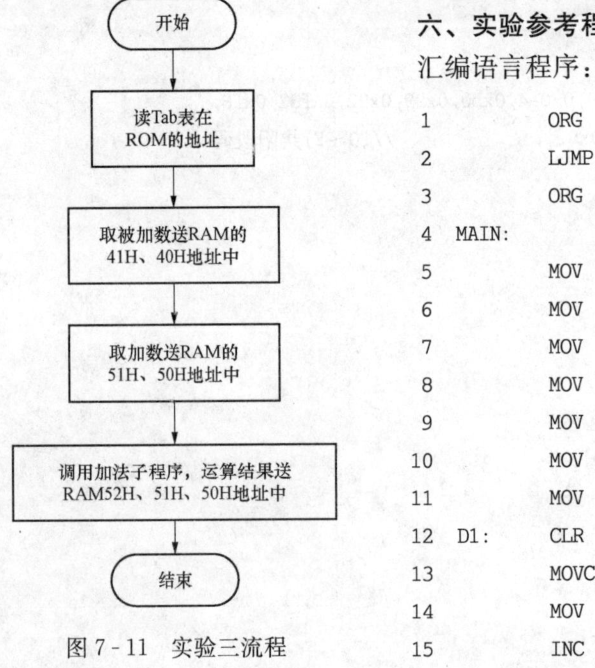

图 7-11　实验三流程

六、实验参考程序

汇编语言程序：

```
1              ORG      0000H
2              LJMP     MAIN
3              ORG      0200H
4    MAIN:
5              MOV      SP,#60H
6              MOV      R7,#2
7              MOV      R6,#2
8              MOV      R5,#2
9              MOV      R0,#40H
10             MOV      R1,#50H
11             MOV      DPTR,#TAB
12   D1:       CLR      A
13             MOVC     A,@A+DPTR
14             MOV      @R0,A
15             INC      DPTR
```

```
16    INC     R0
17            DJNZ    R7,D1
18    D2:     CLR     A
19            MOVC    A,@A+DPTR
20            MOV     @R1,A
21            INC     DPTR
22            INC     R1
23            DJNZ    R6,D2
24            LCALL   ADD1
25            SJMP    $
26    ADD1:   MOV     R0,#40H
27            MOV     R1,#50H
28    ADD2:   MOV     A,@R0
29            ADDC    A,@R1
30            DA      A
31            MOV     @R1,A
32            INC     R0
33            INC     R1
34            DJNZ    R5,ADD2
35            CLR     A
36            ADDC    A,#0
37            MOV     52H,A
38            RET
39    TAB:
40            DB      88H,89H,98H,99H
41            END
```

C语言程序：

```
1 #include "reg52.h"
2 #define  uchar unsigned char
3 void main()
4 {
5       uchar c_ac,c_cy=0,cc=0,i;            //c_ac,c_cy用于十进制调整
6       bit ac,cy;                           //暂存进位标志位
7       uchar aa;
8       uchar data *a=0x40;
9       uchar data *b=0x50;                  //只有在keil C中才能这样直接给指针赋地址
10       *a=0x88;                            //在memory窗口输入d:0x40可以查看内存里的值
11       *(a+1)=0x89;
12       *b=0x98;
13       *(b+1)=0x99;
14       *(b+2)=0x00;
15      for(i=0;i<2;i++)
```

```
16      {
17      aa =  * (a + i) + cc;
18       * (b + i) = * (b + i) + aa;            //这两个算式要分开来写 AC CY 标志位才正确
19      ac = AC;cy = CY;                        //暂存进位标志
20      /////////十进制调整 相当于汇编的 DA 指令//////
21      if(ac||( * (a + i) & 0x0f)>0x09)
22                  c_ac = 1;
23      else
24                  c_ac = 0;
25      if(cy||( * (a + i) & 0xf0)>0x90)
26                  {c_cy = 1;cc = 1;}
27      else
28                  {c_cy = 0;cc = 0;}
29       * (b + i) = * (b + i) + 0x06 * c_ac + 0x60 * c_cy;
30      if(( * (a + i) & 0x0f)>0x09)
31              c_ac = 1;
32      else
33              c_ac = 0;
34      if(( * (a + i) & 0xf0)>0x90)
35              c_cy = 1;
36      else
37              c_cy = 0;
38       * (b + i) = * (b + i) + 0x06 * c_ac;
39       * (b + i) = * (b + i) + 0x60 * c_cy;
40      }
41      if(cc)
42                  * (b + 2) = 0x01;
43      while(1);
44 }
```

七、实验注意事项

在观察存储器内容时，注意要区分存储单元窗口。

八、实验思考题

若将内部 RAM 改用外部 RAM，应如何修改实验程序？

实验四　无符号十进制数减法实验

一、实验目的

掌握汇编语言程序设计方法。

二、实验要求

掌握双字节无符号十进制压缩 BCD 码数减法原理。

三、实验仪器与设备

（1）硬件：计算机。

（2）软件：Keil 软件 μVision3。

四、实验内容

编写并调试一段双字节无符号十进制数减法实验程序。其功能为将两个字节数压缩BCD码减数和被减数，分别送入由（R0）指向的内部 RAM 中，并将这两个无符号十进制数相减，结果存放于（R1）指向的内部 RAM 中。

实验流程图如图 7-12 所示。

五、实验方法与步骤

（1）断点运行程序，检查 41H、40H、51H、50H 与输入值是否正确对应。

（2）断点运行程序，检查 42H、41H、40H 的计算结果是否正确。

（3）程序连续运行，改变减数、被减数后，查看运行结果。若有错误改用单步或断点分段调试程序，排除软件错误。

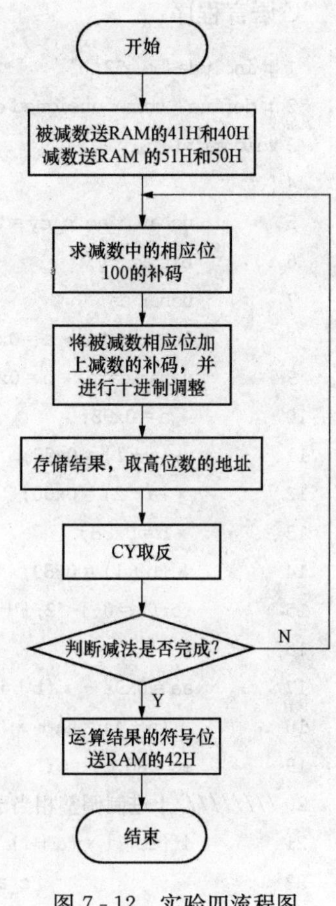

图 7-12　实验四流程图

六、实验参考程序

汇编语言程序：

```
1           ORG     0000H
2           LJMP    MAIN
3           ORG     0200H
4    MAIN:
5           MOV     SP,#60H
6           MOV     R7,#2
7           MOV     40H,#98H
8           MOV     41H,#99H
9           MOV     50H,#88H
10          MOV     51H,#89H
11          MOV     R0,#40H
12          MOV     R1,#50H
13          LCALL   SUBB1
14          SJMP    $
15   SUBB1:
16          CLR     A
17          CLR     C
18   SUBB2:
19          MOV     A,#9AH          ;(A) = 100D
20          SUBB    A,@R1           ;对减数求补数
21          ADD     A,@R0           ;减数加上减数的补数
22          DA      A
23          MOV     @R0,A
24          INC     R0
25          INC     R1
26          CPL     C               ;对借位求反
```

```
27          DJNZ    R7,SUBB2
28          CLR     A
29          ADDC    A,#0
30          MOV     @R0,A
31          RET
32          END
```

C语言程序：

```
1 #include "reg52.h"
2 #define  uchar unsigned char
3 void main()
4 {
5         uchar c_ac,c_cy=0,cc=0,i;                    // c_ac,c_cy用于十进制调整
6         bit ac,cy;                                   //暂存进位标志位
7         uchar aa;
8         uchar data *a=0x40;
9         uchar data *b=0x50;                          //只有在keil C中才能这样直接给指针赋地址
10        *a=0x98;                                     //在memory窗口输入d:0x40可以查看内存里的值
11        *(a+1)=0x99;
12        *(a+2)=0x00;
13        *b=0x88;
14        *(b+1)=0x89;
15        for(i=0;i<2;i++)
16        {
17        aa=0x9a-*(b+i)-cc;                           //带借位的减法
18        *(a+i)=aa+*(a+i);
19        ac=AC;cy=CY;                                 //暂存进位标志
20 /////////十进制调整相当于汇编的DA指令//////
21        if(ac||(*(a+i)&0x0f)>0x09)
22                    c_ac=1;
23        else
24                    c_ac=0;
25        if(cy||(*(a+i)&0xf0)>0x90)
26                    {c_cy=1;cc=0;}
27        else
28                    {c_cy=0;cc=1;}
29        *(a+i)=*(a+i)+0x06*c_ac+0x60*c_cy;
30        if((*(a+i)&0x0f)>0x09)
31                    c_ac=1;
32        else
33                    c_ac=0;
34        if((*(a+i)&0xf0)>0x90)
35                    c_cy=1;
```

```
36         else
37                     c_cy = 0;
38          * (a + i) = * (a + i) + 0x06 * c_ac;
39          * (a + i) = * (a + i) + 0x60 * c_cy;
40         }
41         if(cc)
42                     * (a + 2) = 0x01;
43         while(1);
44 }
```

七、实验思考题

若将内部 RAM 改用外部 RAM，应如何修改无符号十进制数减法实验程序？

实验五 数据传送实验

一、实验目的

掌握 STC 单片机综合实验开发板内部 RAM 和外部 RAM 的数据操作，掌握这两部分 RAM 存储器的特点与应用。

二、实验要求

熟悉 STC 单片机综合实验开发板内部 RAM 中数据的传送以及内部和外部 RAM 间数据的传送。

三、实验仪器和设备

（1）硬件：计算机。

（2）软件：Keil 软件 μVision3。

四、实验内容

编写并调试一段数据传送程序，将内部 RAM40H～4FH 的 16 个数据送到 MCS-51 的外部 RAM2000H～200FH，再将外部 RAM2000H～200FH 数据送到 MCS-51 单片机内部 RAM50H～5FH。

数据传送实验流程如图 7-13 所示。

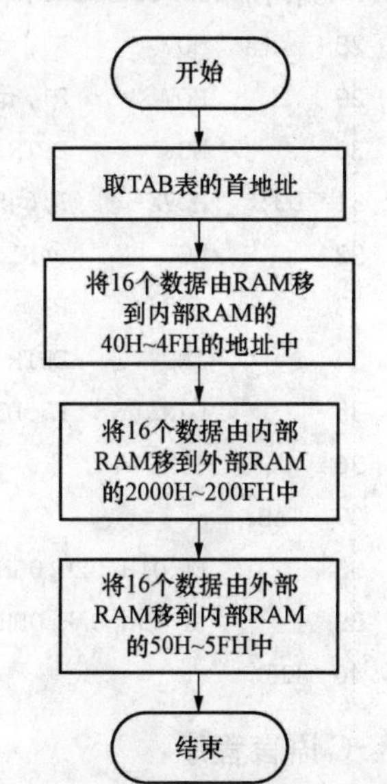

图 7-13 数据传送实验流程图

五、实验方法和步骤

（1）断点运行程序，检查 40H～4FH 数据是否为 1～16 这 16 个数据。

（2）断点运行程序，检查外部 RAM（2000H～200FH）数据是否与 40H～4FH 数据一一对应。

（3）断点运行程序，检查 50H～5FH 数据是否与外部 RAM（2000H～200FH）数据正确对应。

（4）如果程序运行不能进入某一断点，则应单步、断点分段检查程序，排除错误直至正确为止。

六、实验参考程序

汇编语言程序：

```
1        ORG     0000H
2        LJMP    MAIN
3        ORG     0200H
4  MAIN:
5        MOV     SP,#60H
6 /*查表读取16个数据到内部RAM(40H～4FH)单元地址内*/
7        MOV     R7,#10H
8        MOV     R0,#40H
9        MOV     DPTR,#TAB
10 D1:   CLR     A
11       MOVC    A,@A+DPTR
12       MOV     @R0,A
13       INC     DPTR
14       INC     R0
15       DJNZ    R7,D1
16 /*内部RAM(40H～4FH)单元地址内数据传送
17 到外部RAM (2000H～200FH)单元地址内*/
18       MOV     R7,#10H
19       MOV     R0,#40H
20       MOV     DPTR,#2000H
21 D2:   MOV     A,@R0
22       MOVX    @DPTR,A
23       INC     R0
24       INC     DPTR
25       DJNZ    R7,D2
26 /*外部RAM (2000H～200FH)单元地址内数据传送
27 到内部RAM(50H～5FH)单元地址内*/
28       MOV     R7,#10H
29       MOV     R1,#50H
30       MOV     DPTR,   #2000H
31 D3:   MOVX    A,@DPTR
32       MOV     @R1,A
33       INC     R1
34       INC     DPTR
35       DJNZ    R7,D3
36       SJMP    $
37 TAB:
38       DB 01H,02H,03H,04H,05H,06H,07H,08H
39       DB 09H,0AH,0BH,0CH,0DH,0EH,0FH,0FFH
40 END
```

C语言程序：

```
1 #include <absacc.h>
```

```
2 unsigned char code tab[ ] = {0x01,0x02,0x03,0x04,0x05,0x06,0x07,0x08,
3 0x09,0x0a,0x0b,0x0c,0x0d,0x0e,0x0f};
4 main()
5 {
6       unsigned int i;
7       //查表读取16个数据到内部RAM(40H～4FH)单元地址内
8       for(i = 0;i<16;i + + )
9       DBYTE[0x40 + i] = tab[i];
10      /* 内部RAM(40H～4FH)单元地址内数据传送到外部RAM (2000H～200FH)单元地址内 */
11      for(i = 0;i<16;i + + )
12      XBYTE[0x2000 + i] = DBYTE[0x40 + i];
13      /* 外部RAM (2000H～200FH)单元地址内数据传送到内部RAM(50H～5FH)单元地址内 */
14      for(i = 0;i<16;i + + )
15      DBYTE[0x50 + i] = XBYTE[0x2000 + i];
16      while(1);
17 }
```

七、实验思考题

如何实现外部RAM数据到内部RAM数据的倒序传送?

实验六 数据排序实验

一、实验目的

熟悉STC单片机综合实验开发板指令系统，掌握程序设计方法。

二、实验要求

掌握数据排序的算法以及多重循环程序设计。

三、实验仪器和设备

(1) 硬件：计算机。

(2) 软件：Keil软件 μVision3。

四、实验内容

编写并调试一段排序子程序。其功能为用冒泡法将内部RAM中 n 个单字节无符号二进制数按从小到大的次序重新排列，并将这一列数据从小到大依次存储在外部RAM的从2000H开始的单元中。

数据排序实验流程如图7-14所示。

五、实验方法和步骤

(1) 设置断点，检查50H～59H内容是否为10个任意排列原始数据。

(2) 设置断点，两数比较后第一个数大于第二个数则所在RAM位置交换，否则不变。

(3) 设置断点，检查50H～59H内容是否已经按从小到大次序排列。

(4) 连续运行，再复位检查外部RAM2000H～2009H内容是否为事先设定10个数据按从小到大次序排列。

(5) 程序运行如果不进入断点，则应分段检查程序，用单步或断点方式调试。

六、实验参考程序

汇编语言程序：

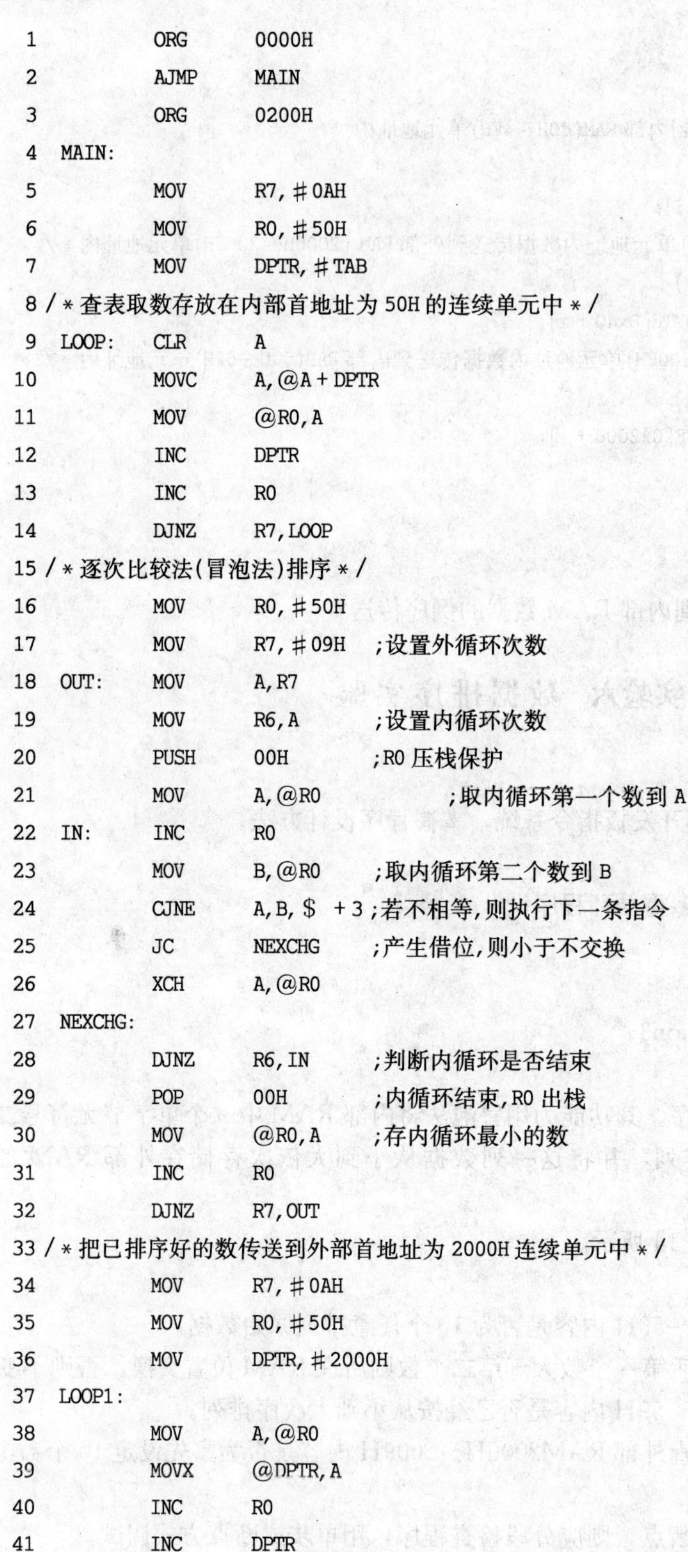

```
1            ORG      0000H
2            AJMP     MAIN
3            ORG      0200H
4   MAIN:
5            MOV      R7,#0AH
6            MOV      R0,#50H
7            MOV      DPTR,#TAB
8 /*查表取数存放在内部首地址为50H的连续单元中*/
9   LOOP:    CLR      A
10           MOVC     A,@A+DPTR
11           MOV      @R0,A
12           INC      DPTR
13           INC      R0
14           DJNZ     R7,LOOP
15 /*逐次比较法(冒泡法)排序*/
16           MOV      R0,#50H
17           MOV      R7,#09H     ;设置外循环次数
18  OUT:     MOV      A,R7
19           MOV      R6,A        ;设置内循环次数
20           PUSH     00H         ;R0压栈保护
21           MOV      A,@R0              ;取内循环第一个数到A
22  IN:      INC      R0
23           MOV      B,@R0       ;取内循环第二个数到B
24           CJNE     A,B,$ +3;若不相等,则执行下一条指令
25           JC       NEXCHG      ;产生借位,则小于不交换
26           XCH      A,@R0
27  NEXCHG:
28           DJNZ     R6,IN       ;判断内循环是否结束
29           POP      00H         ;内循环结束,R0出栈
30           MOV      @R0,A       ;存内循环最小的数
31           INC      R0
32           DJNZ     R7,OUT
33 /*把已排序好的数传送到外部首地址为2000H连续单元中*/
34           MOV      R7,#0AH
35           MOV      R0,#50H
36           MOV      DPTR,#2000H
37  LOOP1:
38           MOV      A,@R0
39           MOVX     @DPTR,A
40           INC      R0
41           INC      DPTR
```

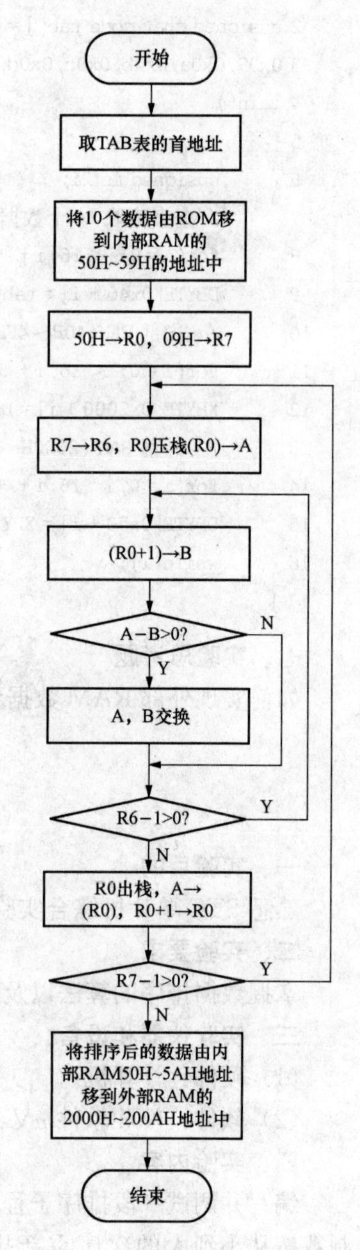

图 7-14　数据排序实验流程

```
42          DJNZ     R7,LOOP1
43          SJMP     $
44  TAB:    DB 07H,03H,05H,09H,01H,23H,29H,24H,99H,45H
45          END
```

C语言程序：

```
1 #include<absacc.h>
2 unsigned char code tab[ ] = {0x07,0x03,0x05,0x09,0x01,0x23,0x29,
3 0x24,0x99,0x45};
4 main()
5 {
6           unsigned int i,j,p;
7           unsigned char temp;
8           //查表取数存放在内部首地址为50H的连续单元中
9           for(i = 0;i<10;i + + )
10          DBYTE[0x50 + i] = tab[i];
11          for(i = 0;i<9;i + + )          //比较法
12          {
13                p = i;
14                for(j = i + 1;j<10;j + + )
15                      if(DBYTE[0x50 + p]>DBYTE[0x50 + j])
16                                  p = j;
17                      if(i! = p)
18                {
19                            temp = DBYTE[0x50 + i];
20                            DBYTE[0x50 + i] = DBYTE[0x50 + p];
21                            DBYTE[0x50 + p] = temp;
22                }
23          }
24 /*       for(i = 0;i<9;i + + )             //冒泡法
25                 for(j = 0;j<9;j + + )
26                             if(DBYTE[0x50 + j]>DBYTE[0x50 + j + 1])
27                             {
28                                      temp = DBYTE[0x50 + j];
29                                      DBYTE[0x50 + j] = DBYTE[0x50 + j + 1];
30                                      DBYTE[0x50 + j + 1] = temp;
31                 }          */
32   //将已排好序的数传送到外部首地址为2000H连续单元中
33          for(i = 0;i<10;i + + )
34          XBYTE[0x2000 + i]  =  DBYTE[0x50 + i];
35          while(1);
36 }
```

七、实验思考题

（1）如何实现数据从大到小排列？

（2）除两两比较法外，能再写出一种数据排序的算法吗？

实验七　定 时 器 实 验

一、实验目的

掌握定时器T0、T1的方式选择和编程方法，了解中断服务程序设计方法，进一步学会实时I/O程序的调试技巧。

二、实验要求

熟悉定时器的工作原理、定时初值的计算以及Keil软件调试的方法。

三、实验仪器和设备

（1）硬件：计算机。

（2）软件：Keil软件μVision3。

四、实验内容

编写并调试一段程序，利用定时器T0产生一个周期为2s的方波，由P2.0口输出，晶振时钟频率为12MHz。

定时器实验流程图如图7-15所示。

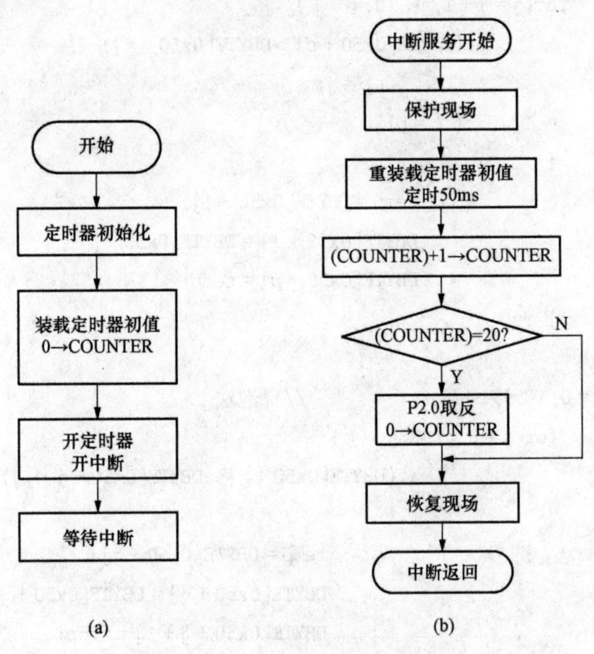

图7-15　定时器实验流程图

（a）主程序流程图；（b）中断服务程序流程图

五、实验方法和步骤

（1）在Debug调试环境中，调出信号观察窗口，设置被控制口为观察对象，程序全速运行，即会在信号观察窗口出现矩形波形。

（2）观察矩形波形的周期是否与定期周期一致。

（3）若有错误，改用断点分段调试程序，排除软件错误，直至正确为止。

六、实验参考程序

汇编语言程序：

```
1  COUNTER   EQU    30H
2            ORG    0000H
3            LJMP   MAIN
4            ORG    000BH
5            LJMP   ITT0
6            ORG    0100H
7  MAIN:     MOV    TMOD, #01H
8            MOV    TH0, #3CH
9            MOV    TL0, #0B0H          ;定时 50ms
10           MOV    COUNTER, #00H
11           SETB   EA
12           SETB   ET0
13           SETB   TR0
14           SJMP   $
15 ITT0:     PUSH   PSW
16           PUSH   ACC
17           MOV    TH0, #3CH
18           MOV    TL0, #0B0H
19           INC    COUNTER
20           MOV    A, COUNTER
21           CJNE   A, #20, LOOP        ;计数 20 次,定时 1s 到?
22           CPL    P2.0
23           MOV    COUNTER, #00H       ;计数值清零,重新计数
24 LOOP:     POP    ACC
25           POP    PSW
26           RETI
27           END
```

C 语言程序：

```
1 #include <reg52.h>
2 unsigned char counter;
3 sbit   P2_0 = P2^0;
4 main()
5 {
6          TMOD = 1;                        //设置定时器 T0 为 16 位定时器
7          TH0 = (65536 - 50000)/256;       //定时 50ms
8          TL0 = (65536 - 50000)% 256;
9          EA = 1;                          //总中断允许
10         ET0 = 1;                         //开定时器中断
```

```
11          TR0 = 1;
12          while(1);
13 }
14 void T0_ISR() interrupt 1
15 {
16          TR0 = 0;                        //定时器 T0 中断时间
17          TH0 = (65536 - 50000)/256;      //定时 50ms
18          TL0 = (65536 - 50000)% 256;
19          counter + + ;
20          if(20 == counter)
21          {
22                   P2_0 = ～P2_0;
23                   counter = 0;
24          }
25          TR0 = 1;
26 }
```

七、实验思考题

编写一段程序，使得被控制端口输出一个占空比为 1∶3 的矩形波。

第 8 章　硬　件　实　验

实验一　单片机 I/O 端口控制实验

一、实验目的

利用单片机的 P2 端口作为 I/O 端口，使学生学会利用 P2 端口作为输入和输出端口。

二、实验要求

学会使用单片机的 P2 端口作为 I/O 端口。

三、实验仪器和设备

（1）硬件：计算机，单片机综合仿真实验开发板。

（2）软件：Keil 软件 μVision3、STC 单片机烧录工具。

四、实验内容

（1）编写一段程序，用 P2 端口作为控制端口，使 LED 轮流点亮。

（2）编写一段程序，用 P2.0～P2.7 端口控制 LED，P1.4 控制端口的亮和灭，KEY1 键按下时 LED 亮，不按时 LED 灭。

五、实验方法和步骤

（1）先编写一段延时程序。

（2）将 LED 轮流点亮的程序编写完整并调试运行。

（3）原理如图 8 - 1 所示。

（4）编写 P1.4 控制 LED 的程序，并调试运行。

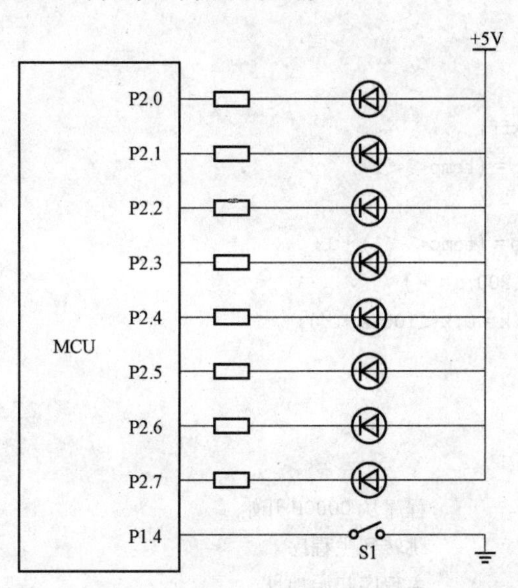

图 8 - 1　I/O 端口控制实验原理图

六、实验参考程序

汇编程序1：

```
1  ORG      0000H          ;程序从 0000H 开始
2  AJMP     MAIN           ;跳转到主程序
3  ORG      0030H          ;主程序起始地址
4  MAIN:    MOV A,#0FEH    ;将 A 赋值成 11111110
5  LOOP:    MOV P2,A       ;将 A 送到 P2 端口,发光二极管低电平点亮
6           LCALL DELAY    ;调用延时子程序
7           RL A           ;累加器 A 循环左移一位
8           AJMP LOOP      ;重新送 P2 显示
9  DELAY:   MOV R3,#20     ;最外层循环 20 次
10 D1:      MOV R4,#80     ;次外层循环 80 次
11 D2:      MOV R5,#250    ;最内层循环 250 次
12          DJNZ R5,$      ;总共延时 2μs*250*80*20=0.8s
13          DJNZ R4,D2
14          DJNZ R3,D1
15          RET
16 END
```

C语言程序1：

```
1 #include <reg51.h>
2 main()
3 {
4       unsigned char i,k,temp;
5       temp=0xfe;
6       while(1)
7    {
8       P2=temp;
9       if(temp==0xff)
10              temp=(temp<<1);
11      else
12              temp=(temp<<1)+1;
13      for(i=0;i<200;i++)
14              for(k=0;k<100;k++);
15   }
16 }
```

汇编程序2：

```
1  ORG      0000H          ;程序从 0000H 开始
2  LJMP     MAIN           ;跳转到主程序
3  ORG      0100H          ;主程序起始地址
4  MAIN:    JB P1.4,SETLED
5  CLRLED:
```

```
 6 CLR      P2.0
 7 CLR      P2.1
 8 CLR      P2.2
 9 CLR      P2.3
10 CLR      P2.4
11 CLR      P2.5
12 CLR      P2.6
13 CLR      P2.7
14 SJMP     MAIN
15 SETLED:
16 SETB     P2.0
17 SETB     P2.1
18 SETB     P2.2
19 SETB     P2.3
20 SETB     P2.4
21 SETB     P2.5
22 SETB     P2.6
23 SETB     P2.7
24 SJMP     MAIN
25 END
```

C语言程序2：

```
 1 #include <reg51.h>
 2 sbit P2_0 = P2^0;
 3 sbit P2_1 = P2^1;
 4 sbit P2_2 = P2^2;
 5 sbit P2_3 = P2^3;
 6 sbit P2_4 = P2^4;
 7 sbit P2_5 = P2^5;
 8 sbit P2_6 = P2^6;
 9 sbit P2_7 = P2^7;
10 sbit P1_4 = P1^4;
11 main()
12 {
13     while(1)
14     {
15             if(P1_4)
16              {
17                    P2_0 = 1;
18                    P2_1 = 1;
19                    P2_2 = 1;
20                    P2_3 = 1;
21                    P2_4 = 1;
```

```
22                  P2_5 = 1;
23                  P2_6 = 1;
24                  P2_7 = 1;
25      }
26           else
27             {
28                  P2_0 = 0;
29                  P2_1 = 0;
30                  P2_2 = 0;
31                  P2_3 = 0;
32                  P2_4 = 0;
33                  P2_5 = 0;
34                  P2_6 = 0;
35                  P2_7 = 0;
36           }
37      }
38 }
```

七、实验思考题

（1）想出几个实现以上功能的编程方法。

（2）第二个程序中如果使用 KEY1 作为外部中断控制 LED 的亮和灭，程序应如何修改？

实验二　蜂鸣器驱动实验

一、实验目的

利用单片机的 I/O 端口控制蜂鸣器。

二、实验要求

学会使用单片机的 P2 端口作 I/O 端口。

三、实验设备及器件

（1）硬件：计算机，单片机综合仿真实验开发板。

（2）软件：Keil 软件 μVision3、STC 单片机烧录工具。

四、实验内容

编写一段程序，用按键控制 P2.7 端口，使蜂鸣器发出嘹亮的响声。蜂鸣器驱动实验原理如图 8-2 所示。

五、实验方法和步骤

（1）打开 Keil3 软件，新建一个工程。新建一个 c 文件，将 c 文件添加到新建的工程中。

（2）在 c 文件中编写程序，单片机 P1.4 端口采集按键信息，P2.7 端口控制蜂鸣器发出响声。当按键按下，蜂鸣器发出嘹亮的响声，按键松开，蜂鸣器停止发声。

（3）编译程序，生成 .HEX 文件。打开 STC _ ISP _ V488 烧录软件，在 MCU Type 选项里选择 STC12C5A32S2，点击“打开程序文件”，加载 hex 文件。点击“DownLoad/下

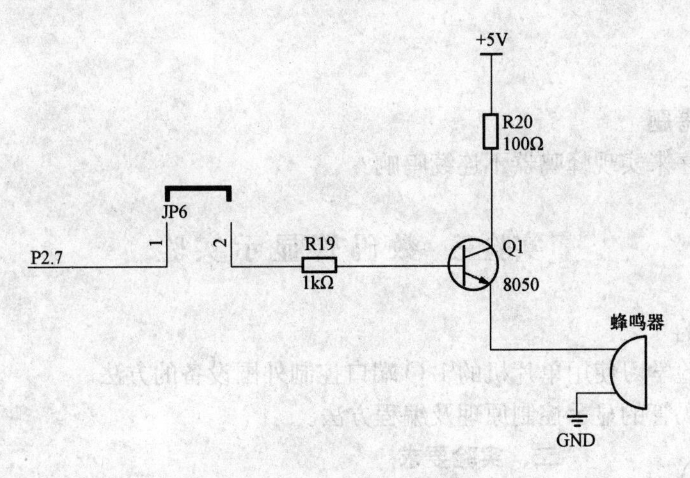

图 8-2　蜂鸣器驱动实验原理图

载”，按下单片机实验开发板的电源开关，等待程序下载完成。

(4) 用跳帽或杜邦线将 JP6 的 1 脚和 2 脚连接，按下 JP6 按钮，观察实验现象。

六、实验参考程序

汇编程序：

```
1            ORG      0000H           ;程序从 0000H 开始
2            LJMP     MAIN            ;跳转到主程序
3            ORG      0100H           ;主程序起始地址
4   MAIN:    JB P1.4,SETHORN
5            CLRHORN:
6            CLR  P2.7
7            SJMP MAIN
8            SETHORN:
9            SETB P2.7
10           SJMP MAIN
11  END
```

C 语言程序：

```
1 #include<reg52.h>
2 sbit fengming = P2^7;
3 sbit key1 = P1^4;
4 void main()
5 {
6  fengming = 0;
7  while(1)
8    {
9       if(key1 == 0)
10            fengming = 1;
11      else
12            fengming = 0;
```

```
13    }
14  }
```

七、实验思考题

如何通过程序来实现蜂鸣器不连续鸣响？

实验三　数码管显示实验

一、实验目的

（1）通过实验学习使用单片机的I/O端口控制外围设备的方法。

（2）了解数码管的显示控制原理及编程方法。

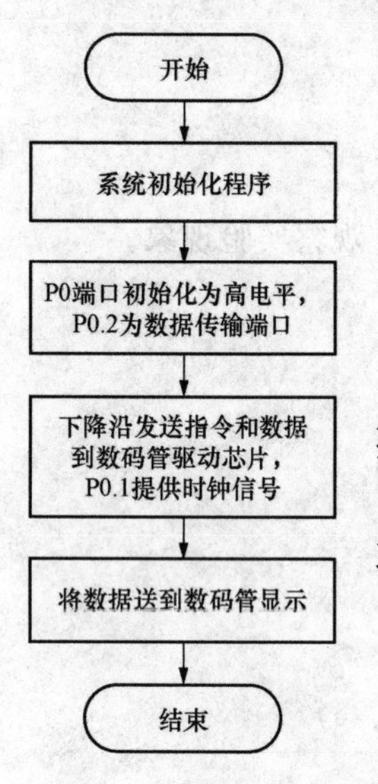

图8-3　四位数码管显示实验流程图

二、实验要求

掌握7289BS芯片LED控制的各种功能。

三、实验仪器和设备

（1）硬件：计算机，单片机综合仿真实验开发板，3根杜邦线。

（2）软件：Keil软件μVision3，STC单片机烧录工具。

四、实验内容

（1）利用单片机的I/O端口，控制数码管显示输出数字1234，熟悉实验原理，做出实验结果。

（2）利用单片机的I/O端口，通过按键实现数字加减1，熟悉实验原理，做出实验结果。

四位数码管显示实验流程图如图8-3所示。

五、实验步骤

（1）打开Keil3软件，新建一个工程。新建一个c文件，将c文件添加到新建的工程中。

（2）在c文件中编写程序，利用单片机的I/O端口，控制数码管显示输出数字1234。

（3）编译程序，生成hex文件。打开STC _ ISP _ V488烧录软件，在MCU Type选项里选择STC12C5A32S2，点击“打开程序文件”，加载hex文件。点击“DownLoad/下载”，按下单片机实验板的电源开关，等待程序下载完成。

（4）将7289BS芯片的CS、CLK、DAT通过J8单排和杜邦线分别连接到单片机的P0.0、P0.1、P0.2，观察实验现象。

六、实验预习要求

四位数码管模块电路原理图如图8-4所示。7289BS芯片的SA、SB、SC、SD、SE、SF、SG分别连接数码管的a、b、c、d、e、f、g、h，四位数码管的1～4引脚分别与7289BS的DIG0～DIG3引脚相连接，7289BS芯片的CS、CLK、DATA引脚外接一个3引脚的单排插针。7289BS芯片的26、27引脚连接12MHz晶振。

七、实验参考程序

C语言程序1：

```
1 #include "reg52.h"
```

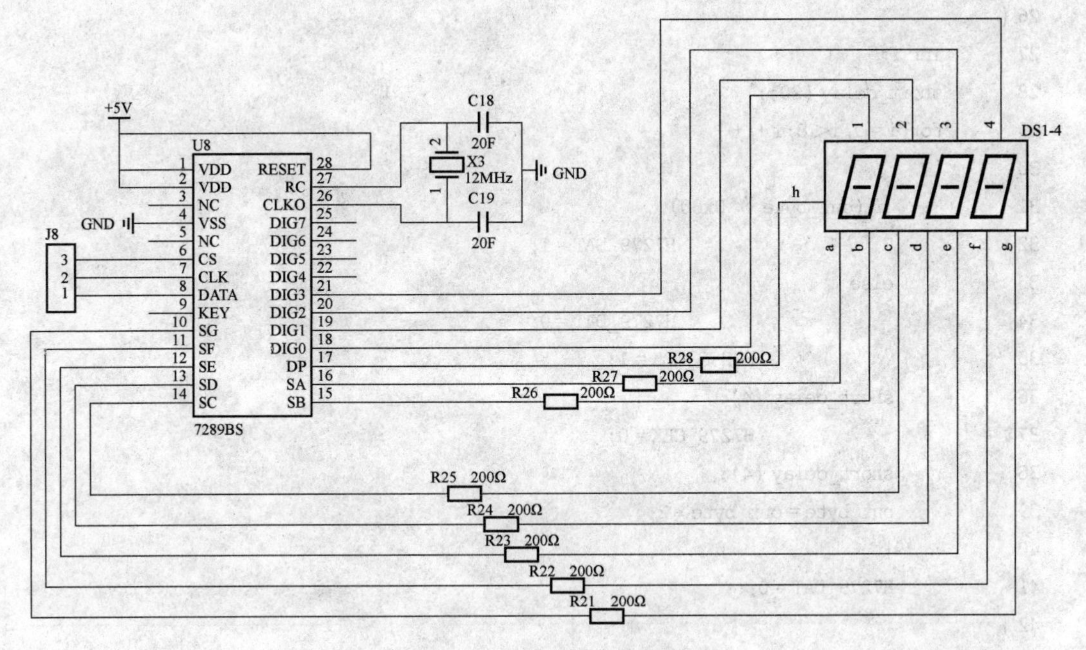

图 8-4 四位数码管模块电路原理图

```
2 #define  DECODE1 0xc8         //下载数据按方式1译码,地址位从第一位开始
3   sbit    H7279_CS = P0^0;  /*实时时钟时钟线引脚 */
4   sbit    H7279_CLK = P0^1; /*实时时钟数据线引脚 */
5   sbit    H7279_DAT = P0^2; /*实时时钟复位线引脚 */
6 #define port P0
7 /************************************************************************/
8 // 函数名称: short_delay ()
9 // 函数功能: 短软件延时
10// 入口参数: dly1 延时参数,值越大,延时越久
11// 出口参数: 无
12 /************************************************************************/
13 void  short_delay (int  dly1)
14 {
15       int  j;
16       for(; dly1>0; dly1--)
17            for(j=0; j<10; j++);
18 }
19 /************************************************************************/
20 //函数名称: Send_byte ()
21 // 函数功能: 向总线发送数据
22 // 入口参数: out_byte     待发送的数据
23 // 出口参数:
24 /************************************************************************/
25 void  Send_byte (int out_byte)
```

```
26 {
27       int i;
28       short_delay (20);
29       for(i = 0;i<8;i + + )
30       {
31           if (out_byte & 0x80)
32                             H7279_DAT = 1;
33           else
34                             H7279_DAT = 0;
35                        H7279_CLK = 1;
36           short_delay (4);
37                        H7279_CLK = 0;
38           short_delay (4);
39           out_byte = out_byte * 2;
40           }
41           H7279_DAT = 0;
42 }
43 /*********************************************************************/
44 * * 函数名称: write_7279 ()
45 * * 函数功能: 向 HD7279 写数据
46 * * 入口参数: cmd:命令;dat:数据
47 * * 出口参数:
48 /*********************************************************************/
49 void  write_h7279(int cmd, int dat)
50 {
51 H7279_CS =0;
52     Send_byte (cmd);
53     Send_byte (dat);
54         H7279_CS = 1;
55 }
56 /* ------------------------------------------ */
57 /*形式参数:void                  */
58 /*返回值:void */
59 /*函数描述:主函数 */
60 /* ------------------------------------------ */
61 void main(void)
62 {
63     port = 0xff;
64     while(1)
65      {
66               write_h7279(DECODE1 + 3,4);
67               write_h7279(DECODE1 + 2,3);
68               write_h7279(DECODE1 + 1,2);
```

```
69                write_h7279(DECODE1 + 0,1);
70      }
71 }
```

C语言程序2：

```
1 #include <reg52.h>
2 #define  DECODE1 0xc8
3 #define port P0
4 #define uchar unsigned char
5 sbit  H7279_CS = P0^0;
6 sbit  H7279_CLK = P0^1;
7 sbit  H7279_DAT = P0^2;
8 sbit  key1 = P1^4;
9 sbit  key2 = P1^5;
10 uchar code table[] = {
11 0x00,0x01,0x02,0x03,0x04,0x05,
12 0x06,0x07,0x08,0x09,0x0A,0x0B,
13 0x0C,0x0D,0x0E,0x0F};
14 void short_delay(int);
15 void display(uchar,uchar);
16 void keyscan();
17 int num,cmd,dat,dly1;
18 uchar shi,ge;
19 void  short_delay (int  dly1)
20 {
21        int  j;
22        for(; dly1>0; dly1 - - )
23            for(j = 0; j<10; j + + );
24 }
25 void  Send_byte (int out_byte)
26 {
27        int i;
28        short_delay (20);
29        for (i = 0;i<8;i + + )
30        {
31            if (out_byte & 0x80)
32                                H7279_DAT = 1;
33            else
34                                H7279_DAT = 0;
35                       H7279_CLK = 1;
36            short_delay (4);
37                     H7279_CLK = 0;
38          short_delay (4);
```

```
39          out_byte = out_byte * 2;
40      }
41      H7279_DAT = 0;
42 }
43 void   write_h7279(int cmd, int dat)
44 {
45      H7279_CS = 0;
46      Send_byte (cmd);
47      Send_byte (dat);
48           H7279_CS = 1;
49 }
50 void keyscan()
51 {
52      if(key1 == 0)
53          {
54              short_delay(10);
55            if(key1 == 0)
56              {
57                num ++ ;
58                    if(num == 60)
59                         num = 0;
60                              while(!key1);
61              }
62      }
63      if(key2 == 0)
64          {
65              short_delay(10);
66              if(key2 == 0)
67              {
68              if(num == 0)
69                       num = 60;
70                     num - - ;
71                     while(!key2);
72                  }
73          }
74                shi = num/10;
75                ge = num% 10;
76 }
77  void main()
78 {
79   port = 0xff;
80   while(1)
81   {
```

```
82     keyscan();
83         write_h7279(DECODE1 + 2,table[shi]);
84     write_h7279(DECODE1 + 3,table[ge]);
85   }
86 }
```

八、实验思考题

如何通过程序控制数码器显示数字3001。

实验四 液晶屏显示实验

一、实验目的

了解液晶屏（LCD）模块的控制方法，实现简单字符显示。

二、实验要求

掌握控制液晶上显示的理论知识，并能够编写相关操作函数。

三、实验仪器和设备

（1）硬件：计算机，单片机综合仿真实验开发板。

（2）软件：Keil软件 μVision3，STC单片机烧录工具。

四、实验内容

（1）控制液晶屏模块，使其显示两行字符。

（2）使显示模块显示自己的姓名，并逐渐弹出，最后清屏再显示。

液晶屏显示实验流程图如图8-5所示。

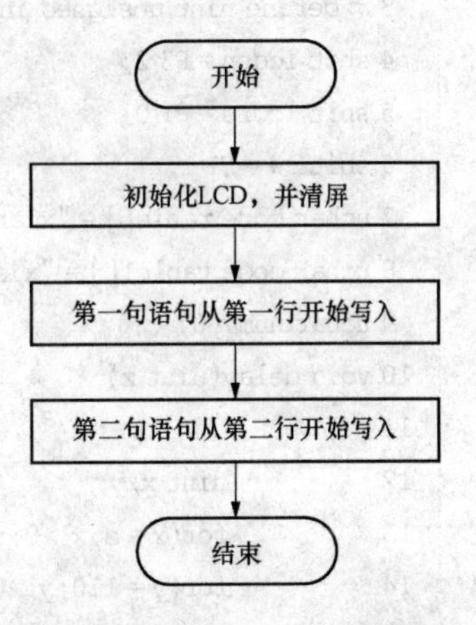

图8-5 液晶屏显示实验流程图

五、实验步骤

（1）打开Keil3软件，新建一个工程。新建一个c文件，将c文件添加到新建的工程中。

（2）在c文件中编写程序，单片机向LCD1602写入两行字符串。

（3）编译程序，生成hex文件。打开STC _ ISP _ V488烧录软件，在MCU Type选项里选择STC12C5A32S2，点击“打开程序文件”，加载hex文件。点击“DownLoad/下载”，按下单片机实验板的电源开关，等待程序下载完成。

（4）观察实验现象。

六、实验预习要求

本开发板中，液晶屏显示模块电路原理图如图8-6所示。单片机引脚P1.0连接LCD1602的RS端用于指令和数据的选择控制端，单片机引脚P1.1接LCD1602的RW读写信号控制端，单片机引脚P3.2接液晶的使能端EN，单片机引脚P0.0～P0.7分别连接LCD1602的D0～D7数据线。

七、实验参考程序

C语言程序1：

```
1 #include<reg52.h>
```

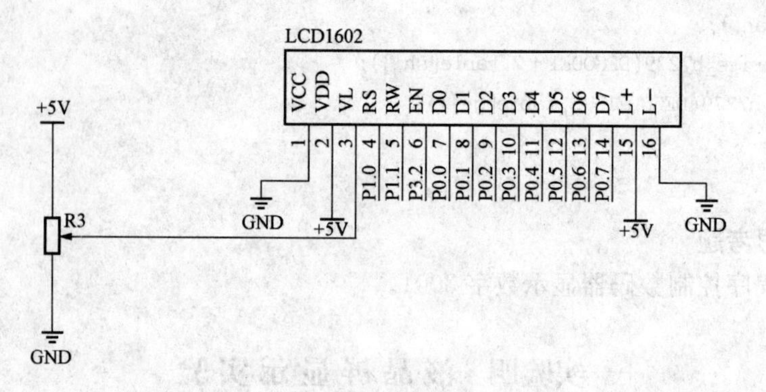

图 8-6　液晶屏模块电路原理图

```
2 #define uchar unsigned char
3 #define uint unsigned int
4 sbit lcden = P3^2;                      //使能端
5 sbit lcdrs = P1^0;                      //数据命令选择端
6 sbit rw = P1^1;
7 uchar code table[] = "xian shi 1";      //输入的字符
8 uchar code table1[] = "xian shi 2";     //输入的字符
9 uchar num = 0;
10 void delay(uint z)
11 {
12         uint x,y;
13         for(x = z;x>0;x--)
14         for(y = 110;y>0;y--);
15 }
16 void write_com(uchar com)               //根据写时序图写出指令程序
17 {
18         lcdrs = 0;
19         rw = 0;
20         P0 = com;
21         delay(5);
22         lcden = 1;
23         delay(5);
24         lcden = 0;
25 }
26 void write_data(uchar date)             //根据写时序图写出数据程序
27 {
28        lcdrs = 1;
29        rw = 0;
30        P0 = date;
31        delay(5);
32        lcden = 1;
33        delay(5);
```

```
34          lcden = 0;
35  }
36 void init()
37  {
38          lcden = 0;                          //使能端为低电平
39          write_com(0x38);
40          /*显示模式设置  00111000  设置16*2显示  5*7点阵  8位数据端口*/
41          write_com(0x0f);
42          /*显示开关及光标设置   00001DCB
43          D=1,开显示      D=0, 关显示
44          C=1,显示光标    C=0,不显示光标
45          B=1,光标闪烁    B=0,光标不闪烁*/
46          write_com(0x06);//地址指针自动加1且光标加1,写字符屏幕不会移动
47          write_com(0X01);
48 }
49 void main()
50 {
51          init();
52          write_com(0X80);
53          for(num=0;num<10;num++)      //输入的字符数量,修改
54          {
55                  write_data(table[num]);
56                  delay(50);
57          }
58          write_com(0X80+0x40);
59          for(num=0;num<10;num++)      //输入的字符数量,修改
60          {
61                  write_data(table1[num]);
62                  delay(50);
63          }
64          while(1);
65 }
```

C语言程序2:

```
1 #include<reg52.h>
2 #define uchar unsigned char
3 #define uint unsigned int
4 sbit  lcden=P3^2;                       //使能端
5 sbit  lcdrs=P1^0;                       //数据命令选择端
6 sbit  rw=P1^1;
7 uchar code table[]=" AHPU 3001 ";       //输入的字符
8 uchar code table1[]=" XING MING ";      //输入的字符
9 uchar num=0;
```

```
10 void delay(uint z)
11 {
12          uint x,y;
13          for(x=z;x>0;x--)
14          for(y=110;y>0;y--);
15 }
16 void write_com(uchar com)     //根据写时序图写出指令程序
17 {
18          lcdrs=0;
19          rw=0;
20          P0=com;
21          delay(5);
22          lcden=1;
23          delay(5);
24          lcden=0;
25 }
26 void write_data(uchar date)   //根据写时序图写出数据程序
27 {
28          lcdrs=1;
29          rw=0;
30          P0=date;
31          delay(5);
32          lcden=1;
33          delay(5);
34          lcden=0;
35 }
36 void init()
37 {
38          lcden=0;               //使能端为低电平
39          write_com(0x38);
40          /*显示模式设置  00111000  设置16*2显示  5*7点阵  8位数据端口*/
41          write_com(0x0f);
42          /*显示开关及光标设置  00001DCB
43          D=1,开显示     D=0,关显示
44          C=1,显示光标   C=0,不显示光标
45          B=1,光标闪烁   B=0,光标不闪烁*/
46          write_com(0x06);     //地址指针自动加1且光标加1,写字符屏幕不会移动
47          write_com(0X01);
48 }
49 void main()
50 {
51          init();
52          write_com(0X80);
```

```
53        while(1)
54        {
55        for(num = 0;num<10;num + + )          //输入的字符数量,修改
56        {
57                write_data(table[num]);
58                delay(2000);
59        }
60        write_com(0X80 + 0x40);
61        for(num = 0;num<10;num + + )          //输入的字符数量,修改
62        {
63                write_data(table1[num]);
64                delay(2000);
65        }
66          write_com(0x01) ;                   //清除 LCD 的显示内容
67          }
68 }
```

八、实验思考题

如何通过程序使显示模块显示自己的出生年月日，最后清屏再显示？

实验五　电子万年历显示实验

一、实验目的

了解 DS1302 时钟芯片的工作原理，将年、月、日、星期、时间显示在 LCD 屏上并能通过键盘电路控制。

二、实验要求

掌握专用时钟芯片 DS1302，并会用 DS1302 芯片开发时钟模块，控制字符/图形液晶上显示的理论知识，并能够编写相关操作函数。

三、实验设备及器件

(1) 硬件：计算机，单片机综合仿真实验开发板。

(2) 软件：Keil 软件 μVision3，STC 单片机烧录工具。

四、实验内容

安装好 LCD1602 显示屏，编写一段程序，利用时钟芯片 DS1302 读取时间。时间设定显示实验流程图如图 8 - 7所示。

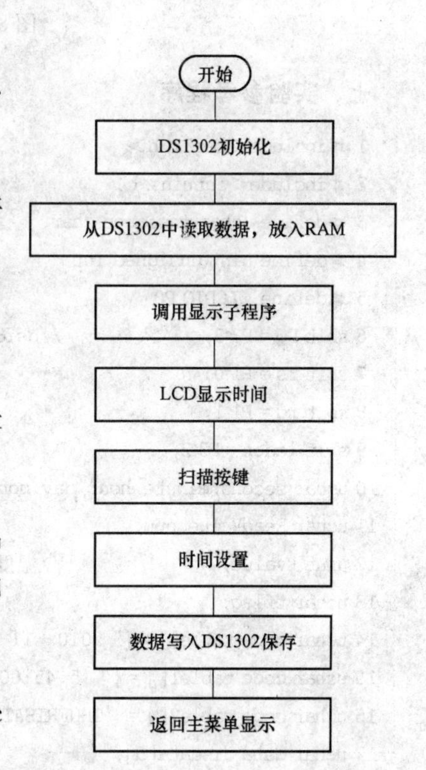

图 8 - 7　时间设定显示实验流程图

五、实验方法和步骤

(1) 打开 Keil3 软件，新建一个工程。新建一个 c 文件，将 c 文件添加到新建的工程中。

(2) 在 c 文件中编写程序，读取 DS1302 的值并显

示在 LCD1602 上。

(3) 编译程序，生成 hex 文件。打开 STC _ ISP _ V488 烧录软件，在 MCU Type 选项里选择 STC12C5A32S2，点击"打开程序文件"，加载 hex 文件。点击"DownLoad/下载"，按下单片机实验开发板的电源开关，等待程序下载完成。

(4) 将 DS1302 的 SCLK、I/O、RST 通过 J5 单排插针和杜邦线分别连接到单片机的 P2. 2、P2. 1、P2. 0，观察实验现象。

六、实验预习要求

时钟模块电路原理图如图 8 - 8 所示。DS1302 的时钟端 SCLK、数据端 I/O、复位端 RST 外接一个 3 脚的单排插针。DS1302 的 2、3 引脚连接 32. 768kHz 晶振。

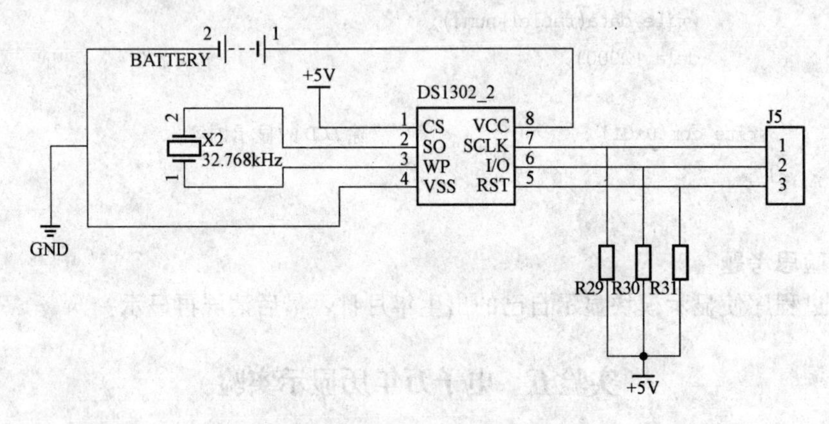

图 8 - 8　时钟模块电路原理图

七、实验参考程序

```
1 #include<reg52.h>
2 #include<intrins.h>
3 #define uchar unsigned char
4 #define uint unsigned int
5 #define  LCDIO P0
6 sbit DQ = P3^3;                //ds18b20 与单片机连接口
7 sbit rs = P1^0;
8 sbit rd = P1^1;
9 sbit lcden = P3^2;
10 uchar second,minute,hour,day,month,year,week,count = 0;
11 uchar ReadValue,num;
12 uint tvalue;                   //温度值
13 uchar tflag;
14 uchar code table[] = {" 2010 - 11 - 29 MON"};
15 uchar code table1[] = {" 15:45:00 000.0C"};
16 uchar code table2[] = "THUFRISATSUNMONTUEWES";
17 uchar data disdata[5];
18 sbit DATA = P2^1;              //时钟数据接口
19 sbit RST = P2^0;
```

```
20 sbit SCLK = P2^2;
21 sbit menu = P1^5;              //菜单
22 sbit add = P1^6;               //加一
23 sbit dec = P1^7;               //减一
24 void delay(uint z)
25 {
26        uint x,y;
27        for(x = z;x>0;x--)
28        for(y = 110;y>0;y--);
29 }
30 void delay1(uint z)
31 {
32            for(;z>0;z--);
33 }
34 void write_com(uchar com)
35 {
36            rs = 0;
37            rd = 0;
38            lcden = 0;
39            P0 = com;
40            delay(20);
41            lcden = 1;
42            delay(10);
43            lcden = 0;
44 }
45 void write_date(uchar date)
46 {
47            rs = 1;
48            rd = 0;
49            lcden = 0;
50            P0 = date;
51            delay(20);
52            lcden = 1;
53            delay(10);
54            lcden = 0;
55 }
56 void init()
57 {
58            uchar num;
59            lcden = 0;
60            write_com(0x38);
61            write_com(0x0c);
62            write_com(0x06);
```

```
63          write_com(0x01);
64          delay(5);
65          write_com(0x80);
66          for(num=0;num<15;num++)
67              {
68                  write_date(table[num]);
69                  delay(5);
70              }
71         write_com(0x80+0x40);
72         for(num=0;num<16;num++)
73         {
74              write_date(table1[num]);
75              delay(5);
76         }
77 }
78 void Write1302(uchar dat)
79 {
80          uchar i;
81          SCLK=0;                 //拉低SCLK,为脉冲上升沿写入数据做好准备
82          delay1(2);              //稍微等待,使硬件做好准备
83          for(i=0;i<8;i++)        //连续写8个二进制数
84          {
85                DATA=dat&0x01;    //取出dat的第0位数据写入DS1302
86                delay1(2);        //稍微等待,使硬件做好准备
87                SCLK=1;           //上升沿写入数据
88                delay1(2);        //稍微等待,使硬件做好准备
89                SCLK=0;           //重新拉低SCLK,形成脉冲
90                dat>>=1;          //将dat的各数据位右移1位,准备写入下一个数据位
91          }
92 }
93  void WriteSet1302(uchar Cmd,uchar dat)
94 {
95          RST=0;                  //禁止数据传递
96          SCLK=0;                 //确保写数据前SCLK被拉低
97          RST=1;                  //启动数据传输
98          delay1(2);              //稍微等待,使硬件做好准备
99          Write1302(Cmd);         //写入命令字
100         Write1302(dat);         //写数据
101         SCLK=1;                 //将时钟电平置于已知状态
102         RST=0;                  //禁止数据传递
103 }
104 uchar Read1302(void)
105 {
```

```
106        uchar i,dat;
107        delay(2);                     //稍微等待,使硬件做好准备
108        for(i = 0;i<8;i + + )         //连续读 8 个二进制位数据
109        {
110             dat>> = 1;               //将 dat 的各数据位右移 1 位,因为先读出的是字节的最低位
111             if(DATA == 1)            //如果读出的数据是 1
112             dat| = 0x80;             //将 1 取出,写在 dat 的最高位
113             SCLK = 1;                //将 SCLK 置于高电平,为下降沿读出
114             delay1(2);               //稍微等待
115             SCLK = 0;                //拉低 SCLK,形成脉冲下降沿
116             delay1(2);               //稍微等待
117        }
118            return dat;               //将读出的数据返回
119   }
120 uchar  ReadSet1302(uchar Cmd)
121 {
122          uchar dat;
123          RST = 0;                    //拉低 RST
124          SCLK = 0;                   //确保写数据前 SCLK 被拉低
125          RST = 1;                    //启动数据传输
126          Write1302(Cmd);             //写入命令字
127          dat = Read1302();           //读出数据
128          SCLK = 1;                   //将时钟电平置于已知状态
129          RST = 0;                    //禁止数据传递
130          return dat;                 //将读出的数据返回
131 }
132 void Init_DS1302(void)
133 {
134      WriteSet1302(0x8E,0x00);  /*根据写状态寄存器命令字,写入不保护指令*/
135      WriteSet1302(0x80,((0/10)<<4|(0%10)));  /*根据写秒寄存器命令字,写入秒的初始
                                                   值*/
136      WriteSet1302(0x82,((45/10)<<4|(45%10))); /*根据写分寄存器命令字,写入分的初始
                                                   值*/
137      WriteSet1302(0x84,((15/10)<<4|(15%10))); /*根据写小时寄存器命令字,写入小时的初
                                                  始值*/
138      WriteSet1302(0x86,((29/10)<<4|(29%10))); /*根据写日寄存器命令字,写入日的初始
                                                   值*/
139      WriteSet1302(0x88,((11/10)<<4|(11%10))); /*根据写月寄存器命令字,写入月的初始
                                                   值*/
140         WriteSet1302(0x8c,((10/10)<<4|(10%10)));   //年
141         WriteSet1302(0x8a,((4/10)<<4|(4%10)));
142   }
143 void DisplaySecond(uchar x)
```

```
144 {
145         uchar i,j;
146         i=x/10;
147         j=x%10;
148         write_com(0xc7);
149         write_date(0x30+i);
150         write_date(0x30+j);
151 }
152 void DisplayMinute(uchar x)
153 {
154         uchar i,j;
155         i=x/10;
156         j=x%10;
157         write_com(0xc4);
158         write_date(0x30+i);
159         write_date(0x30+j);
160 }
161 void DisplayHour(uchar x)
162 {
163         uchar i,j;
164         i=x/10;
165         j=x%10;
166         write_com(0xc1);
167         write_date(0x30+i);
168         write_date(0x30+j);
169 }
170 void DisplayDay(uchar x)
171 {
172         uchar i,j;
173         i=x/10;
174         j=x%10;
175         write_com(0x89);
176         write_date(0x30+i);
177         write_date(0x30+j);
178 }
179 void DisplayMonth(uchar x)
180 {
181         uchar i,j;
182         i=x/10;
183         j=x%10;
184         write_com(0x86);
185         write_date(0x30+i);
186         write_date(0x30+j);
```

```
187 }
188 void DisplayYear(uchar x)
189 {
190         uchar i,j;
191         i=x/10;
192         j=x%10;
193         write_com(0x83);
194         write_date(0x30+i);
195         write_date(0x30+j);
196 }
197 void DisplayWeek(uchar x)
198 {
199         uchar i;
200         x=x*3;
201         write_com(0x8c);
202         for(i=0;i<3;i++)
203         {
204                 write_date(table2[x]);
205                 x++;
206         }
207 }
208 void  read_date(void)
209 {
210     ReadValue = ReadSet1302(0x81);
211     second=((ReadValue&0x70)>>4)*10 + (ReadValue&0x0F);
212     ReadValue = ReadSet1302(0x83);
213     minute=((ReadValue&0x70)>>4)*10 + (ReadValue&0x0F);
214     ReadValue = ReadSet1302(0x85);
215     hour=((ReadValue&0x70)>>4)*10 + (ReadValue&0x0F);
216     ReadValue = ReadSet1302(0x87);
217     day=((ReadValue&0x70)>>4)*10 + (ReadValue&0x0F);
218     ReadValue = ReadSet1302(0x89);
219     month=((ReadValue&0x70)>>4)*10 + (ReadValue&0x0F);
220     ReadValue = ReadSet1302(0x8d);
221     year=((ReadValue&0x70)>>4)*10 + (ReadValue&0x0F);
222     ReadValue=ReadSet1302(0x8b);                          //读星期
223     week=ReadValue&0x07;
224     DisplaySecond(second);
225     DisplayMinute(minute);
226     DisplayHour(hour);
227     DisplayDay(day);
228     DisplayMonth(month);
229     DisplayYear(year);
```

```
230      DisplayWeek(week);
231 }
232 void turn_val(char newval,uchar flag,uchar  newaddr,uchar s1num)
233 {
234     newval = ReadSet1302(newaddr);                              //读取当前时间
235     newval = ((newval&0x70)>>4) * 10 + (newval&0x0f);       //将BCD码转换成十进制
236     if(flag)                                                    //判断是加一还是减一
237       {
238         newval + + ;
239         switch(s1num)
240       {
241               case 1: if(newval>99) newval = 0;
242                              DisplayYear(newval);
243                              break;
244               case 2: if(newval>12) newval = 1;
245                              DisplayMonth(newval);
246                              break;
247               case 3: if(newval>31) newval = 1;
248                              DisplayDay(newval);
249                              break;
250               case 4: if(newval>6) newval = 0;
251                              DisplayWeek(newval);
252                              break;
253               case 5: if(newval>23) newval = 0;
254                              DisplayHour(newval);
255                              break;
256               case 6: if(newval>59) newval = 0;
257                              DisplayMinute(newval);
258                              break;
259               case 7: if(newval>59) newval = 0;
260                              DisplaySecond(newval);
261                              break;
262               default:break;
263       }
264       }
265       else
266     {
267         newval - - ;
268         switch(s1num)
269     {
270         case 1: if(newval == 0) newval = 99;
271                            DisplayYear(newval);
272                            break;
```

```
273         case 2: if(newval == 0) newval = 12;
274                                 DisplayMonth(newval);
275                                 break;
276         case 3: if(newval == 0) newval = 31;
277                                 DisplayDay(newval);
278                                 break;
279         case 4: if(newval<0) newval = 6;
280                                 DisplayWeek(newval);
281                                 break;
282         case 5: if(newval<0) newval = 23;
283                                 DisplayHour(newval);
284                                 break;
285         case 6: if(newval<0) newval = 59;
286                                 DisplayMinute(newval);
287                                 break;
288         case 7: if(newval<0) newval = 59;
289                                 DisplaySecond(newval);
290                                 break;
291         default:break;
292             }
293     }
294 WriteSet1302((newaddr - 1),((newval/10)<<4)|(newval % 10)); /*将新数据写入寄存器*/
295  }
296 //键盘扫描程序
297 /********************************************/
298 void key_scan(void)
299 {
300     uchar miao,s1num = 0;
301     if(menu == 0)
302  {
303     delay(5);
304         if(menu == 0)
305         {
306             while(!menu);
307             s1num++;
308             while(1)
309             {
310                 if(menu == 0)
311              {
312                 delay(5);
313                     if(menu == 0)
314                     {
315                         while(!menu);
```

```
316                     s1num++;
317                 }
318             }
319         rd=0;
320         miao=ReadSet1302(0x81);
321         second=miao;
322         WriteSet1302(0x80,miao|0x80);
323         write_com(0x0f);//光标闪射
324           if(s1num==1)
325             {
326               year=ReadSet1302(0x8d);
327               write_com(0x80+4);       //年光标
328               if(add==0)
329              {
330                     delay(3);
331                     if(add==0)
332                 {
333                             while(!add);
334                             turn_val(year,1,0x8d,1);
335                  }
336                }
337                   if(dec==0)
338                  {
339                           delay(3);
340                           if(dec==0)
341                     {
342                           while(!dec);
343                           turn_val(year,0,0x8d,1);
344                           }
345                    }
346             }
347             if(s1num==2)
348             {
349                   month=ReadSet1302(0x89);
350                   write_com(0x80+7);       //月光标
351                   if(add==0)
352                   {
353                         delay(3);
354                         if(add==0)
355                         {
356                               while(!add);
357                               turn_val(month,1,0x89,2);
358                         }
```

```
359                  }
360                  if(dec == 0)
361                  {
362                       delay(3);
363                       if(dec == 0)
364                       {
365                                while(!dec);
366                            turn_val(month,0,0x89,2);
367                       }
368              }
369       }
370              if(s1num == 3)
371              {
372                    day = ReadSet1302(0x87);
373                    write_com(0x80 + 10);//日光标
374                    if(add == 0)
375                      {
376                         delay(3);
377                         if(add == 0)
378                         {
379                           while(!add);
380                           turn_val(day,1,0x87,3);
381                          }
382                    }
383                    if(dec == 0)
384                      {
385                         delay(3);
386                         if(dec == 0)
387                          {
388                            while(!dec);
389                            turn_val(day,0,0x87,3);
390                           }
391                     }
392              }
393                   if(s1num == 4)
394                   {
395                         week = ReadSet1302(0x8b);
396                         write_com(0x80 + 14);       //星期光标
397                    if(add == 0)
398                      {
399                           delay(3);
400                           if(add == 0)
401                             {
```

```
402                         while(!add);
403                         turn_val(week,1,0x8b,4);
404                         }
405                  }
406                    if(dec == 0)
407                    {
408                         delay(3);
409                         if(dec == 0)
410                         {
411                           while(!dec);
412                           turn_val(week,0,0x8b,4);
413                         }
414                    }
415              }
416              if(s1num == 5)
417              {
418                   hour = ReadSet1302(0x85);
419                   write_com(0x80 + 0x40 + 2); //时光标
420                   if(add == 0)
421              {
422                   delay(3);
423                   if(add == 0)
424                   {
425                      while(!add);
426                      turn_val(hour,1,0x85,5);
427                   }
428                }
429                   if(dec == 0)
430                   {
431                         delay(3);
432                         if(dec == 0)
433                   {
434                        while(!dec);
435                      turn_val(hour,0,0x85,5);
436                   }
437                }
438          }
439            if(s1num == 6)//调时间:分
440              {
441                minute = ReadSet1302(0x83);
442                write_com(0x80 + 0x40 + 5);
443                if(add == 0)
444                {
```

```
445                         delay(5);
446                         if(add == 0)
447                         {
448                         while(!add);
449                         turn_val(minute,1,0x83,6);
450                         }
451                     }
452                 if(dec == 0)
453                     {
454                         delay(3);
455                         if(dec == 0)
456                           {
457                             while(!dec);
458                             turn_val(minute,0,0x83,6);
459                           }
460                     }
461                 }
462             if(s1num == 7)//调时间:秒
463                 {
464                     second = ReadSet1302(0x81);
465                     write_com(0x80 + 0x40 + 8);//秒光标
466                     if(add == 0)
467                     {
468                       delay(3);
469                       if(add == 0)
470                       {
471                         while(!add);
472                         if(second == 0x60)
473                         second = 0x00;
474                         turn_val(second,1,0x81,7);
475                           }
476                       }
477                     if(dec == 0)
478                     {
479                         delay(3);
480                         if(dec == 0)
481                     {
482                           while(!dec);
483                         turn_val(second,0,0x81,7);
484                     }
485                 }
486             }
487             if(s1num == 8)
```

```
488                         {
489                                  miao = ReadSet1302(0x81);
490                                  second = miao;
491                                  WriteSet1302(0x80,second&0x7f);
492                                  s1num = 0;//s1num 清零//
493                                  write_com(0x0c);//光标不闪烁//
494                                  break;
495                          }
496                     }
497                 }
498         }
499 }
500 void delay_18B20(unsigned int i)//延时 1μs
501 {
502        while(i--);
503 }
504 void Init_DS18B20(void)
505 {
506       unsigned char x = 0;
507       DQ = 1;                           //DQ 复位
508       delay_18B20(80);                  //稍做延时
509       DQ = 0;                           //单片机将 DQ 拉低
510       delay_18B20(800);                 //精确延时 大于 480μs
511       DQ = 1;                           //拉高总线
512       delay_18B20(140);
513       x = DQ;
514       delay_18B20(200);
515 }
516 uchar ds1820rd()   /* 读数据 */
517 {
518        uchar i = 0;
519        uchar dat = 0;
520        for (i = 8;i>0;i--)
521        {
522            DQ = 0;                      // 给脉冲信号
523            dat>>=1;
524            DQ = 1;                      // 给脉冲信号
525            if(DQ)
526            dat| = 0x80;
527            delay_18B20(40);             //40
528        }
529         return(dat);
530 }
```

```
531 void ds1820wr(uchar wdata) /* 写数据 */
532 {
533         unsigned char i = 0;
534         for (i = 8; i>0; i--)
535         {
536                 DQ = 0;
537                 DQ = wdata&0x01;
538                 delay_18B20(50); //50
539                 DQ = 1;
540                 wdata>>=1;
541         }
542 }
543 read_temp() /* 读取温度值并转换 */
544 {
545         uchar a,b;
546         Init_DS18B20();
547         ds1820wr(0xcc);                          //*跳过读序列号*/
548         ds1820wr(0x44);                          //*启动温度转换*/
549         delay_18B20(1000);
550         Init_DS18B20();
551         ds1820wr(0xcc);                          //*跳过读序列号*/
552         ds1820wr(0xbe);                          //*读取温度*/
553         delay_18B20(1000);
554         a = ds1820rd();
555         b = ds1820rd();
556         tvalue = b;
557         tvalue<<=8;
558         tvalue = tvalue|a;
559         if(tvalue<0x0fff)
560         tflag = 0;
561         else
562         {
563                 tvalue = ~tvalue + 1;
564                 tflag = 1;
565         }
566         tvalue = tvalue * (0.425);               //温度值扩大10倍,精确到1位小数
567         return(tvalue);
568 }
569 void ds1820disp()                                //温度值显示
570 {
571         uchar flagdat;
572         disdata[0] = tvalue/1000 + 0x30;         //百位数
573         disdata[1] = tvalue % 1000/100 + 0x30;   //十位数
```

```
574         disdata[2] = tvalue % 100/10 + 0x30;          //个位数
575         disdata[3] = tvalue % 10 + 0x30;              //小数位
576         if(tflag == 0)
577               flagdat = 0x20;                         //正温度不显示符号
578         else
579               flagdat = 0x2d;                         //负温度显示负号：-
580         if(disdata[0] == 0x30)
581         {
582              disdata[0] = 0x20;                       //如果百位为 0,不显示
583              if(disdata[1] == 0x30)
584              {
585              disdata[1] = 0x20;                       //如果百位为 0,十位为 0 也不显示
586               }
587         }
588       write_com(0xc9);
589       write_date(flagdat);                            //显示符号位
590       write_com(0xca);
591       write_date(disdata[0]);                         //显示百位
592       write_com(0xcb);
593       write_date(disdata[1]);                         //显示十位
594       write_com(0xcc);
595       write_date(disdata[2]);                         //显示个位
596       write_com(0xcd);
597       write_date(0x2e);                               //显示小数点
598       write_com(0xce);
599       write_date(disdata[3]);                         //显示小数位
600       write_com(0xcf);
601       write_date(℃);
602 }
603 void main()
604 {
605       init();
606       Init_DS1302();                                  //将 1302 初始化
607       Init_DS18B20();
608       read_temp();                                    //读取温度
609       ds1820disp();                                   //显示
610       while(1)
611       {
612             read_date();
613             key_scan();
614             read_temp();                              //读取温度
615             ds1820disp();                             //显示
616        }
```

617 }

八、实验思考题

如何将日期、时间调正确?

实验六　直流电机控制实验

一、实验目的

熟悉电机驱动芯片对于直流电机的控制方法。

二、实验设备及器件

(1) 硬件:计算机,单片机综合仿真实验开发板,直流电机。

(2) 软件:Keil 软件 μVision3,STC 单片机烧录工具。

三、实验内容

将直流电机的两端与 MG1 或 MG2 (L298N 的输出端口) 连接,编写一段程序,可以通过按键控制电机正反转及停止。

四、实验方法和步骤

(1) 打开 Keil3 软件,新建一个工程。新建一个 c 文件,将 c 文件添加到新建的工程中。

(2) 在 c 文件中编写程序,使电机按设定转速和转向运行。

(3) 编译程序,生成 hex 文件。打开 STC _ ISP _ V488 烧录软件,在 MCU Type 选项里选择 STC12C5A32S2,点击"打开程序文件",加载 hex 文件。点击"DownLoad/下载",按下单片机实验开发板的电源开关,等待程序下载完成。

(4) 直流电机的两端与 MG1 或 MG2 (L298N 的输出端口) 连接,观察实验现象。

五、实验预习要求

电机驱动模块电路原理图如图 8-9 所示。L298N 的使能端 ENA、ENB 分别接单片机的 P1.2 和 P1.3 引脚,L298N 的 IN1、IN2、IN3、IN4 引脚分别接至单片机的 P3.4、P3.5、P3.6、P3.7 引脚。L298N 的使能端 ENA、ENB 分别控制 IN1、IN2 和 IN3、IN4 的使能。

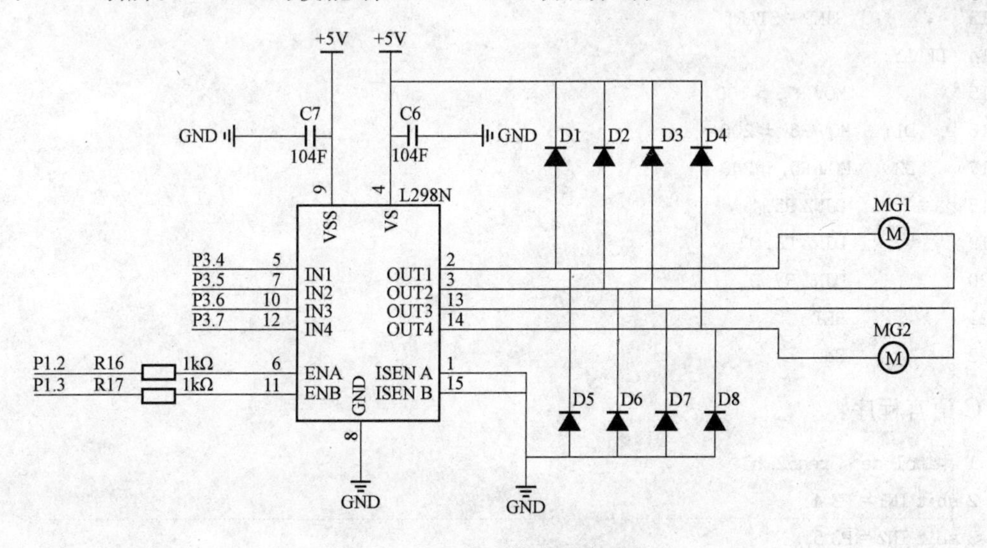

图 8-9　电机驱动模块电路原理图

L298N的逻辑功能表见表8-1。

表8-1 L298N的逻辑功能表

电机1		电机2		电机1	电机2
IN1	IN2	IN3	IN4		
1	0	1	0	正转	正转
1	0	0	1	正转	反转
1	0	1	1	正转	停
0	1	1	0	反转	正转
1	1	1	0	停	正转
0	1	0	1	反转	反转

六、实验参考程序

汇编语言程序：

```
1          ORG      0000H
2          LJMP  MAIN
3          ORG      0100H
4  MAIN:
5          MOV     SP,#60H
6  START:
7          MOV     P3,#10H
8          ACALL   DELAY
9          MOV     P3,#30H
10         ACALL   DELAY
11         MOV     P3,#20H
12         ACALL   DELAY
13         SJMP  START
14 DELAY:
15         MOV R7,#100
16    D1:  MOV R6,#200
17    D2:  MOV R5,#248
18         DJNZ R5,$
19         DJNZ R6,D2
20         DJNZ R7,D1
21         RET
22         END
```

C语言程序：

```
1 #include <reg52.h>
2 sbit IN1 = P3^4;
3 sbit IN2 = P3^5;
4 sbit IN3 = P3^6;
```

```
5 sbit IN4 = P3^7;
6 sbit ENA = P1^2;
7 sbit ENB = P1^3;
8 sbit key0 = P1^4;
9 sbit key1 = P1^5;
10 sbit key2 = P1^6;
11 #define uchar unsigned char
12 unsigned int pwm_H;
13 unsigned int pwm_L;
14 /************ 初始函数函数 ************************************/
15 /* 说明:初始化系统,调用速度设置函数前请先初始化 */
16 void delay(uchar x)
17 {uchar i,j;
18 for(i = x;i>0;i--)
19 for(j = 110;j>0;j--);}
20 /************ 速度设置函数 ************************************/
21 /* 说明:左转设置函数 */
22 void TurnLeft()
23 {
24          IN1 = 0;
25          IN2 = 1;
26          IN3 = 0;
27          IN4 = 1;
28 }
29 /************ 速度设置函数 ************************************/
30 /* 说明:右转设置函数 */
31 void TurnRight()
32 {
33          IN1 = 1;
34          IN2 = 0;
35          IN3 = 1;
36          IN4 = 0;
37 }
38 void Stop()
39 {
40          IN1 = 1;
41          IN2 = 1;
42          IN3 = 1;
43          IN4 = 1;
44 }
45 /************ 电机使能 ************************************/
46 /* 说明:右转设置函数 */
47 void MotorGo()
```

```
48 {
49          ENA = 1;
50          ENB = 1;
51 }
52  void MotorGo1()
53 {        ENA = 1;
54          ENB = 1;
55 }
56  void MotorGo2()
57 {        ENA = 1;
58          ENB = 1;
59 }
60 /*说明:主函数*/
61 void main()
62 {
63                while(1)
64     {
65                if(key0 == 0)              //正转
66             {
67                delay(10);
68                if(key0 == 0)
69                  {
70                     MotorGo();
71                     TurnLeft();
72                          }
73                              }
74                if(key1 == 0)              //反转
75              {
76                  delay(10);
77                  if(key1 == 0)
78                  {
79                    MotorGo1();
80                          TurnRight() ;
81                            }
82                                }
83                  if(key2 == 0)            //停止
84              {
85                    delay(10);
86                    if(key2 -- 0)
87                  {
88                     MotorGo2();
89                           Stop();
90                             }
```

```
91                    }
92                }
93  }
```

七、实验思考题

如何实现电机正转后10s再进行反转?

实验七 温度显示实验

一、实验目的

了解温度传感器DS18B20实时测量温度的工作原理,实现温度最大值和最小值的采集并显示在LCD屏上。

二、实验要求

掌握单片机读取DS18B20温度数据,控制字符在液晶上显示的理论知识,并能够编写相关操作函数。

三、实验设备及器件

(1) 硬件:计算机,单片机实验开发板。

(2) 软件:Keil软件 μVision3,STC单片机烧录工具。

四、实验内容

安装好LCD1602显示屏,编写一段程序,利用温度传感器DS18B20读取温度并传给LCD1602显示。通过外部触碰温度传感器可以实现显示屏上温度的变化,并记录显示到的采集到的温度最大值和最小值。温度读取显示实验流程图如图8-10所示。

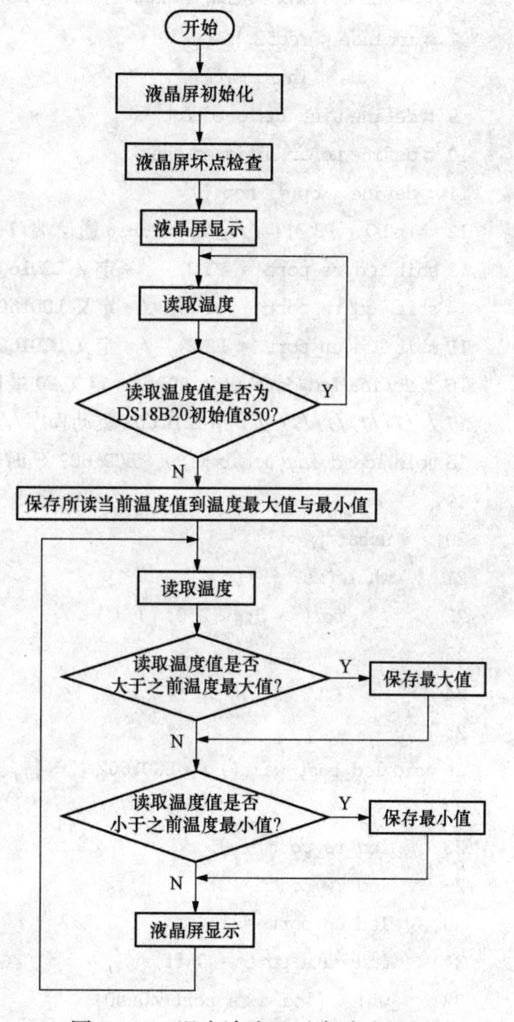

图8-10 温度读取显示实验流程图

五、实验方法和步骤

(1) 打开Keil3软件,新建一个工程。新建一个c文件,将c文件添加到新建的工程中。

(2) 在c文件中编写程序,读取DS18B20的温度值并显示在LCD1602上。

(3) 编译程序,生成hex文件。打开STC_ISP_V488烧录软件,在MCU Type选项里选择STC12C5A32S2,点击"打开程序文件",加载hex文件。点击"DownLoad/下载",按下单片机实验板的电源开关,等待程序下载完成。

(4) 观察实验现象。

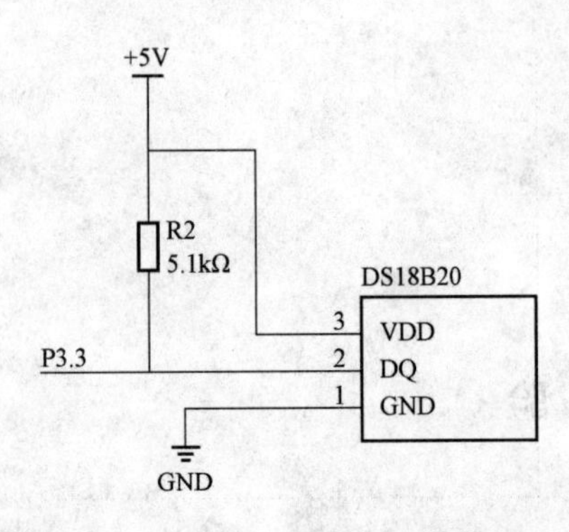

图 8-11　温度传感模块电路原理图

六、实验预习要求

温度传感模块电路原理图如图 8-11 所示，单片机的 P3.3 引脚连接 DS18B20 的数据端口 DQ。

七、实验参考程序

```
1/*******************************************
2 读取 DS18B20 温度,通过 LCD1602 显示出来
3 第一行: 实时温度值
4 第二行: 最大值和最小值
5 *******************************************/
6 /* 头文件 */
7 #include <reg52.h>
8 #include <intrins.h>
9 #define uint unsigned int
10 #define uchar unsigned char
11 #define _Nop() _nop_()
12 sbit DQ = P3^3;  //定义 DS18B20 通信端口
13 sbit lcd_rs_port = P1^0;  /* 定义 LCD1602 数据命令选择端 */
14 sbit lcd_rw_port = P1^1;  /* 定义 LCD1602 读写选择端 */
15 sbit lcd_en_port = P3^2;  /* 定义 LCD1602 使能端 */
16 #define lcd_data_port P0  /* 定义 P0 端口为 LCD1602 数据端口 */
17 //////////////以下是 LCD1602 驱动程序////////////////
18 void lcd_delay(uchar ms) /* LCD1602 延时程序 */
19 {
20     uchar j;
21     while(ms--){
22         for(j=0;j<250;j++)
23             {;}
24     }
25 }
26 void lcd_busy_wait() /* LCD1602 忙等待,读状态 */
27 {
28     lcd_rs_port = 0;
29     lcd_rw_port = 1;
30     lcd_en_port = 1;
31     lcd_data_port = 0xff;
32     while (lcd_data_port&0x80);
33     lcd_en_port = 0;
34 }
35 void lcd_command_write(uchar command) /* LCD1602 命令字写入,写命令 */
36 {
37     lcd_busy_wait();
38     lcd_rs_port = 0;
```

```
39      lcd_rw_port = 0;
40      lcd_en_port = 0;
41      lcd_data_port = command;
42      lcd_en_port = 1;
43      lcd_en_port = 0;
44 }
45 void lcd_system_reset() /*LCD1602 初始化过程(复位过程)*/
46 {
47      lcd_delay(20);
48      lcd_command_write(0x38);/*设置 16X2 显示,5X7 显示,8 位数据端口*/
49      lcd_delay(100);
50      lcd_command_write(0x38);
51      lcd_delay(50);
52      lcd_command_write(0x38);
53      lcd_delay(10);
54      lcd_command_write(0x08);/*显示关闭*/
55      lcd_command_write(0x01);/*显示清屏*/
56      lcd_command_write(0x06);/*显示光标移动设置;设定输入方式,增量不移位*/
57      lcd_command_write(0x0c);/*显示开及光标设置;整体显示,关光标,不闪烁*/
58 }
59 void lcd_char_write(uchar x_pos,y_pos,lcd_dat) /*LCD1602 字符写入*/
60 {
61      x_pos &= 0x0f; /* X位置范围 0~15 */
62      y_pos &= 0x01; /* Y位置范围 0~ 1 */
63      if(y_pos == 1) x_pos += 0x40;
64      x_pos += 0x80;
65      lcd_command_write(x_pos);
66      lcd_busy_wait();
67      lcd_rs_port = 1;
68      lcd_rw_port = 0;
69      lcd_en_port = 0;
70      lcd_data_port = lcd_dat;
71      lcd_en_port = 1;
72      lcd_en_port = 0;
73 }
74 void lcd_bad_check() /*LCD1602 坏点检查*/
75 {
76      char i,j;
77      for(i = 0;i<2;i++){
78          for(j = 0;j<16;j++) {
79              lcd_char_write(j,i,0xff);
80              }
81          }
```

```
82     lcd_delay(200);
83     lcd_delay(200);
84         lcd_delay(200);
85         lcd_delay(100);
86         lcd_delay(200);
87     lcd_command_write(0x01); /*显示清屏*/
88 }
89 //////////////////以上是LCD1602驱动程序////////////////
90 //////////////////以下是DS18B20驱动程序////////////////
91 //延时函数
92 void delay(unsigned int i)
93 {
94         while(i--);
95 }
96 /*初始化函数 1. 单片机拉低总线480~950μs, 然后释放总线(拉高电平); 2. 这时DS18B20会拉低
   信号,大约60~240μs表示应答; 3. DS18B20拉低电平的60~240μs, 单片机读取总线的电平,如果
   是低电平, 那么表示复位成功; 4. DS18B20拉低电平60~240μs之后,会释放总线*/
97 Init_DS18B20(void)
98 {
99          unsigned char x=0;
100         DQ = 1; //DQ复位
101         delay(80); //稍做延时
102         DQ = 0; //单片机将DQ拉低
103         delay(800); //精确延时大于480μs
104         DQ = 1; //拉高总线
105         delay(140);
106         x=DQ; //稍做延时后,若x=0则初始化成功,若x=1则初始化失败
107         delay(200);
108         return 1;}
109 /*读一个字节, DS18B20读逻辑1的步骤如下: 1. 在读取时单片机拉低电平大约1μs;2. 单片机释
    放总线,然后读取总线电平; 3. 这时DS18B20会拉高电平; 4. 读取电平过后,延迟大约40~
    45μs*/
110 ReadOneChar(void)
111 {
112         unsigned char i=0;
113         unsigned char dat = 0;
114         for (i=8;i>0;i--){
115                 DQ = 0; // 给脉冲信号
116                 dat>>=1;
117                 DQ = 1; // 给脉冲信号
118                 if(DQ)  dat|=0x80;//按位或(有1为1)
119                 delay(40);
120                 }
```

```
121         return(dat);
122 }
123 //写一个字节
124 WriteOneChar(unsigned char dat)
125 {
126         unsigned char i = 0;
127         for (i = 8; i>0; i - - ){
128                     DQ = 0;
129                     DQ = dat&0x01;
130                     delay(50);
131                     DQ = 1;
132                     dat>> = 1;
133                     }
134  return 1;   }
135 //读取温度
136 ReadTemperature(void)
137 {
138         unsigned char a = 0;
139         unsigned char b = 0;
140         unsigned int t = 0;
141         float tt = 0;
142         Init_DS18B20();
143         WriteOneChar(0xCC); /* 跳过读序号列号的操作 */
144         WriteOneChar(0x44); /*启动温度转换 */
145         delay(1000);
146         Init_DS18B20();
147         WriteOneChar(0xCC); /*跳过读序号列号的操作 */
148         WriteOneChar(0xBE); /*读取温度寄存器等(共可读 9 个寄存器) 前两个就是温度 */
149         a = ReadOneChar();
150         b = ReadOneChar();
151         t = b;
152         t<< = 8;
153         t = t|a;
154         tt = t * 0.0625; //将温度的高位与低位合并
155         t = tt * 10 + 0.5; //对结果进行 4 舍 5 入
156         return(t);
157 }
158 //////////////////以上是 DS18B20 驱动程序////////////////
159 /* 定义数字 ascii 编码 */
160 unsigned char mun_char_table[] = {"0123456789abcdef"};
161 unsigned char temp_table[] = {"Temp:   . 'C" };
162 unsigned char temp_high_low[] = {" H:   .   L:   .   " };
163 /* 1ms 为单位的延时程序 */
164 void delay_1ms(uchar x)
165 {
166     uchar j;
```

```
167     while(x--){
168         for(j=0;j<125;j++)
169               {;}
170         }
171 }
172 /*主函数*/
173  main()
174 {
175       unsigned int i=0,j=0;
176       unsigned int temp_high;
177       unsigned int temp_low;
178       lcd_system_reset(); /*LCD1602 初始化*/
179       lcd_bad_check(); /*LCD1602 坏点检查*/
180       for (i=0;i<12;i++) lcd_char_write(i,0,temp_table[i]);
181       for (i=0;i<16;i++) lcd_char_write(i,1,temp_high_low[i]);
182       i=ReadTemperature(); /*读取当前温度*/
183       while(i==850)
184       {
185                   i=ReadTemperature(); /*读取当前温度*/
186       }
187       temp_high = i;
188       temp_low = i;
189       while(1)
190       {
191           i=ReadTemperature(); //读取当前温度
192           if(temp_high<i) temp_high=i;
193           if(temp_low>i)  temp_low=i;
194           lcd_char_write(6,0,mun_char_table[i/100]); /*将温度显示出来*/
195           lcd_char_write(7,0,mun_char_table[i%100/10]);
196           lcd_char_write(9,0,mun_char_table[i%10]);
197           lcd_char_write(2,1,mun_char_table[temp_high/100]);/*显示最高温度*/
198           lcd_char_write(3,1,mun_char_table[temp_high%100/10]);
199           lcd_char_write(5,1,mun_char_table[temp_high%10]);
200           lcd_char_write(10,1,mun_char_table[temp_low/100]);/*显示最低温度*/
201           lcd_char_write(11,1,mun_char_table[temp_low%100/10]);
202           lcd_char_write(13,1,mun_char_table[temp_low%10]);
203           delay_1ms(100);
204        }
205 }
```

八、实验思考题

如何通过改变程序使液晶屏上采集的温度显示平均值？

实验八 Zigbee模块发送/接收实验

一、实验目的

熟悉 Zigbee 模块的传输数据功能。

二、实验要求

使用单片机实验开发板上的 Zigbee 模块，编写程序实现一块单片机实验板上采集的温度信息传输至另一块单片机实验板。

三、实验设备及器件

（1）硬件：计算机，单片机实验开发板，Zigbee 模块。

（2）软件：Keil 软件 μVision3，STC 单片机烧录工具。

四、实验内容

编写并调试一段发送程序和一段接收程序，分别下载至两块都安装有 Zigbee 模块的单片机。一块用于发送 DS18B20 温度传感器采集到的温度信息，另一块用于实时接收温度信息并将其显示在 LCD 显示屏上。发送/接收实验流程图如图 8-12 和图 8-13 所示。

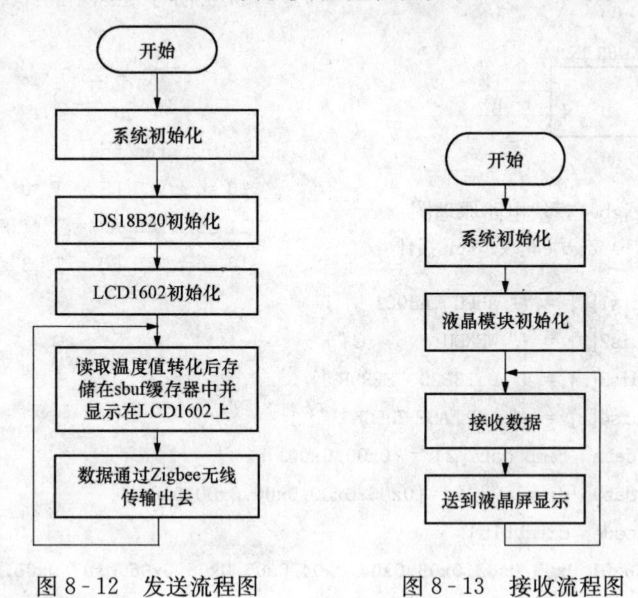

图 8-12 发送流程图　　图 8-13 接收流程图

五、实验方法和步骤

（1）编写一个发送程序和一个接收程序。发送程序用于发送 DS18B20 温度传感器采集到的温度信息，接收程序用于实时接收温度信息并将其显示在 LCD 显示屏上。

（2）编译程序，生成 hex 文件。打开 STC _ ISP _ V488 烧录软件，在 MCU Type 选项里选择 STC12C5A32S2，点击“打开程序文件”，加载 hex 文件。分别将两个程序下载至两块单片机实验板。

（3）将两块 Zigbee 模块分别安装在实验板上，每块实验板用跳帽或杜邦线将 HEADER 2X2 的 RX 和 RX1，TX 和 TX1 相连。观察实验现象。

六、实验预习要求

Zigbee 模块电路原理图如图 8-14 所示。Zigbee 芯片的 DATA、RUN、NET、

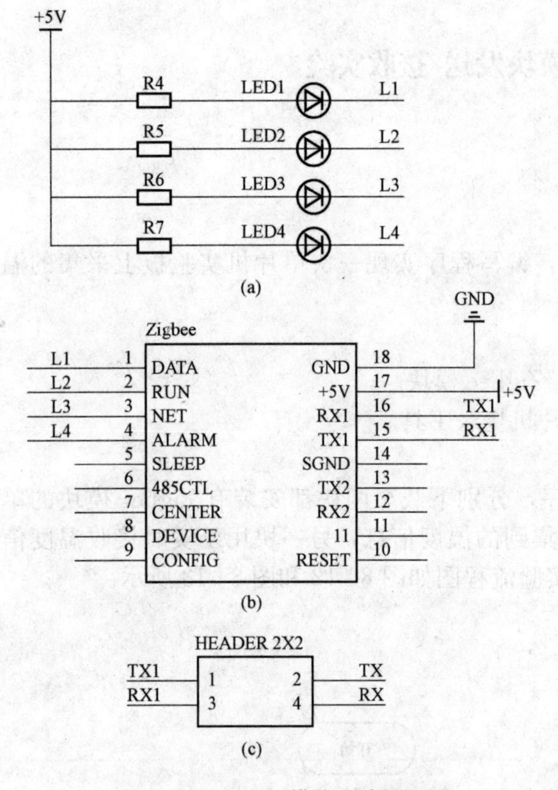

图 8-14 Zigbee模块电路原理图

(a) 指示灯；(b) Zigbee模块；(c) 插针

ALARM引脚和电源之间各接一个指示灯，以显示 Zigbee 模块的工作状态，Zigbee 芯片的 RX1 和 TX1 引脚通过跳帽或者杜邦线可以与单片机的 TX 和 RX 相连，完成 Zigbee 模块与单片机之间的通信。

七、实验参考程序

发送程序：

```
1 #include<reg52.h>
2 #include<string.h> //后面有一个比较函数
3 #include < intrins.h >
4 #define uchar unsigned char
5 #define uint unsigned int
6 uchar recive;
7 uchar   idata str[6] = {0x39,0x00,0x00,0x00,0x00,0x39};
8 sbit DQ = P3^3 ;              //定义 DS18B20 端口 DQ
9 bit presence;
10 sbit LCD_RS = P1^0 ;
11 sbit LCD_RW = P1^1 ;
12 sbit LCD_EN = P3^2 ;
13 uchar code  cdis1[ ] = {" AHPU  A3001 "} ;
14 uchar code  cdis2[ ] = {" WENDU:    .  C "} ;
15 uchar code  cdis3[ ] = {" DS18B20  ERROR "} ;
16 uchar code  cdis4[ ] = {"  PLEASE CHECK   "} ;
17 unsigned char data  temp_data[2] = {0x00,0x00} ;
18 unsigned char data  display[5] = {0x00,0x00,0x00,0x00,0x00} ;
19 unsigned char code  ditab[16]
  = {0x00,0x01,0x01,0x02,0x03,0x03,0x04,0x04,0x05,0x06,0x06,0x07,0x08,0x08,0x09,0x09} ;
20 void beep() ;
21 unsigned char code  mytab[8] = {0x0C,0x12,0x12,0x0C,0x00,0x00,0x00,0x00} ;
22 void delayNOP(int us)
23 {
24          unsigned char x;
25    while(us--)
26    {
27            for(x=0;x<4;x++)
28         {
29               _nop_() ;
30               _nop_() ;
31               _nop_() ;
```

```
32                   _nop_();
33               }
34           }
35 }
36 /*************************************************************************/
37 void delay1(int ms)
38 {
39       unsigned char y;
40       while(ms--)
41       {
42            for(y = 0; y<250; y++)
43            {
44                   _nop_();
45                   _nop_();
46                   _nop_();
47                   _nop_();
48            }
49       }
50 }
51 /*************************************************************************/
52 /*检查LCD忙状态*/
53 /*lcd_busy为1时表示忙,等待.lcd-busy为0时表示闲,可写指令与数据.*/
54 /*************************************************************************/
55 bit lcd_busy()
56 {
57         bit result;
58         LCD_RS = 0;
59         LCD_RW = 1;
60          LCD_EN = 1;
61          delayNOP(100);
62          result = (bit)(P0&0x80);
63          LCD_EN = 0;
64         return(result);
65 }
66 /*写指令数据到LCD*/
67 /*RS=L,RW=L,E=高脉冲,D0-D7=指令码.*/
68 /*************************************************************************/
69 void lcd_wcmd(uchar cmd)
70 {
71         while(lcd_busy());
72         LCD_RS = 0;
73         LCD_RW = 0;
74         LCD_EN = 0;
```

```
75          _nop_() ;
76          _nop_() ;
77          P0 = cmd ;
78          delayNOP(100) ;
79          LCD_EN = 1 ;
80          delayNOP(100) ;
81          LCD_EN = 0 ;
82 }
83 /*****************************************************************/
84 /*写显示数据到 LCD */
85 /* RS = H,RW = L,E = 高脉冲,D0 - D7 = 数据. */
86 /*****************************************************************/
87 void lcd_wdat(uchar dat)
88 {
89          while(lcd_busy()) ;
90          LCD_RS = 1 ;
91          LCD_RW = 0 ;
92          LCD_EN = 0 ;
93          P0 = dat ;
94          delayNOP(100) ;
95          LCD_EN = 1 ;
96          delayNOP(100) ;
97          LCD_EN = 0 ;
98 }
99 /*   LCD 初始化设定 */
100 /*****************************************************************/
101 void lcd_init()
102 {
103         delay1(150) ;
104         lcd_wcmd(0x01) ;        //清除 LCD 的显示内容
105         lcd_wcmd(0x38) ;        //16 * 2 显示,5 * 7 点阵,8 位数据
106         delay1(50) ;
107         lcd_wcmd(0x38) ;
108         delay1(50) ;
109         lcd_wcmd(0x38) ;
110         delay1(50) ;
111         lcd_wcmd(0x0c) ;        //显示开,关光标
112         delay1(50) ;
113         lcd_wcmd(0x06) ;        //移动光标
114         delay1(50) ;
115         lcd_wcmd(0x01) ;        //清除 LCD 的显示内容
116         delay1(50) ;
117 }
```

```
118 /* 设定显示位置 */
119 /*********************************************************************/
120 void lcd_pos(uchar pos)
121 {
122         lcd_wcmd(pos | 0x80) ;  //数据指针=80+地址变量
123 }
124 /* 自定义字符写入CGRAM */
125 /*********************************************************************/
126 void  writetab()
127 {
128        unsigned char i ;
129        lcd_wcmd(0x40) ;          //写CGRAM
130        for (i = 0;i<8;i++)
131        lcd_wdat(mytab[i]) ;
132 }
133 /* μs级延时函数 */
134 /*********************************************************************/
135 void Delay(unsigned int num)
136 {
137         while( --num ) ;
138 }
139 /* 初始化ds1820 */
140 /*********************************************************************/
141 Init_DS18B20(void)
142 {
143         DQ = 1 ;                  //DQ复位
144         Delay(80) ;               //稍做延时
145         DQ = 0 ;                  //单片机将DQ拉低
146         Delay(800) ;              //精确延时,大于480μs
147         DQ = 1 ;                  //拉高总线
148         Delay(140) ;
149         presence = DQ ;           //如果为0则初始化成功,为1则初始化失败
150         Delay(200) ;
151         DQ = 1 ;
152         return(presence) ;        //返回信号,0=presence,1= no presence
153 }
154 /* 读一个字节 */
155 /*********************************************************************/
156 ReadOneChar(void)
157 {
158         unsigned char i = 0 ;
159         unsigned char dat = 0 ;
160         for (i = 8 ; i > 0 ; i--)
```

```
161  {
162      DQ = 0 ;                                    //给脉冲信号
163           dat >> = 1 ;
164      DQ = 1 ;                                    //给脉冲信号
165      if(DQ)
166           dat | = 0x80 ;
167      Delay(40) ;
168   }
169      return (dat) ;
170   }
171 /* 写一个字节 */
172 /*************************************************************************/
173  WriteOneChar(unsigned char dat)
174 {
175          unsigned char i = 0 ;
176          for (i = 8 ; i > 0 ; i- - )
177     {
178          DQ = 0 ;
179          DQ = dat&0x01 ;
180          Delay(50) ;
181          DQ = 1 ;
182          dat>> =1 ;
183     }
184  }
185 /* 读取温度 */
186 /*************************************************************************/
187 Read_Temperature(void)
188 {
189          Init_DS18B20() ;
190          WriteOneChar(0xCC) ;                    //跳过读序号列号的操作
191          WriteOneChar(0x44) ;                    //启动温度转换
192          Delay(1000);
193          Init_DS18B20();
194          WriteOneChar(0xCC) ;                    //跳过读序号列号的操作
195          WriteOneChar(0xBE) ;                    //读取温度寄存器
196          temp_data[0] = ReadOneChar() ;          //温度低8位
197          temp_data[1] = ReadOneChar() ;          //温度高8位
198  }
199 /* 数据转换与温度显示 */
200 /*************************************************************************/
201 Disp_Temperature()
202 {
203          display[4] = temp_data[0]&0x0f ;
```

```
204         display[0] = ditab[display[4]] + 0x30 ;          //查表得小数位的值
205         display[4] = ((temp_data[0]&0xf0)>>4)|((temp_data[1]&0x0f)<<4) ;
206         display[3] = display[4]/100 + 0x30 ;
207         display[1] = display[4] % 100 ;
208         display[2] = display[1]/10 + 0x30 ;
209         display[1] = display[1] % 10 + 0x30 ;
210         if(display[3] == 0x30)                            //高位为 0,不显示
211     {
212         display[3] = 0x20 ;
213         if(display[2] == 0x30)                            //次高位为 0,不显示
214         display[2] = 0x20 ;
215     }
216     lcd_pos(0x48) ;
217     lcd_wdat(display[3]) ;                                //百位数显示
218     lcd_pos(0x49) ;
219     lcd_wdat(display[2]) ;                                //十位数显示
220     lcd_pos(0x4a) ;
221     lcd_wdat(display[1]) ;                                //个位数显示
222     lcd_pos(0x4c) ;
223     lcd_wdat(display[0]) ;                                //小数位数显示
224         str[1] = display[3];
225         str[2] = display[2];
226         str[3] = display[1];
227         str[4] = display[0];
228 }
229 /* DS18B20 OK 显示菜单 */
230 /*******************************************************************/
231  void  Ok_Menu ()
232 {
233         uchar  m ;
234         lcd_init() ;                                      //初始化 LCD
235         lcd_pos(0) ;                                      //设置显示位置为第一行的第 1 个字符
236         m = 0;
237  while(cdis1[m] != '\0')
238 {                                                         //显示字符
239         lcd_wdat(cdis1[m]) ;
240         m++ ;
241 }
242  lcd_pos(0x40) ;                                          //设置显示位置为第二行第 1 个字符
243  m = 0 ;
244  while(cdis2[m] != '\0')
245 {
246         lcd_wdat(cdis2[m]) ;                              //显示字符
```

```
247         m++;
248 }
249 writetab();                                  //自定义字符写入CGRAM
250 delay1(50);
251 lcd_pos(0x4d);
252 lcd_wdat(0x00);                              //显示自定义字符
253 }
254 /* DS18B20 ERROR 显示菜单 */
255 /*********************************************************************/
256 void  Error_Menu()
257 {
258       uchar  m;
259       lcd_init();                            //初始化LCD
260       lcd_pos(0);                            //设置显示位置为第一行的第1个字符
261       m=0;
262       while(cdis3[m]!='\0')
263       {                                      //显示字符
264             lcd_wdat(cdis3[m]);
265        m++;
266       }
267             lcd_pos(0x40);                   //设置显示位置为第二行第1个字符
268             m = 0;
269       while(cdis4[m]!='\0')
270       {
271             lcd_wdat(cdis4[m]);              //显示字符
272       m++;
273        }
274 }
275 void init()                                  //初始化uart
276 {
277          TMOD=0X20; /*定时器1定时方式,工作模式2,可自动重载的8位计数器
278                      常把定时器/计数器1以模式2作为串行口波特率发生器*/
279          SCON=0X51;                          //选择工作模式1使能接收,允许发送,允许接收
280          EA=1;                               //开总中断
281          ES=1;                               //打开串口中断
282          ET1=0;                              //打开定时器中断
283          PCON=0X80;                          //8位自动重载,波特率加倍
284          TH1=0XFA;                           //用22.1184 MHz波特率
285          TL1=0XFA;
286          TR1=1;                              //打开定时器
287 }
288 void UART_Putch(uchar idata *dat)  //输出一个字符
289 {
```

```
290         uchar i;
291         for(i=0;i<6;i++)
292         {
293               SBUF=dat[i];        //将数据送给 sbuf 缓存器中
294               while(TI!=1);   /*发送标志位 TI 如果发送了为 1,没发送为 0,没发送等待,到了
                                         退出循环*/
295               TI=0;               //到了,TI 清为 0
296         }
297 }
298 void init1() interrupt 4          //uart 中断,4 为串口中断
299 {
300          if(RI==1)                //收到数据
301          {
302                      recive=SBUF;
303                      if(recive==0x23)
304                      {
305                                UART_Putch(str);
306                                RI=0;
307                 }
308                 else
309                 {
310                           RI=0;
311                 }
312          }
313 }
314 void main()
315 {
316          init();
317          Init_DS18B20();
318          Ok_Menu();
319          while(1)
320          {
321                 UART_Putch(str);
322                 delay1(50);
323                 Read_Temperature();
324                 Disp_Temperature();
325          }
326 }
```

接收程序：

```
1 #include<reg51.h>
2 #include<intrins.h>
3 #include<string.h> //后面有一个比较函数
```

```
4 #define uchar unsigned char
5 #define uint  unsigned int
6 uchar recive;
7 uchar count = 0;
8 bit  UART_Flag = 0;                                         //定义串行端口接收标志位
9 uchar  idata rec[6] = {0x00,0x00,0x00,0x00,0x00,0x00}; //接收上位机数据
10 sbit Secce = P2^0;
11 sbit Fail = P2^1;
12 sbit SendErr = P2^2;
13 uchar a ;
14 uchar code  cdis2[ ] = {"Temperature:  C"} ;
15 /*******************************************************
16 位端口定义
17 *******************************************************/
18 sbit LCD_RS = P1^0 ;
19 sbit LCD_RW = P1^1 ;
20 sbit LCD_EN = P3^2 ;
21 unsigned char h;
22 void delayNOP(int us)
23 {
24         unsigned char x;
25         while(us--)
26         {
27                 for(x = 0;x<4;x++)
28                 {
29                         _nop_() ;
30                         _nop_() ;
31                         _nop_() ;
32                         _nop_() ;
33                 }
34         }
35 }
36 /****************************************************************/
37 void delay1(int ms)
38 {
39         unsigned char y ;
40         while(ms--)
41         {
42                 for(y = 0 ; y<250 ; y++)
43                 {
44                         _nop_() ;
45                         _nop_() ;
46                         _nop_() ;
```

```
47                          _nop_() ;
48                  }
49          }
50 }
51 /*************************************************************/
52 /* 检查 LCD 忙状态                                          */
53 /* lcd_busy 为 1 时表示忙,等待. lcd - busy 为 0 时表示闲,可写指令与数据.   */
54 /*************************************************************/
55 bit lcd_busy()
56 {
57              bit result ;
58              LCD_RS = 0 ;
59              LCD_RW = 1 ;
60              LCD_EN = 1 ;
61              delayNOP(100) ;
62              result = (bit)(P0&0x80) ;
63              LCD_EN = 0 ;
64              return(result) ;
65  }
66 /* 写指令数据到 LCD */
67 /* RS = L,RW = L,E = 高脉冲,D0 - D7 = 指令码 */
68 /*************************************************************/
69 void lcd_wcmd(uchar cmd)
70 {
71          while(lcd_busy()) ;
72          LCD_RS = 0 ;
73          LCD_RW = 0 ;
74          LCD_EN = 0 ;
75          _nop_() ;
76          _nop_() ;
77          P0 = cmd ;
78          delayNOP(100) ;
79          LCD_EN = 1 ;
80          delayNOP(100) ;
81          LCD_EN = 0 ;
82 }
83 /*************************************************************/
84 /* 写显示数据到 LCD                          */
85 /* RS = H,RW = L,E = 高脉冲,D0 - D7 = 数据.       */
86 /*************************************************************/
87 void lcd_wdat(uchar dat)
88 {
89          while(lcd_busy()) ;
```

```
90        LCD_RS = 1 ;
91        LCD_RW = 0 ;
92        LCD_EN = 0 ;
93        P0 = dat ;
94        delayNOP(100) ;
95        LCD_EN = 1 ;
96        delayNOP(100) ;
97        LCD_EN = 0 ;
98 }
99 void lcd_pos(uchar pos)
100 {
101        lcd_wcmd(pos | 0x80) ;  //数据指针 = 80 + 地址变量
102 }
103 /*   LCD 初始化设定 */
104 /*************************************************************/
105 void lcd_init()
106 {
107       delay1(150) ;
108       lcd_wcmd(0x01) ;         //清除 LCD 的显示内容
109       lcd_wcmd(0x38) ;         //16*2 显示,5*7 点阵,8 位数据
110       delay1(50) ;
111       lcd_wcmd(0x38) ;
112       delay1(50) ;
113        lcd_wcmd(0x38) ;
114        delay1(50) ;
115        lcd_wcmd(0x0c) ;        //显示开,关光标
116        delay1(50) ;
117        lcd_wcmd(0x06) ;        //移动光标
118        delay1(50) ;
119        lcd_wcmd(0x01) ;        //清除 LCD 的显示内容
120        delay1(50) ;
121 }
122 /**************************************************
123                    串口初始化
124 **************************************************/
125 void Init_com()
126 {
127          TMOD = 0X20;  /* 定时器 1 定时方式,工作模式 2,可自动重载的 8 位计数器常把定时器/计
                        数器 1 以模式 2 作为串行端口波特率发生器 */
128          SCON = 0X51;          //选择工作模式 1 使能接收,允许发送,允许接收
129          EA = 1;               //开总中断
130          ES = 1;               //打开串行端口中断
131          ET1 = 0;              //打开定时器中断
```

```
132         PCON = 0X80;            //8位自动重载,波特率加倍
133         TH1 = 0XFA;
134         TL1 = 0XFA;
135         TR1 = 1;                //打开定时器
136         count = 0;
137 }
138 void  xianshi(uchar idata * dat)
139 {
140         lcd_pos(12) ;
141         lcd_wdat(dat[2]);
142         lcd_pos(13) ;
143         lcd_wdat(dat[3]);
144 }
145  /**********************************************************
146                     发送数据函数
147 **********************************************************/
148 void senddata(unsigned char dat)
149 {
150       SBUF = dat;
151       while(!TI);               //等待数据发送完毕,向主机发送 0x22,命令主机开始发送数据
152       TI = 0;
153 }
154 void main()
155 {
156         lcd_init();             //初始化 1602
157         Init_com();             //初始化串口
158         rec[2] = '0';
159         rec[3] = '0';
160         while(1)
161         {
162                 lcd_pos(0) ;
163                 lcd_wdat(cdis2[0]);
164                 lcd_pos(1) ;
165                 lcd_wdat(cdis2[1]);
166                 lcd_pos(2) ;
167                 lcd_wdat(cdis2[2]);
168                 lcd_pos(3) ;
169                 lcd_wdat(cdis2[3]);
170                 lcd_pos(4) ;
171                 lcd_wdat(cdis2[4]);
172                 lcd_pos(5) ;
173                 lcd_wdat(cdis2[5]);
174                 lcd_pos(6) ;
```

```
175             lcd_wdat(cdis2[6]);
176             lcd_pos(7) ;
177             lcd_wdat(cdis2[7]);
178             lcd_pos(8) ;
179             lcd_wdat(cdis2[8]);
180             lcd_pos(9) ;
181             lcd_wdat(cdis2[9]);
182             lcd_pos(10) ;
183             lcd_wdat(cdis2[10]);
184             lcd_pos(11) ;
185             lcd_wdat(cdis2[11]);
186             lcd_pos(14) ;
187             lcd_wdat(cdis2[14]);
188             xianshi(rec);
189             delay1(100);
190         }
191 }
192 /*****************************************************
193                 串行中断服务函数
194 *****************************************************/
195 void init1() interrupt 4        //uart 中断,4 为串行端口中断
196 {
197         if(RI == 1)             //收到数据
198         {
199                 rec[count] = SBUF;
200                 if(count == 0x00)
201                 {
202                         if(rec[count] == 0x39)
203                         {
204                                 RI = 0;
205                                 count = count + 1;
206                         }
207                 else
208                     {
209                                 RI = 0;
210                                 count = 0;
211                         }
212                 }
213             else if (count == 0x05)//判断 6 个数是否发完
214             {
215                 if(rec[count] == 0x39)
216                   {
217                         RI = 0;
```

```
218                }
219                    count = 0;
220            }
221            else
222            {
223                count = count + 1;
224                RI = 0;
225            }
226        }
227 }
```

八、实验思考题

如何实现温度超高报警？

实验九　多路温度无线检测实验

一、实验目的

熟悉 Zigbee 模块的数据传输功能和 DS18B20 的温度采集功能。

二、实验要求

使用单片机实验开发板上的 ZigBee 模块编写程序，实现三块单片机实验开发板上采集的温度信息传输至另一块单片机实验板。实验功能示意图如图 8-15 所示。

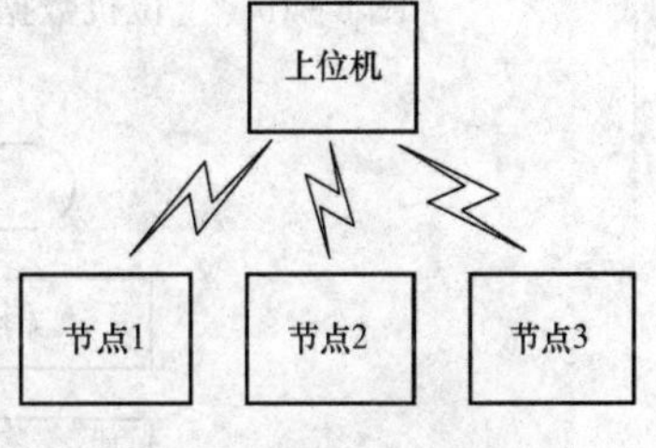

图 8-15　实验功能示意图

三、实验设备及器件

(1) 硬件：计算机，单片机实验开发板，Zigbee 模块。

(2) 软件：Keil 软件 μVision3，STC 单片机烧录工具。

四、实验内容

编写并调试三段发送程序和一段接收程序，分别下载至四块都安装有 Zigbee 模块的单片机。其中，三块用于发送 DS18B20 温度传感器采集到的温度信息，另一块用于实时接收温度信息并将其显示在 LCD 显示屏上，并且任何一路温度过高会产生超温报警。上、下位机数据传输流程图如图 8-16 和图 8-17 所示。

实验流程如图 8-18 所示。

五、实验方法和步骤

(1) 编写三段发送程序和一段接收程序。发送程序用于发送 DS18B20 温度传感器采集到的温度信息，接收程序用于实时接收温度信息并将其显示在 LCD 显示屏上。

(2) 编译程序，生成 hex 文件。打开 STC_ISP_V488 烧录软件，在 MCU Type 选项里选择 STC12C5A32S2，点击“打开程序文件”，加载 hex 文件。分别将两个程序下载至两块单片机实验板。

(3) 将两块 Zigbee 模块分别安装在实验板上。每块实验板用跳帽或杜邦线将 HEADER 2X2 的 RX 和 RX1、TX 和 TX1 相连。观察实验现象。

六、实验预习要求

Zigbee 模块电路原理图如图 8-19 所示。Zigbee 芯片的 DATA、RUN、NET、ALARM 引

脚和电源之间各接一个指示灯，以显示 Zigbee 模块的工作状态。Zigbee 芯片的 RX1 和 TX1 引脚通过跳帽或者杜邦线可以与单片机 TX 和 RX 相连，完成 Zigbee 模块与单片机之间的通信。

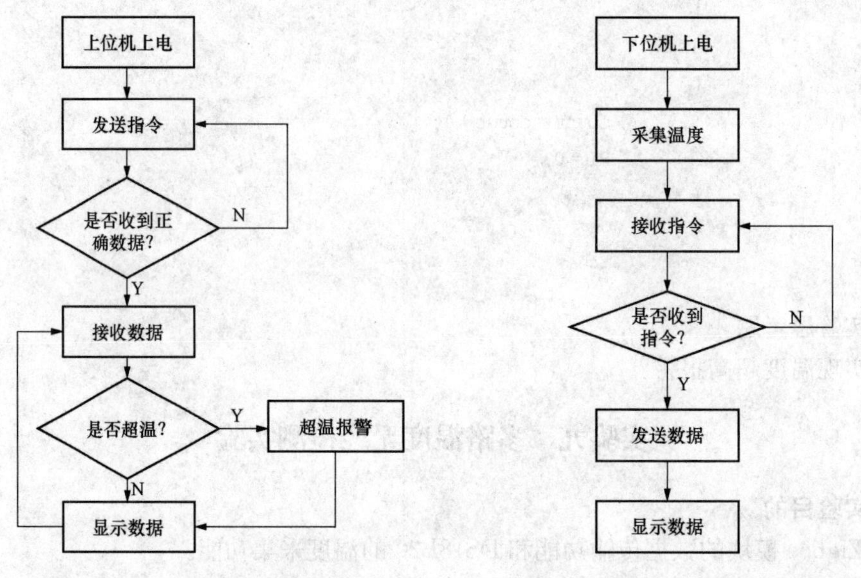

图 8-16　上位机数据传输流程图　　　图 8-17　下位机数据传输流程图

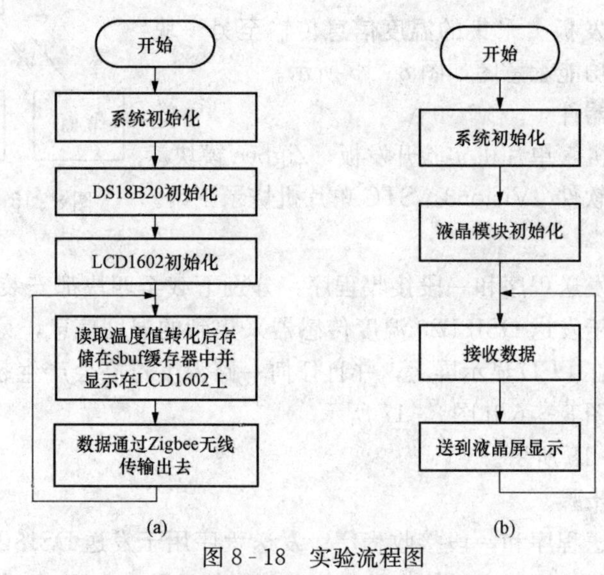

图 8-18　实验流程图

（a）发送端流程图；（b）接收端流程图

扫一扫

多路温度无线检测实验参考程序

七、实验思考题

1. 如何实现改变报警阈值？
2. 如何实现温度超出阈值，报警方式的改变？

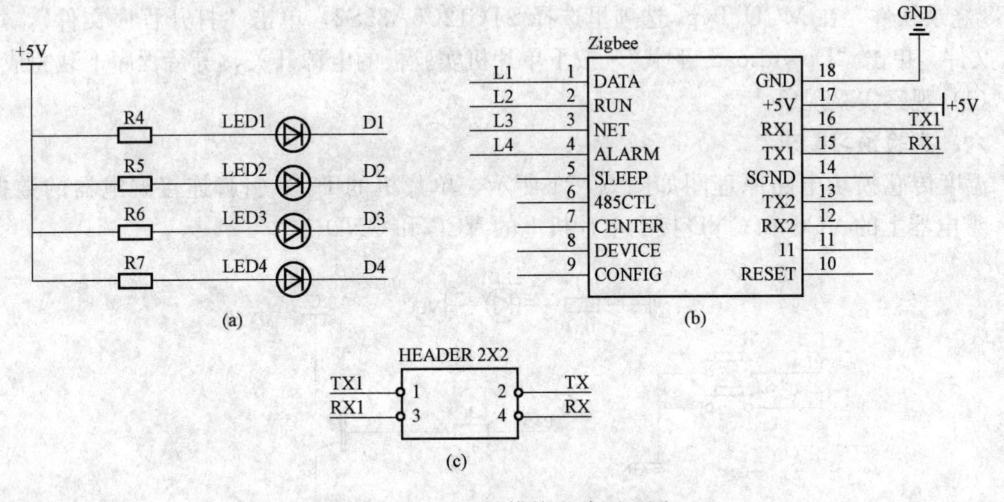

图8-19　Zigbee模块电路原理图

(a) 指示灯；(b) Zigbee模块；(c) 插针

实验十　继电器实验

一、实验目的

利用开发板上的按键的按下和松手来控制继电器的闭合和断开，从而起到控制发光二极管亮灭的目的。

二、实验要求

掌握单片机控制开发板按键，并通过按键打开和闭合继电器的理论知识，并能够编写相关操作程序。

三、实验设备及器件

(1) 硬件：计算机，单片机综合仿真实验板，继电器，发光二极管一个。

(2) 软件：Keil 软件 μVision3、STC 单片机烧录工具。

四、实验内容

安装好继电器，编写一段程序，利用开发板按键控制继电器，通过按键的按下和松开来控制继电器的闭合和断开，来控制发光二极管的亮灭。并记录所观察到的实验现象。实验显示流程如图8-20所示。

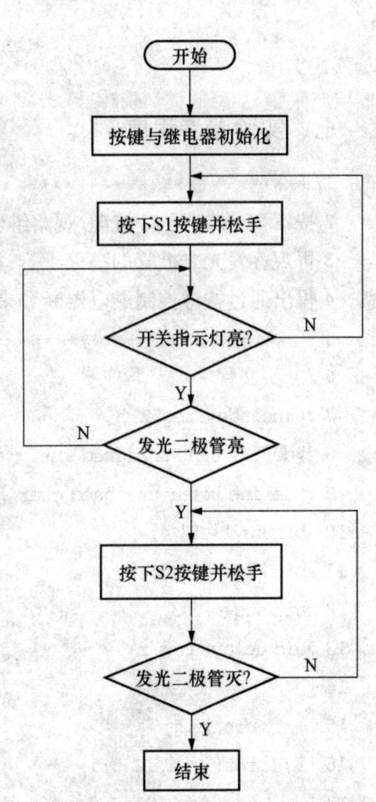

图8-20　继电器实验流程

五、实验方法和步骤

(1) 打开 Keil3 软件，新建一个工程。新建一个 c 文件，将 c 文件添加到新建的工程中。

(2) 在 c 文件中编写程序，按下 S1 和 S2 按键来显示继电器的关闭和断开。

(3) 编译程序，生成 hex 文件。打开 STC _ ISP _

V488烧录软件，在MCU Type选项里选择STC12C5A32S2，单击“打开程序文件”，加载hex文件。单击“DownLoad/下载”，按下单片机实验板的电源开关，等待程序下载完成。

（4）观察实验现象。

六、实验预习要求

温度传感模块电路原理图如图8-21所示，单片机的P3.3引脚连接继电器的数据口IN，继电器上的VCC和GND接到单片机上的VCC和GND。

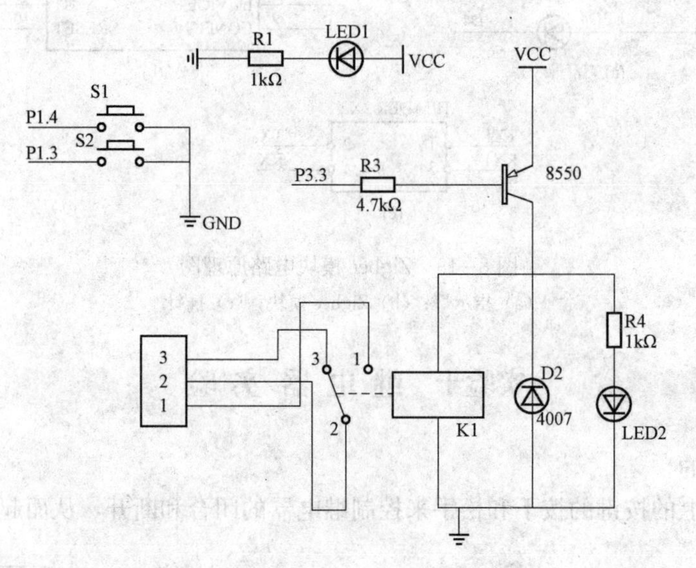

图8-21　继电器模块电路原理图

七、实验参考程序

```
 1/***********************************************
 2 按下S1和松开S2按键,观察继电器的闭合
 3 再观察发光二极管的亮灭
 4 得出通过按键控制继电器断和来控制发光二极管亮灭的结论
 5 ***********************************************/
 6 /*头文件*/
 7 #include<reg52.h>
 8 #define uint unsigned int
 9 #define uchar unsigned char
10 sbit key1 = P1^4;
11 sbit key2 = P1^5;
12 sbit jdq = P3^3;
13 void delay(uint z)
14 {
15       uint i,j;
16       for(i = z;i>0;i--)
17       for(j = 110;j>0;j--);
18 }
```

```
19 void main()
20 {
21      key1 = 1;                   //键盘1没按下时
22      jdq = 1;                    //让继电器关闭
23      key2 = 1;                   //键盘2没按下时
24      jdq = 1;                    //让继电器关闭
25      while(1)
26      {
27          if(!key1)               //判断键盘1是否被按下,按下则执行以下语句
28      {
29           delay(50);             //消除抖动
30           if(!key1)              //再次判断键盘1是否被按下,按下则执行以下语句
31           {
32               while(!key1);      //判断是否松手,如果松手则执行以下语句
33               jdq = 0;           //打开继电器
34           }
35      }
36               if(!key2)
37           {
38               delay(50);
39               if(!key2)
40            {
41               while(!key2);
42                   jdq = 1;
43            }
44        }
45    }
46 }
```

八、实验思考题

如何通过改变程序使按下S2按键并松手后发光二极管亮，按下S1按键并松手后发光二极管灭？

实验十一　串口通信实验

一、实验目的

利用上位机，通过RS-232串行总线接口连接RS-232模块，再将RS-232模块通过杜邦线和单片机相连，在通过上位机直接发送数据给单片机，实现控制8个发光二极管的自由亮灭。

二、实验要求

掌握单片机接收上位机发送的数据方法，控制单片机发光二极管的理论知识，并能够编写相关操作程序。

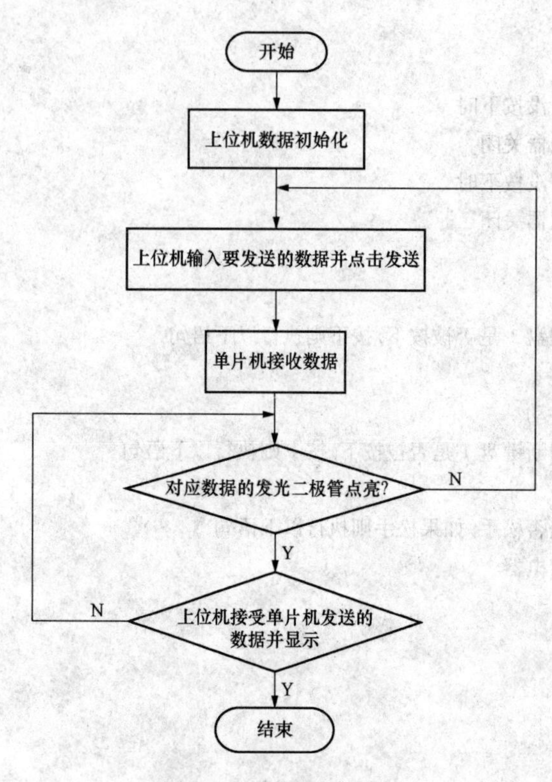

图 8-22　串口通信流程

三、实验设备及器件

（1）硬件：计算机，单片机综合仿真实验板，RS-232 串行总线，RS-232 模块，杜邦线。

（2）软件：Keil 软件 μVision3，STC 单片机烧录工具，串口调试助手。

四、实验内容

使单片机连接好 RS-232 串口总线和 RS-232 模块，编写一段程序，通过串口调试助手发送数据给单片机，然后观察单片机上 8 个发光二极管的变化，并记录显示的发光二级管和所发送数据之间对应的关系。串口通信流程如图 8-22 所示。

五、实验方法和步骤

（1）打开 Keil3 软件，新建一个工程。新建一个 c 文件，将 c 文件添加到新建的工程中。

（2）在 c 文件中编写程序。

（3）编译程序，生成 hex 文件。打开 STC _ ISP _ V488 烧录软件，在 MCU Type 选项里选择 STC12C5A32S2，单击“打开程序文件”，加载 hex 文件。单击“DownLoad/下载”，按下单片机实验板的电源开关，等待程序下载完成。

（4）打开串口调试助手，通过串口调试助手发送数据给单片机。

（5）观察实验现象。

六、实验预习要求

RS-232 模块电路原理图如图 8-23 所示。单片机的 P3.0 和 P3.1 引脚连接 RS-232 模块数据口的 RXD 和 TXD，VCC 和 GND 分别接到单片机上的 VCC 和 GND。

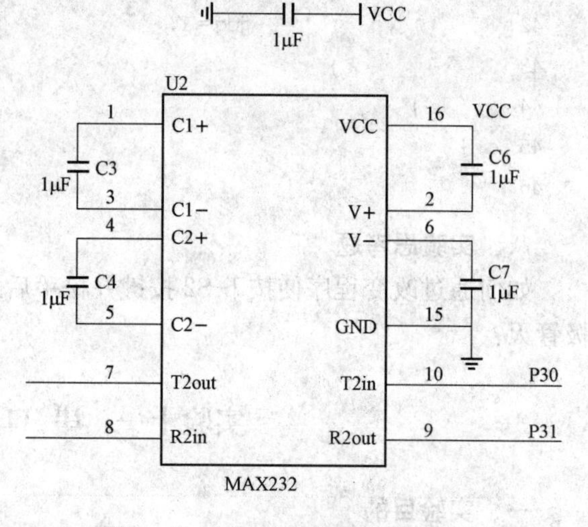

图 8-23　MAX232 模块电路原理图

七、实验参考程序

（1）查询法。

```
1/ ******************************************
2 接收串口数据,通过发管二极管显示出来
3 打开串口调试助手
4 设定好合适的波特率和串口
5 ******************************************/
```

```
6 /*头文件*/
7 #include<reg52.h>
8 void main()
9 {
10        TMOD = 0x20;                    //定时器1工作方式2
11        TH1 = 0xfd;
12        TL0 = 0xfd;
13        TR1 = 1;                        //定时器1运行控制位,置1启动定时器
14        REN = 1;                        //允许串行接收位,置1允许串行口接收数据
15        SM0 = 0;                        //共同决定了串行口工作方式1
16        SM1 = 1;                        //共同决定了串行口工作方式1
17        while(1)
18        {
19                if(RI == 1)             //判断是否接收中断,置1为向CPU发出中断申请
20                {       RI = 0;         //关闭中断申请
21                        P2 = SBUF;//将SBUF的值装入到P2口
22                }
23          }
24 }
```

(2) 中断法。

```
1  #include<reg52.h>
2  unsigned char flag,a;
3  void main()
4  {
5  TMOD = 0x20;                            //定时器1工作方式2
6  TH1 = 0xfd;                             //装初始值
7  TL0 = 0xfd;
8  TR1 = 1;                                //定时器1运行控制位,置1启动定时器
9  REN = 1;                                //允许串行接收位,置1允许串行口接收数据
10 SM0 = 0;                                //共同决定了串行口工作方式1
11 SM1 = 1;                                //共同决定了串行口工作方式1
12 EA = 1;                                 //全局中断允许位,置1打开全局中断
13 ES = 1;                                 //串行口中断允许位,置1打开串行口中断
14 while(1)
15        {
16              if(flag == 1)
17              {
18                      ES = 0;         //置0为关闭串行口中断允许位
19                      flag = 0;
20                      SBUF = a;       //调用了接收缓冲器
21                      while(!TI);//判断是否发送完了数据,发送完了则跳出循环
22                                      //等待它发送完,发送完了置1
```

```
23                      TI = 0;       //取消发送中断申请
24                      ES = 1;       //打开串行口中断
25              }
26          }
27  }
28 void ser()interrupt 4              //声明串行口中断
29  {
30      RI = 0;                        //关闭接收中断申请
31      P2 = SBUF;                     //将 SBUF 的值赋给 P2 口
32      a = SBUF;                      //SBUF 赋给了发送缓冲器;等号左右决定了 SBUF 是接收缓
                                         冲器还是发
33                                     //送缓冲器
34      flag = 1;                      //说明收到这个数了
35  }
```

八、实验思考题

如何通过程序实现用查询法也能够在串口调试助手中接收数据?

第3篇

基于Proteus的单片机设计和仿真

第 9 章　实验开发板例程的 Proteus 仿真实验

实验一　单片机 I/O 端口控制实验

一、实验目的

（1）学习 Proteus 软件的基本操作。

（2）学习 Proteus 软件和 Keil 软件联调的方法。

（3）学习单片机 I/O 端口用作通用输出端口的方法。

二、实验内容

用单片机 I/O 端口控制 8 个 LED 灯轮流点亮。试利用 Proteus 软件，设计系统仿真用的电路原理图；利用 Keil 软件，编写系统应用程序；调试系统的软硬件，实现系统的功能。

三、实验预习要求

了解 AT89C52 单片机并行 I/O 端口用作输出端口控制发光二极管的方法。

四、实验参考硬件电路

实验参考硬件电路原理图如图 9-1 所示。R8～R15 为限流电阻，LED 灯 D5～D12（发光二极管）组成流水灯，仿真电路中的时钟电路和复位电路可以省略。

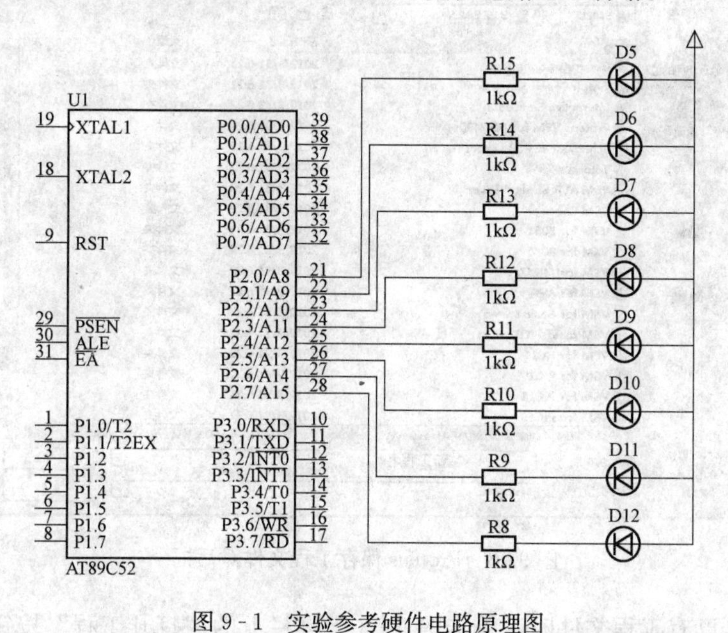

图 9-1　实验参考硬件电路原理图

I/O 端口控制实验

五、实验方法与步骤

用 Proteus 软件绘制该电路原理图的过程如下：

1. 新建并保存工程文件

单击“开始—所有程序—Proteus 7 Professional—ISIS 7 Professional"，或者双击桌面上的 Proteus 图标，运行 Proteus 软件，启动画面如图 9-2 所示。

图 9-2　Proteus 软件启动画面

单击工具栏上的"Save Design"按钮，弹出保存工程文件对话框，如图 9-3 所示。在"保存在（I）："后面指定文件保存路径（首先在电脑的适合位置新建一个文件夹，工程所创建的所有文件都保存在该文件夹中），在"文件名（N）："后面输入新工程的文件名称（文件后缀名 *.dsn 自动添加），设置完毕后单击"保存"按钮。

图 9-3　Proteus 保存工程文件对话框

当需要打开已有工程文件时，单击图 9-2 工具栏上的"打开工程"按钮，找到已有工程文件，单击"打开"按钮即可。

2. 元件的选取

单击图 9-4 所示的元件选取按钮，弹出如图 9-5 所示的元件选取窗口。

如果已知元件的名称，可以直接在 Keywords 栏中输入元件名，如"AT89C52"。元件

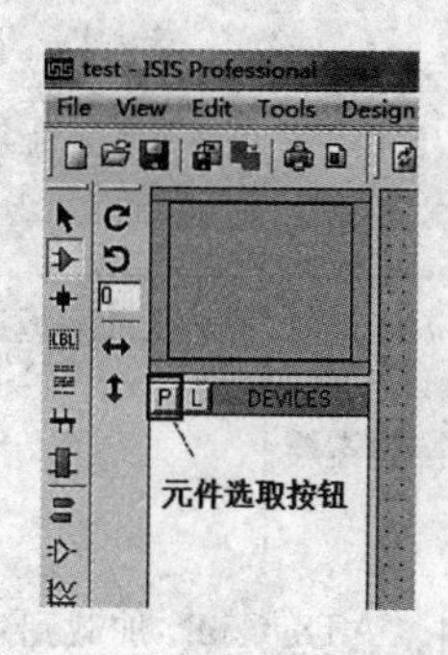

图9-4 元件选取按钮

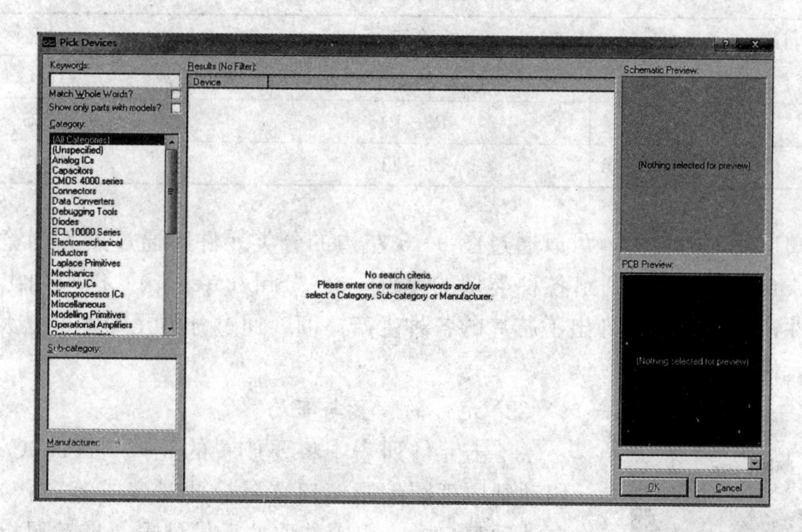

图9-5 元件选取窗口

查找的结果如图9-6所示。

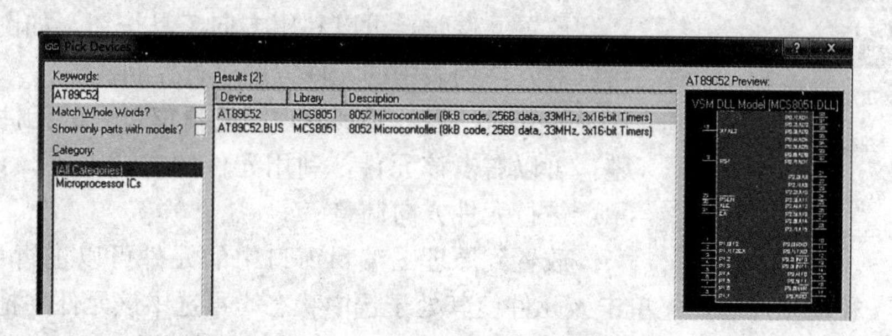

图9-6 显示查找元件“AT89C52”结果窗口

在Results栏中双击第一行元件AT89C52，该元件就会被添加到元件列表中，如图9-7所示。

以同样的方法可以添加其他元件。实验参考电路中用到的仿真元件清单见表9-1。

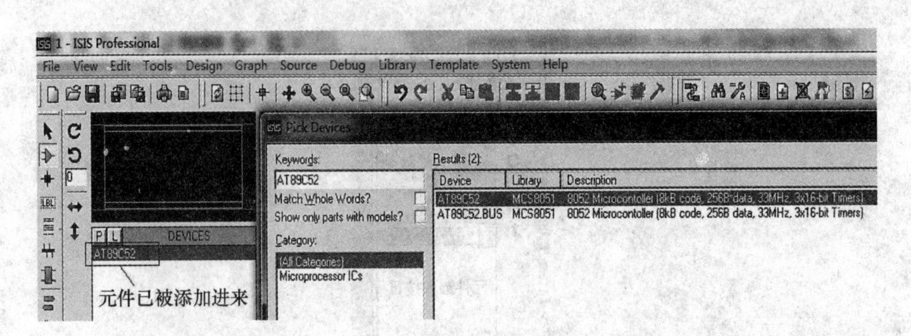

图 9-7 元件“AT89C52”加载到列表中的窗口

表 9-1 **参考电路原理图中用到的仿真元件**

序号	元件编号	元件名称
1	U1	AT89C52
2	R8～R15	RES
3	L5～L12	LED-RED

如果不知道元件的名称，可以通过图 9-5 左边的分类元件库通过人工浏览查找到相应元件。在“Category”栏中列出各种类型的元件，在“Sub-category”档中列出每大类元件中的子类元件，每个子类又列出了芯片的各种生产厂商。通过分类元件库可以大致了解软件所带的仿真元件类型。

3. 元件的放置与布局

图 9-8 调整元件方向的工具按钮

单击元件列表中将要放置的元件“AT89C52”，将鼠标移动到原理图编辑窗口（鼠标此时变成笔形状），单击鼠标左键后窗口中将出现选取的元件外形，拖动鼠标到窗口适当位置，再单击鼠标左键即可将元件“AT89C52”放置在窗口中。

放置元件时，可以利用方向工具按钮，如图 9-8 所示，可以对元件列表中的元件方向进行控制。

如果对已经放置到原理图编辑窗口中的元件进行方向调整，可以右击该元件，利用元件的方向属性，如图 9-9 所示，进行元件方向调整。

放置到原理图编辑窗口中的元件可以进行移动、复制、删除等操作。移动元件时，先单击该元件使其处于选中状态，再选中该元件并拖动鼠标即可移动元件。移动到位后释放鼠标左键，在原理图编辑窗口空白处单击一次即可取消元件选中状态。复制元件时，先选中该元件，利用 Edit 菜单中的“Copy to clipboard”“Paste form clipboard”菜单项可以完成选中元件的复制。删除元件时，先选中该元件，单击“delete”键即可删除。

如果对多个元件进行块操作，则可以利用块操作按钮。在原理图编辑窗口拖动鼠标画出方框，使要编辑的所有元件全部包含于方框中，此时方框中的元件全部为选中状态。再用如图 9-10 所示工具栏中的块操作按钮进行块复制、块移动、块旋转和块删除操作。

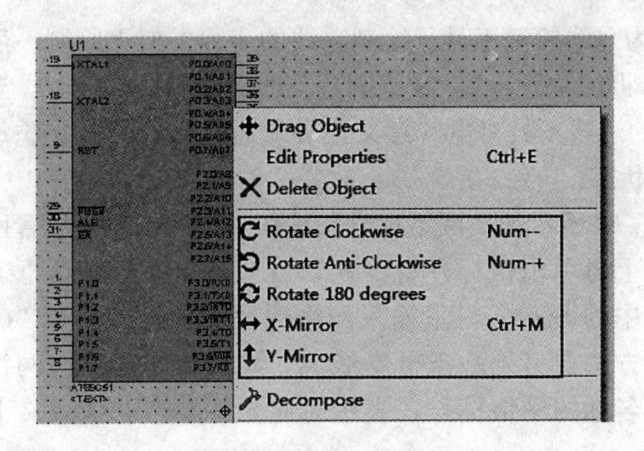

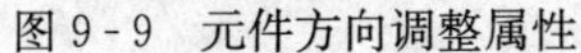
图 9-9　元件方向调整属性

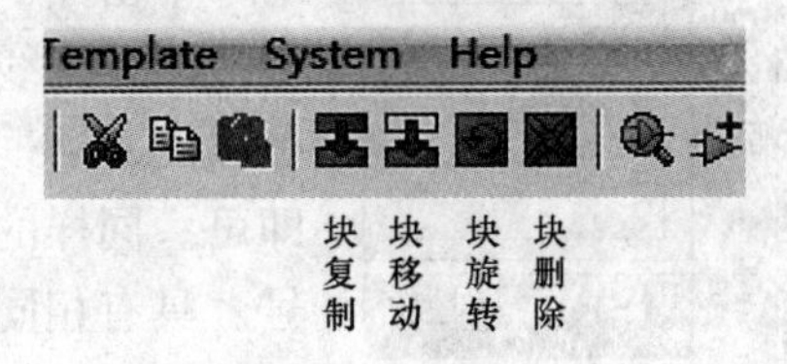

图 9-10　块操作工具按钮

放置元件时，一般采用模块化的方法，即一个模块电路中的所有元件一次放置完毕，然后对放置的元件进行合理布局。图 9-11 显示的是元件布局以后的位置。

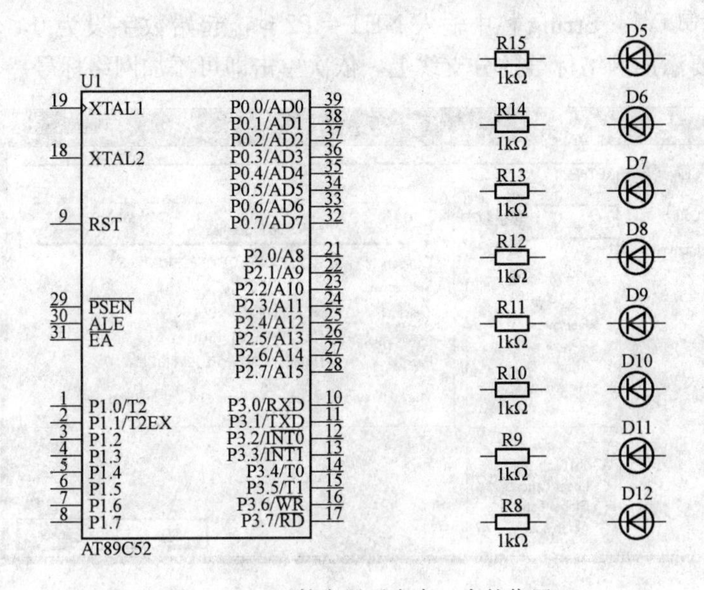

图 9-11　元件布局后在窗口中的位置

4. 布线

放置和布局好元件后，开始用导线将元件相互连接起来。例如连接图 9-11 中的电阻 R15 和 LED 灯 D5。单击图 9-12 所示的元件操作按钮后，在电阻 R15 的右端点单击鼠标左键，移动鼠标到 LED 灯 D5 的左端点，再单击完成导线的绘制。

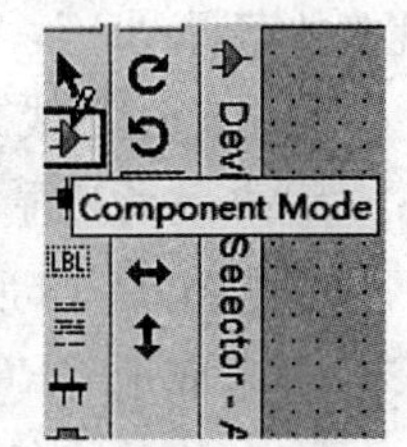

图 9-12　元件操作按钮

布线时可以利用“线复制命令”提高布线效率。例如要对图 9-11 中电阻和 LED 灯之间布线，在完成 R15 和 LED 灯 D5 的连线后，再分别双击电阻 R14～R8 的右端点，即可快速地绘制出其余电阻和 LED 灯之间的导线。

绘制原理图时，可以利用“总线”绘图工具使原理图更加清晰明了，并通过网络标号标明端口之间的连接关系。图9-13所示为总线绘制工具。绘制总线的步骤类似于绘制一般导线。在元件端口与总线之间绘制导线，即绘制分支线。在绘制分支线中的斜线部分时，要按下“Ctrl”键不放。需要提醒的是绘制的总线不具有电气意义，必须通过给每个分支添加网络标号，才能说明元件引脚之间的连接状态。

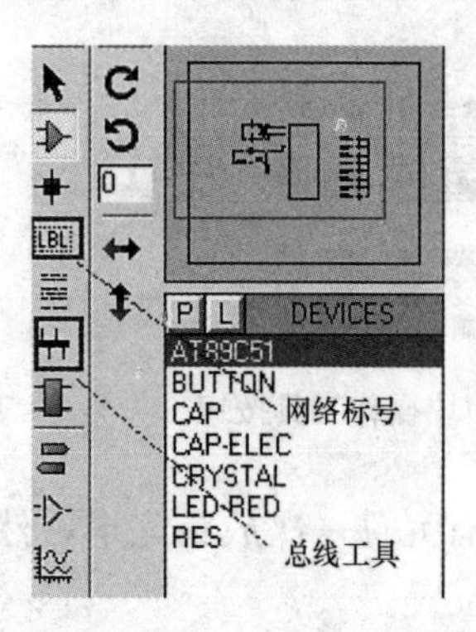

图9-13　总线绘制工具

单击图9-13所示的“网络标号”按钮，然后在需要放置网络标号的分支线上再单击鼠标左键一次，就会弹出一个对话框。在弹出的对话框中的String栏里输入网络标号的名称，单击“OK”即可。同样的方法在另外一条分支线上，添加相同名称的网络标号。具有相同名称的网络标号，表示对应元件端点电气意义上是连接在一起的。

绘制网络标号时，可以利用属性分配工具提高绘制网络标号的效率。方法是单击键盘上的字母“A”，启动属性分配工具，如图9-14所示。假设添加网络标号为P20、P21、…、P27，可以在String栏中输入NET＝P2＃，起始数字设为0，步长为1，单击“OK”后，在需要添加网络标号的分支线上，依次单击即可添加网络标号。

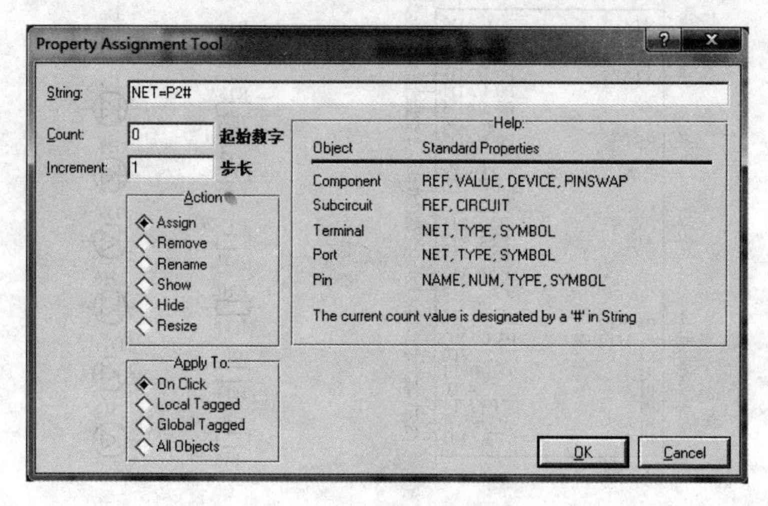

图9-14　属性分配工具

如果重新添加另外一组名称仍为P20、P21、…、P27的网络标号时，可以再次单击键盘上的字母“A”，然后在需要添加网络标号的分支线上依次单击即可。

利用上述总线方式绘制的电路原理图如图9-15所示。

5．电源和地等终端的选取和放置

单击图9-16所示的工具按钮“”，然后在右侧的列表选项中单击电源POWER（默认＋5V）或地GROUND，在原理图中需要的地方单击即可放置电源或地。

6．元件属性值的修改

双击元件，在弹出的如图9-17所示的对话框中修改元件相应属性值后，单击“OK”即可。也可以直接双击元件的属性值，在弹出的对话框中修改即可。

利用属性分配工具可批量修改元件属性。例如，将8个限流电阻的参数值一次修改成

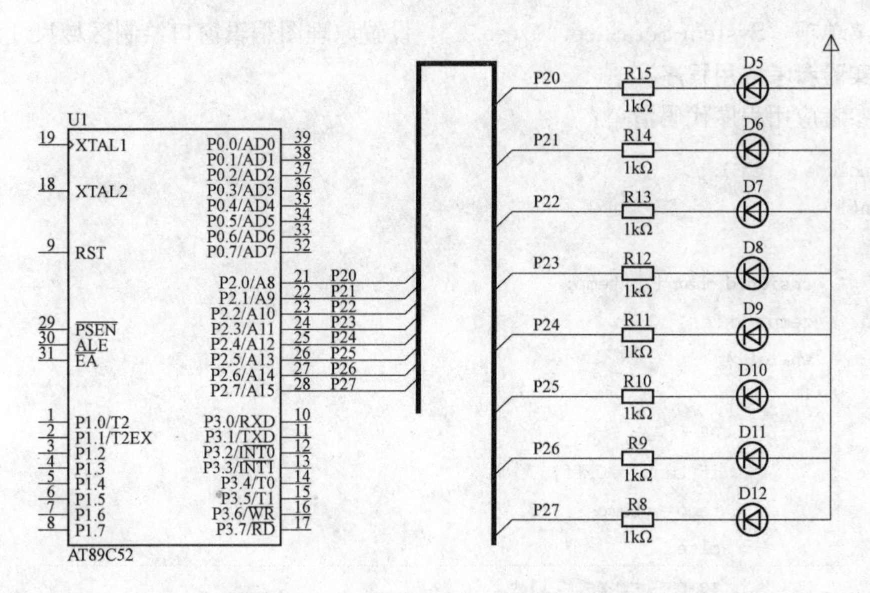

图 9-15　总线方式绘制的电路原理图

330Ω。方法是先选中这 8 个电阻，单击键盘字母“A”，在弹出的对话框（见图 9-14）的 String 栏中输入 VALUE=330，单击“OK”即可。

7. 其他操作

默认情况下，放置元件后有个“TEXT”属性。去掉元件“TEXT”属性的方法是：单击菜单项“Template-Set Design Defaults...”，将弹出的对话框中“Show Hidden Text?”后面的选项勾去即可。

原理图编辑窗口画面的缩放。通过工具按钮 ，可以完成画面的缩放；也可以通过鼠标的前滚放大画面（以鼠标为中心），后滚缩小画面。

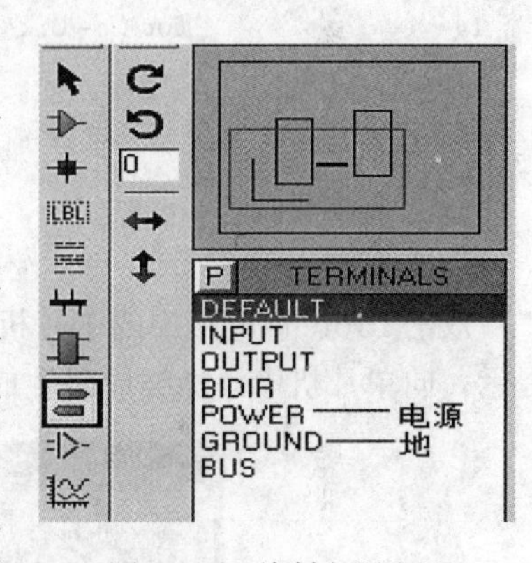

图 9-16　绘制电源和地

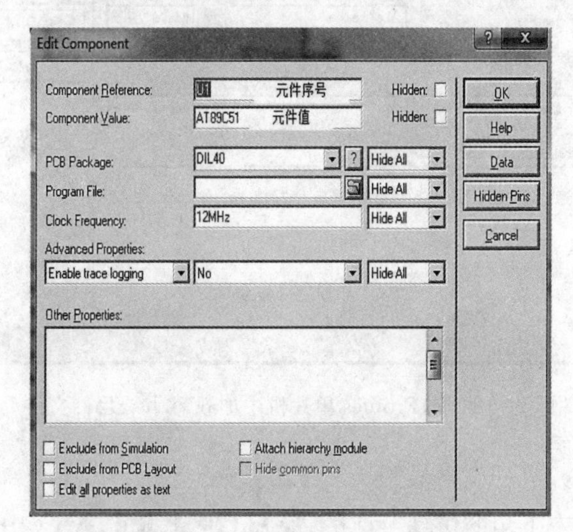

图 9-17　元件属性编辑对话框

选择菜单项“System-Set Sheet Sizes...”，设置原理图编辑窗口绘制区域尺寸大小。

六、实验参考应用程序

实验参考应用程序代码清单：

```
1 #include <reg51.h>
2 main()
3 {
4       unsigned char i,k,temp;
5       temp = 0xfe;
6       while(1)
7       {
8             P2 = temp;
9             if(temp == 0xff)
10            temp = (temp<<1);
11            else
12            temp = (temp<<1) + 1;
13            for (i = 0;i<200;i ++ )
14            for (k = 0;k<100;k ++ );
15      }
16 }
```

七、系统调试

1. 加载目标代码

双击Proteus电路中的单片机AT89C52，弹出如图9-18所示的窗口。根据图中的操作提示，向单片机中添加编译时生成的目标文件“*.hex”。

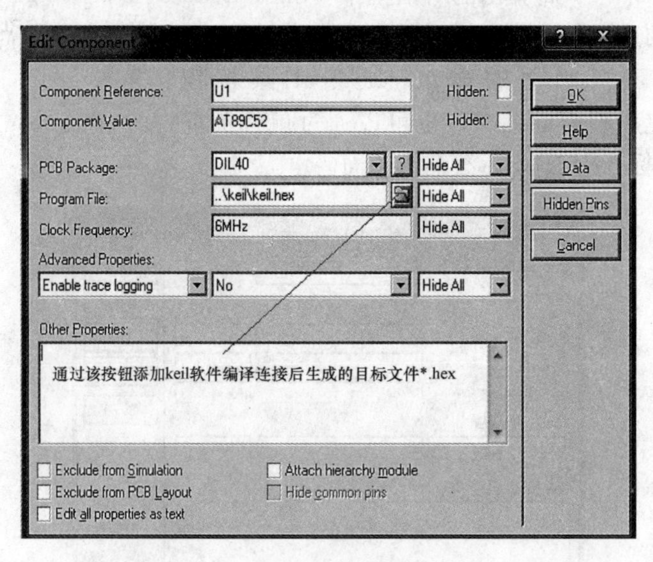

图9-18　向Protues单片机中加载*.hex目标文件

2. 运行程序

单击Proteus软件左下角的仿真工具栏“▶ I▶ II ■”中的运行按钮“▶”开

始仿真。单片机上电运行后，D5先点亮，其他灯不亮，1s后D5熄灭，D6点亮，以此顺序每隔1s轮流点亮各灯。只要仿真过程不结束，D5～D12就会循环逐个点亮。

3. 系统调试

如果程序运行的结果没有达到预期效果，说明设计过程中存在问题。这时应首先检查硬件电路设计是否正确，特别是元件的参数值设置是否合适。硬件电路检查完毕后，如果还没达到预期效果，说明程序可能存在问题，然后再设法通过调试程序查找错误所在。

用户可以通过Keil软件和Proteus软件联调来查找程序的错误，联调的方法是：

（1）安装Keil和Proteus软件联调驱动程序。

（2）单击Keil软件菜单"Project-Options for Target 'Exp1'"，在弹出的窗口中按照图9-19的方法进行设置。

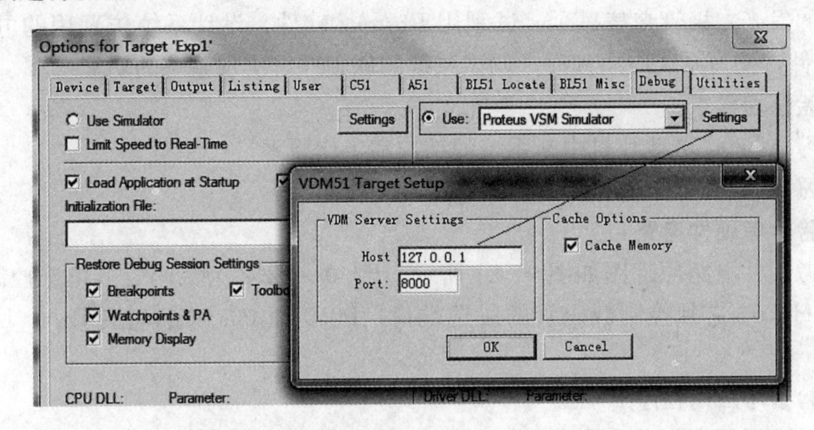

图9-19　系统联调时Keil软件设置

（3）单击Proteus菜单软件"Debug-Use Remote Debug Monitor"，勾选远程监控项，如图9-20所示。

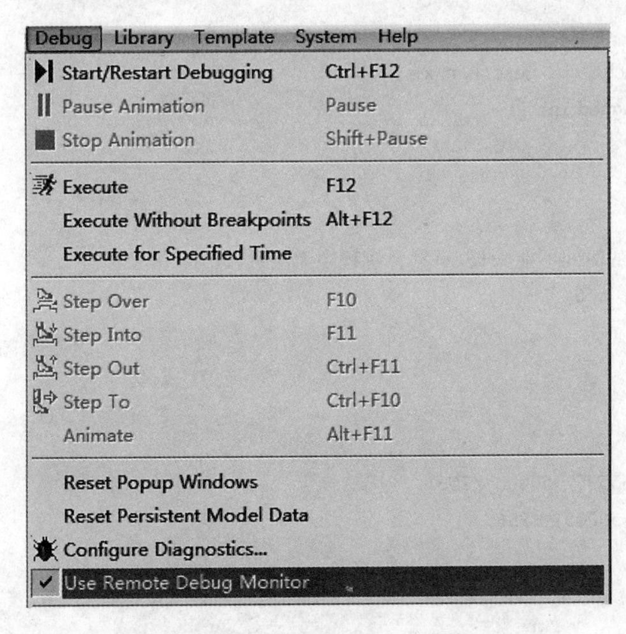

图9-20　系统联调时Proteus软件设置

（4）通过上述设置后，启动Keil软件调试，计算机就会自动启动Proteus软件。这样在Keil软件中每调试一步，在Proteus软件中就显示程序运行到当前的结果。通过这种联调可以方便快捷地找出程序中的错误。上述过程就相当于在用单片机的硬件仿真器调试程序。

实验二 定时器实验

一、实验目的

学习Proteus软件和Keil软件联调的方法以及单片机定时器和中断的应用。

二、实验内容

用单片机定时器定时1s，并使用LED数码管动态顺序显示00～09。每隔10s，另外两个不同颜色的发光二极管交替显示。试利用Proteus软件，设计系统仿真用的电路原理图；利用Keil软件，编写系统应用程序；调试系统的软硬件，实现系统的功能。

三、实验预习要求

（1）预习AT89C52单片机中断系统的结构和工作原理。

（2）预习AT89C52单片机定时器的结构和工作原理。

四、实验参考硬件电路

实验参考硬件电路原理图如图9-21所示。P2.0～P2.3为数码管的位选控制端口，P3端口通过74HC573芯片控制数码管的段选端口，P0.0和P0.1端口控制两个LED指示灯（D1、D2）。

五、实验参考应用程序

实验参考应用程序代码清单：

```
1 #include <reg52.h>
2 char code tamble[] = {0x3f,0x06,0x5b,0x4f,0x66,0x6d,0x7d,0x07,0x7f,0x6f};
3 sbit D7 = P1^6;
4 sbit D6 = P1^7;
5 unsigned int a,num,shi,ge,c,b,n,x = 1;
6 void delay(unsigned int i)
7 {
8   int j;
9   for(i; i > 0; i--)
    //注意:delay的时间不能太长,不然会使程序无法进入中断
10  for(j = 20; j > 0; j--);
11 }
12 void init()
13 {
14   TMOD = 0x01;
15          TH0 = (65536 - 50000)/256;
16  TL0 = (65536 - 50000) % 256;
17  EA = 1;
18  ET0 = 1;
19  TR0 = 1;
```

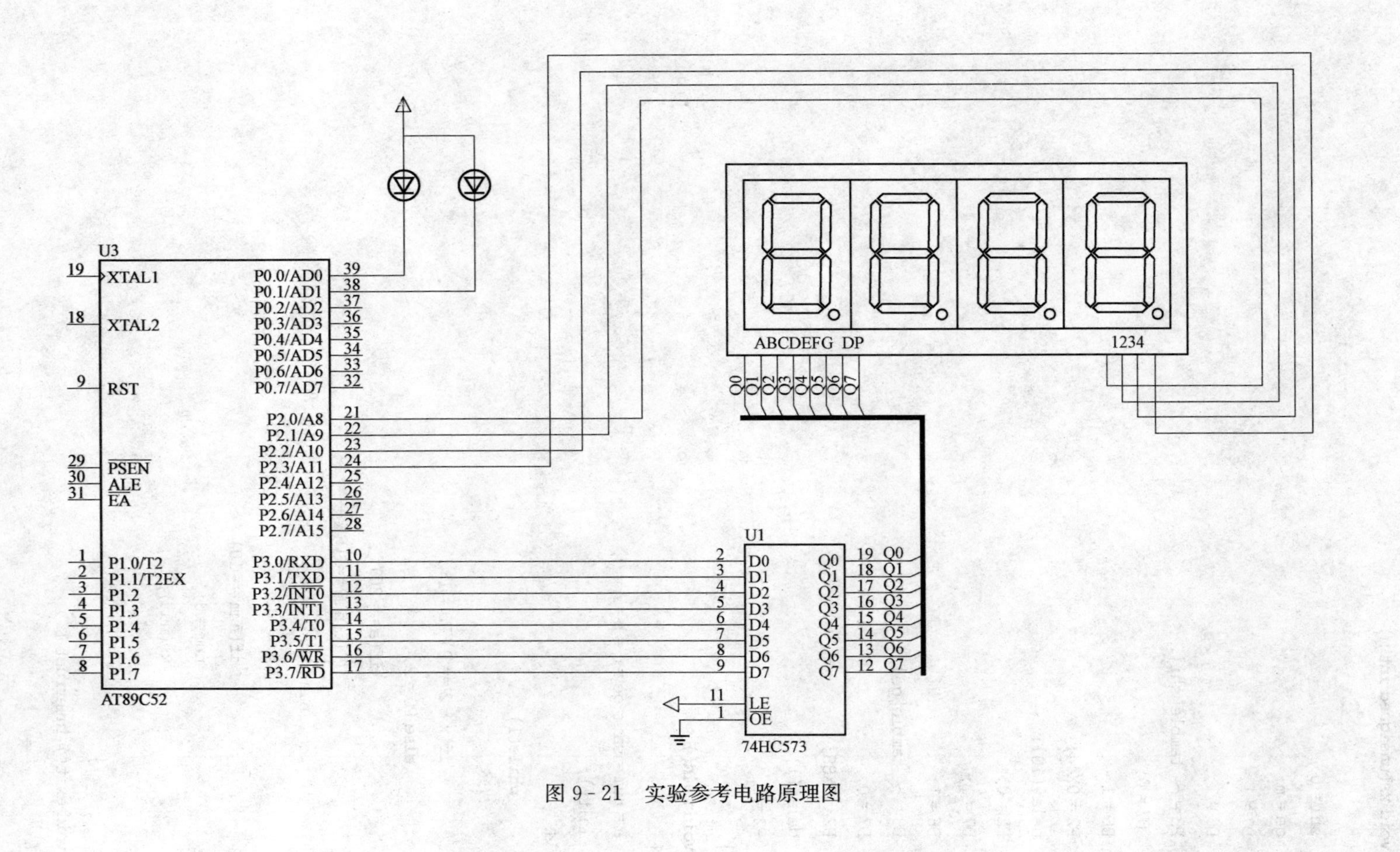

图 9-21　实验参考电路原理图

```
20 }
21 void xs(unsigned int m)
22 {
23  shi = 0;
24  ge = m;
25  D7 = 1;
26  D6 = 1;
27  P3 = ~ tamble[shi];
28   D7 = 0;
29  D6 = 1;
30  P2 = 0X44;
31  delay(10);
32  P2 = 0;
33  D7 = 1;
34  D6 = 1;
35  P3 = ~ tamble[ge];
36  D7 = 0;
37  P2 = 0X88;
38  delay(1);
39  P2 = 0;
40 }
41 void main()
42 {
43  a = num = shi = ge = c = b = n = 0;
44  init();
45  {
46      while(1)
47      {
48          if(x % 2 == 0) P0 = 1;
49          else P0 = 2;
50                      if(a == 20)
51                      { if(num == 9) x ++ ;
52                  num ++ ;
53                       a  =  0;
54                       if(num == 10)
55                       num = 0; }
56                       xs(num);
57                    }
58          }}
59 void exit() interrupt 1
60 {
61   TH0 = (65536 - 50000)/256;
62  TL0 = (65536 - 50000) % 256;
```

```
63  a++;
64   b++;
65 }
```

六、系统调试

加载目标代码文件“*.hex”到单片机中，单击软件运行按钮“▶”开始仿真。单片机上电运行后，显示器后面两位会显示“00”字样，每过 1s，显示的内容就会变化一次，依次显示为“01”、“02”等字样，直到显示“09”字样后又从“00”循环显示。与此同时两个 LED 灯每隔 10s 轮流点亮一次。

实验三　蜂鸣器驱动实验

一、实验目的

利用单片机的 I/O 端口控制蜂鸣器的发声。

二、实验内容

利用单片机的 I/O 端口，实现通过按键来控制蜂鸣器响停。试利用 Proteus 软件，设计系统仿真用的电路原理图；利用 Keil 软件，编写系统应用程序；调试系统的软硬件，实现系统的功能。

三、实验预习要求

（1）了解蜂鸣器工作原理。

（2）掌握通过按键控制蜂鸣器的原理。

四、实验参考硬件电路

实验参考硬件电路原理图如图 9-22 所示。用 NPN 三极管驱动蜂鸣器，仿真时蜂鸣器属性中的工作电压由默认的 12V 调整到 4V 左右。

五、实验参考应用程序

实验参考应用程序代码清单：

```
1 #include<reg52.h>
2 sbit fengming = P2^7;
3 sbit key1 = P2^4;
4 void main()
5 {
6   fengming = 0;
7   while(1)
8   {
9           if(key1 == 1)
10                  fengming = 1;
11          else
12                  fengming = 0;
13  }
14  }
```

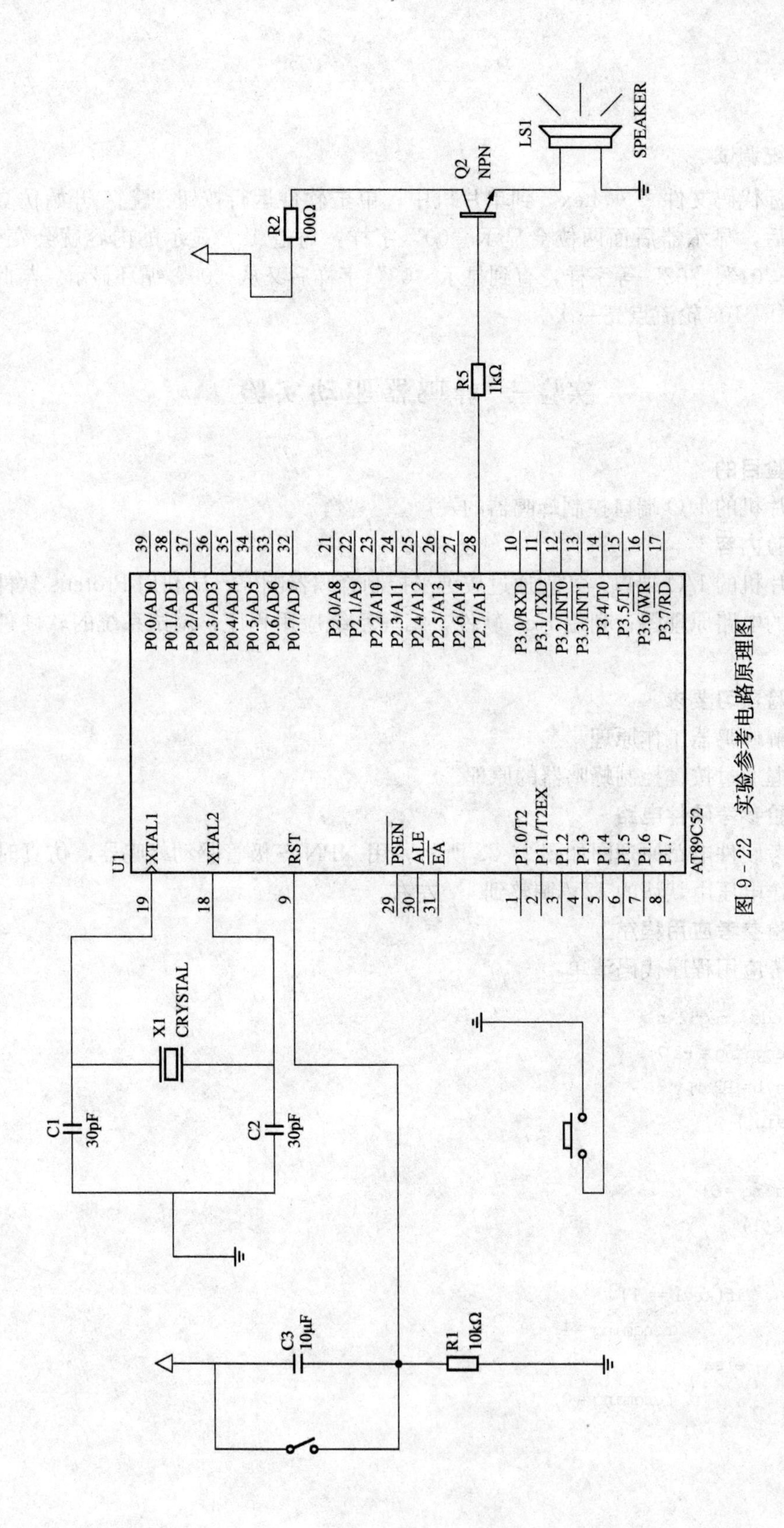

图 9-22　实验参考电路原理图

六、系统调试

加载目标代码文件“*.hex”到单片机中。系统仿真运行时，按下按钮后，蜂鸣器持续发声；释放按钮后，蜂鸣器停止发声。

实验四　数码管显示实验

一、实验目的

(1) 通过实验学习使用单片机的 I/O 端口控制外围设备的方法。

(2) 了解数码管的显示控制原理及编程方法。

二、实验内容

利用 AT89C52 单片机的 I/O 端口，控制数码管显示数字“0123”。试利用 Proteus 软件，设计系统仿真用的电路原理图；利用 Keil 软件，编写系统应用程序；调试系统的软硬件，实现系统的功能。

三、实验预习要求

(1) 了解共阳极数码管与共阴极数码管的区别。

(2) 了解 LED 数码管显示控制方法。

四、实验参考硬件电路

实验参考硬件电路原理图如图 9-23 所示，两片锁存器 74HC573 芯片分别控制四位动态显示结构的数码管位选端口和段选端口。

五、实验参考应用程序

实验参考应用程序代码清单：

```
1 #include<reg52.h>
2 #define uchar unsigned char
3 #define uint unsigned int
4 sbit dula = P2^6;                      //申明锁存器锁存端
5 sbit wela = P2^7;
6 uchar code table[] =                   //段选数据
7 {0x3f,0x06,0x5b,0x4f,0x66,0x6d,0x7d,0x07,0x7f,0x6f,0x77,0x7c,0x39,
8 0x5e,0x79,0x71};
9 uchar code table1[] =                  //位选数据
10 {0xfe,0xfd,0xfb,0xf7};
11 void delay(uint xms)
12 {
13         uint i,j;
14           for(i = xms;i>0;i--)
15             for(j = 110;j>0;j--);
16 }
17 void main()
18 {
19       while(1)
20   {
```

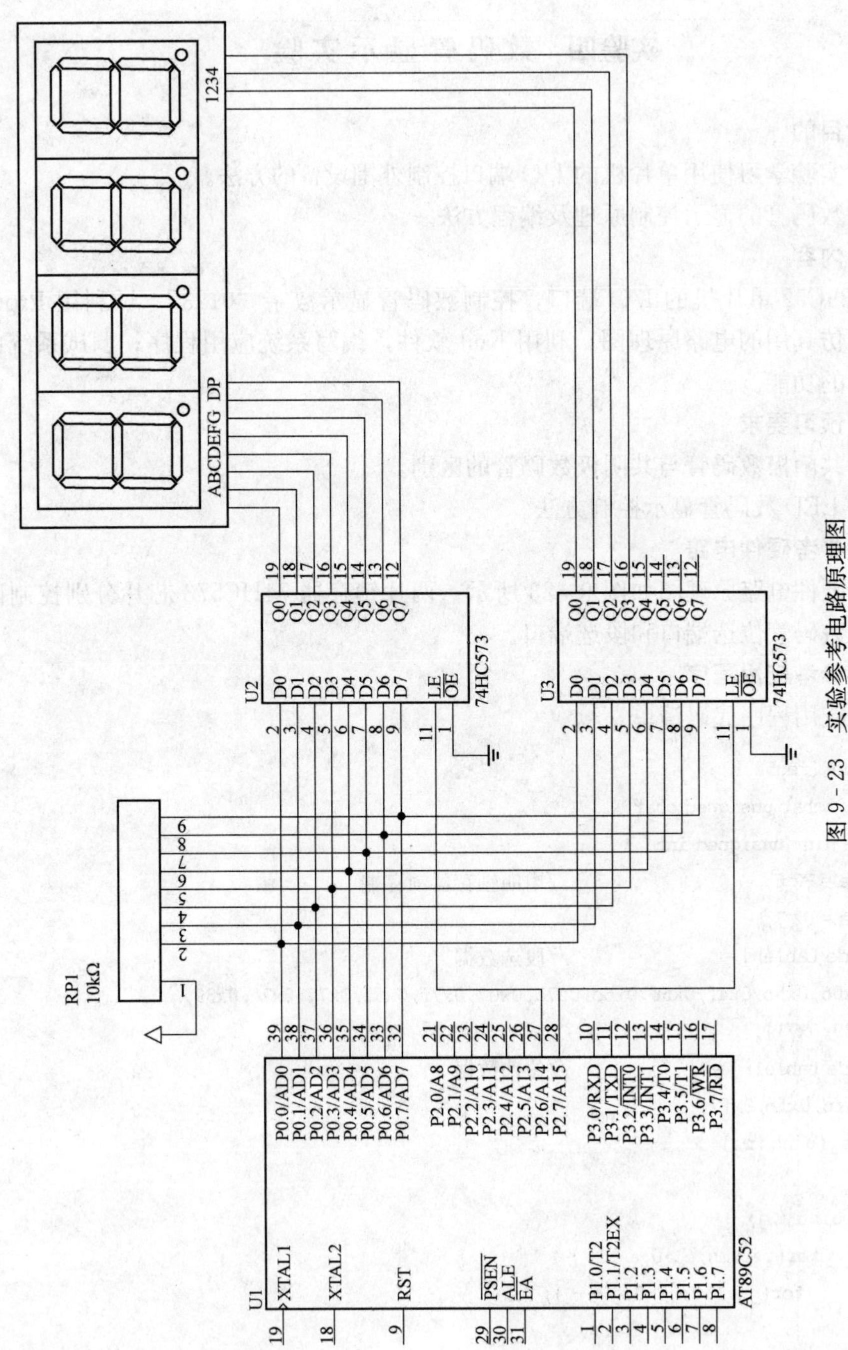

图 9-23 实验参考电路原理图

```
21          wela = 1;
22          P0 = table1[0];    //送位选数据
23          wela = 0;
24          P0 = 0xff;         //消影
25          dula = 1;
26          P0 = table[0];     //送段选数据
27          dula = 0;
28          delay(10);
29          wela = 1;
30          P0 = table1[1];    //送位选数据
31          wela = 0;
32          P0 = 0xff;         //消影
33          dula = 1;
34          P0 = table[1];     //送段选数据
35          dula = 0;
36          delay(10);
37          wela = 1;
38          P0 = table1[2];    //送位选数据
39          wela = 0;
40          P0 = 0xff;         //消影
41          dula = 1;
42          P0 = table[2];     //送段选数据
43          dula = 0;
44          delay(10);
45          wela = 1;
46          P0 = table1[3];    //送位选数据
47          wela = 0;
48          P0 = 0xff;         //消影
49          dula = 1;
50          P0 = table[3];     //送段选数据
51          dula = 0;
52          delay(10);
53          }
54 }
```

六、系统调试

加载目标代码文件“＊.hex”到单片机中，单击软件运行按钮“▶”开始仿真。单片机上电后显示器会显示“0123”字样，修改程序中需要显示的数据，显示器也会随之改变显示内容。

实验五　液晶屏显示实验

一、实验目的

学习 LCD1602 显示模块的显示方法。

二、实验内容

利用AT89C52单片机使LCD1602能显示湿度测量值和设定值。试利用Proteus软件，设计系统仿真用的电路原理图；利用Keil软件，编写系统应用程序；调试系统的软硬件，实现系统的功能。

三、实验预习要求

了解LCD液晶显示屏的工作原理。

四、实验参考硬件电路

实验参考硬件电路原理图如图9-24所示，LED1602通过P0端口传输数据。

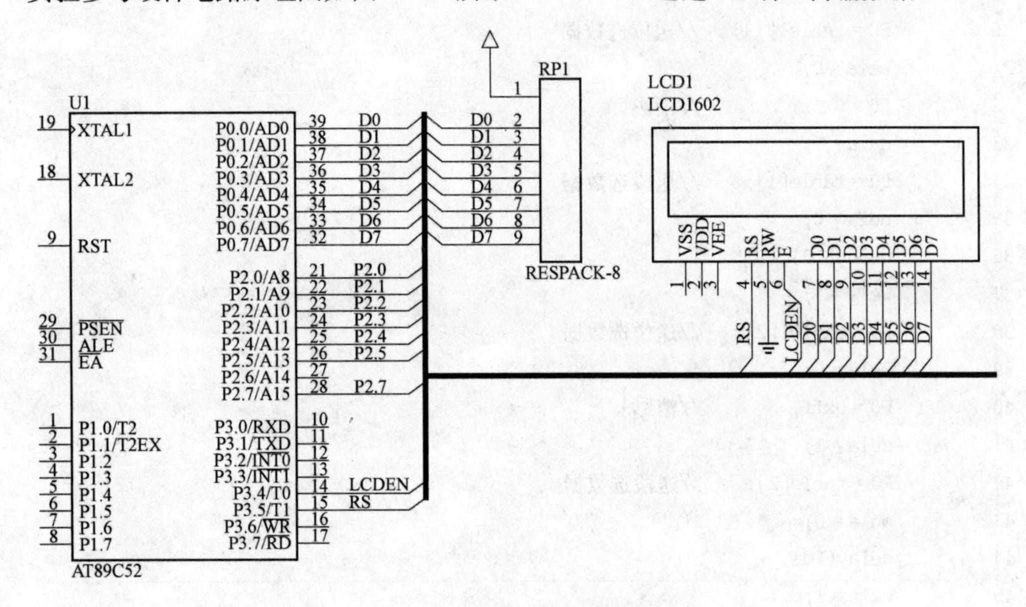

图9-24 实验参考电路原理图

五、实验参考应用程序

实验参考应用程序代码清单：

```
1 #include<reg52.h>
2 #define uchar unsigned char
3 #define uint unsigned int
4 uchar code table[] = "SET RH:20 % ";            //液晶固定显示部分
5 uchar code table1[] = "NOW RH:21 % ";
6 sbit lcden = P3^4;                              //液晶使能端
7 sbit lcdrs = P3^5;                              //液晶数据命令选择端
8 uchar num;
9 //延迟子程序
10 void delayms(uint xms)
11 {
12          uint i,j;
13          for(i = xms;i>0;i--)                   //延迟 x(ms)
14                   for(j = 110;j>0;j--);
```

```
15 }
16 //液晶写命令程序
17 void write_com(uchar com)
18 {
19          lcdrs = 0;
20          P0 = com;
21          delayms(5);
22          lcden = 1;
23          delayms(5);
24          lcden = 0;
25 }
26 //液晶写数据程序
27 void write_data(uchar date)
28 {
29          lcdrs = 1;
30          P0 = date;
31          delayms(5);
32          lcden = 1;
33          delayms(5);
34          lcden = 0;
35 }
36//液晶初始化
37 void LCD_initi()
38 {
39          lcden = 0;
40          write_com(0x38);        //设置16*2显示,5*7点阵,8位数据端口
41          write_com(0x0c);        //设置开显示,不显示光标
42          write_com(0x06);        //写一个字符后地址指针加1
43          write_com(0x01);        //显示清0,数据指针清0
44 }
45 void main()
46 {
47      LCD_initi();
48      write_com(0x80);            //液晶固定显示部分的第一行
49      for(num = 0;num<10;num + + )
50      {
51              write_data(table[num]);
52              delayms(5);
53      }
54      write_com(0x80 + 0x40);     //液晶固定显示部分的第二行
55      for(num = 0;num<10;num + + )
56      {
57              write_data(table1[num]);
```

```
58          delayms(5);
59      }
60      while(1)
61      {
62      }
63}
```

六、系统调试

加载目标代码文件“*.hex”到单片机中，单击软件运行按钮“▶”开始仿真。单片机上电后LCD显示器显示如下内容：第一行显示“SET RH：20%”，第二行显示“NOW RH：21%”。显示器具体显示的湿度值会随着设定值和实测值不同而改变。

实验六　电子万年历显示实验

一、实验目的

学习专用时钟芯片DS1302显示年、月、日、时、分、秒的方法。

二、实验内容

采用AT89C52单片机作为系统的控制模块，DS1302作为时钟模块，LCD作为显示模块，显示年、月、日、时、分、秒等，并可以用键盘预置日期、时间、闹钟和切换显示内容等。试利用Proteus软件，设计系统仿真用的电路原理图；利用Keil软件，编写系统应用程序；调试系统的软硬件，实现系统的功能。

三、实验预习要求

（1）了解单片机内部定时器、I/O端口、中断结构及原理。

（2）了解专用时钟芯片DS1302，并学会用DS1302芯片开发时钟模块，显示年、月、日、时、分、秒等。

四、实验参考硬件电路

实验参考硬件电路原理图如图9-25所示，DS1302为时钟芯片，晶振频率为32.768kHz。LCD1602通过P0端口传输数据，P2.4、P2.5和P2.6分别为LCD1602三个控制引脚。P3.0～P3.4端口读取5个按钮的状态。

五、实验参考应用程序

实验参考应用程序代码清单：

```
1 #include<reg52.h>
2 #include<intrins.h>
3 #define uchar unsigned char
4 #define uint unsigned int
5 #define   LCDIO P0
6 sbit rs = P2^4;
7 sbit rd = P2^5;
8 sbit lcden = P2^6;
9 uchar second,minute,hour,day,month,year,week,count = 0;
10 uchar ReadValue,num;
```

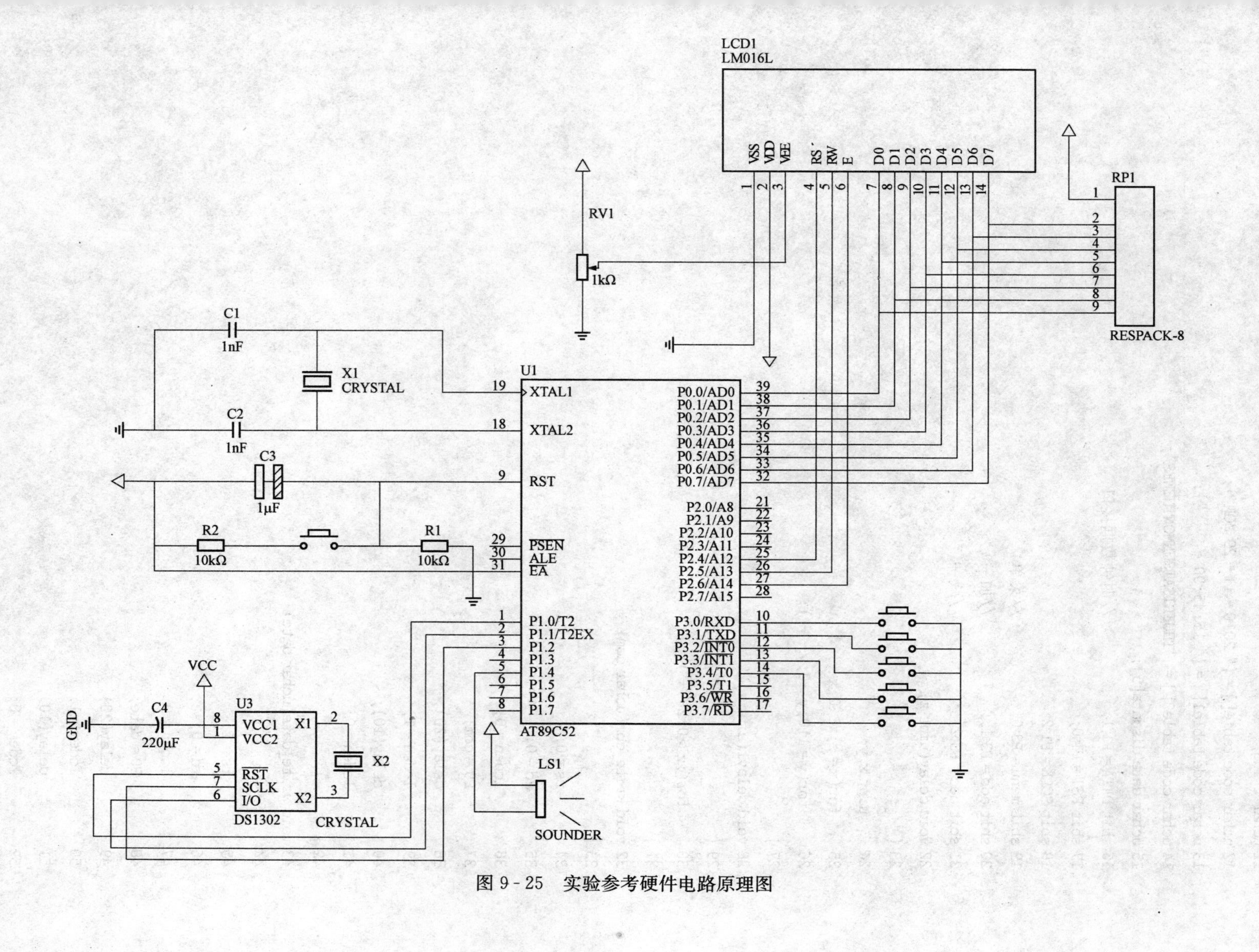

图 9-25　实验参考硬件电路原理图

```
11 uchar tflag;
12 uchar code table[ ] = {" 2010 - 11 - 29 MON"};
13 uchar code table1[ ] = {" 15:45:00        "};
14 uchar code table2[ ] = "THUFRISATSUNMONTUEWES";
15 uchar data disdata[5];
16 sbit DATA = P1^1;              //时钟数据接口
17 sbit RST = P1^0;
18 sbit SCLK = P1^2;
19 sbit menu = P3^0;              //菜单
20 sbit add = P3^1;               //加一
21 sbit dec = P3^2;               //减一
22 void delay(uint z)
23 {
24     uint x,y;
25     for(x = z;x>0;x - - )
26      for(y = 110;y>0;y - - );
27 }
28 void delay1(uint z)
29 {
30      for(;z>0;z - - );
31 }
32 void write_com(uchar com)
33 {
34         rs = 0;
35         rd = 0;
36         lcden = 0;
37         P0 = com;
38         delay(20);
39         lcden = 1;
40         delay(10);
41         lcden = 0;
42 }
43 void write_date(uchar date)
44 {
45           rs = 1;
46           rd = 0;
47           lcden = 0;
48           P0 = date;
49           delay(20);
50           lcden = 1;
51           delay(10);
52           lcden = 0;
53 }
```

```
54 void init()
55 {
56         uchar num;
57         lcden = 0;
58         write_com(0x38);
59         write_com(0x0c);
60         write_com(0x06);
61         write_com(0x01);
62         delay(5);
63         write_com(0x80);
64         for(num = 0;num<15;num + + )
65         {
66                 write_date(table[num]);
67                 delay(5);
68         }
69         write_com(0x80 + 0x40);
70         for(num = 0;num<16;num + + )
71         {
72                 write_date(table1[num]);
73                 delay(5);
74         }
75 }
76 void Write1302(uchar dat)
77 {
78         uchar i;
79         SCLK = 0;                          //拉低 SCLK,为脉冲上升沿写入数据做好准备
80         delay1(2);                         //稍微等待,使硬件做好准备
81         for(i = 0;i<8;i + + )              //连续写 8 个二进制位数据
82         {
83                 DATA = dat&0x01;           //取出 dat 的第 0 位数据写入 1302
84                 delay1(2);                 //稍微等待,使硬件做好准备
85                 SCLK = 1;                  //上升沿写入数据
86                 delay1(2);                 //稍微等待,使硬件做好准备
87                 SCLK = 0;                  //重新拉低 SCLK,形成脉冲
88                 dat>> = 1;                 //将 dat 的各数据位右移 1 位,准备写入下一个数据位
89         }
90}
91 void WriteSet1302(uchar Cmd,uchar dat)
92 {
93         RST = 0;                           //禁止数据传递
94         SCLK = 0;                          //确保写数据前 SCLK 被拉低
95         RST = 1;                           //启动数据传输
96         delay1(2);                         //稍微等待,使硬件做好准备
```

```
97         Write1302(Cmd);                    //写入命令字
98         Write1302(dat);                    //写数据
99         SCLK = 1;                          //将时钟电平置于已知状态
100         RST = 0;                          //禁止数据传递
101}
102 uchar Read1302(void)
103 {
104      uchar i,dat;
105      delay(2);                            //稍微等待,使硬件做好准备
106     for(i = 0;i<8;i + + )                 //连续读 8 个二进制位数据
107      {
108           dat>> = 1;                      //将 dat 的各数据位右移 1 位,因为先读出的是字节的
                                                最低位
109           if(DATA == 1)                   //如果读出的数据是 1
110           dat| = 0x80;                    //将 1 取出,写在 dat 的最高位
111           SCLK = 1;                       //将 SCLK 置于高电平,为下降沿读出
112           delay1(2);                      //稍微等待
113           SCLK = 0;                       //拉低 SCLK,形成脉冲下降沿
114           delay1(2);                      //稍微等待
115       }
116           return dat;                     //将读出的数据返回
117 }
118 uchar   ReadSet1302(uchar Cmd)
119 {
120         uchar dat;
121         RST = 0;                          //拉低 RST
122         SCLK = 0;                         //确保写数据前 SCLK 被拉低
123         RST = 1;                          //启动数据传输
124         Write1302(Cmd);                   //写入命令字
125         dat = Read1302();                 //读出数据
126        SCLK = 1;                          //将时钟电平置于已知状态
127        RST = 0;                           //禁止数据传递
128        return dat;                        //将读出的数据返回
129 }
130 void Init_DS1302(void)
131 {
132 WriteSet1302(0x8E,0x00);   /*据写状态寄存器命令字,写入不保护指令*/
133 WriteSet1302(0x80,((0/10)<<4|(0%10)));  /*根据写秒寄存器命令字,写入秒的初始值*/
134 WriteSet1302(0x82,((45/10)<<4|(45%10))); /*根据写分寄存器命令字,写入分的初始值*/
135 WriteSet1302(0x84,((15/10)<<4|(15%10))); /*根据写小时寄存器命令字,写入小时的初始
                                                值*/
136 WriteSet1302(0x86,((29/10)<<4|(29%10))); /*根据写日寄存器命令字,写入日的初始值*/
137 WriteSet1302(0x88,((11/10)<<4|(11%10))); /*根据写月寄存器命令字,写入月的初始值*/
```

```
138         WriteSet1302(0x8c,((10/10)<<4|(10%10)));    //年
139         WriteSet1302(0x8a,((4/10)<<4|(4%10)));
140 }
141 void DisplaySecond(uchar x)
142 {
143          uchar i,j;
144          i=x/10;
145          j=x%10;
146          write_com(0xc7);
147          write_date(0x30+i);
148          write_date(0x30+j);
149 }
150 void DisplayMinute(uchar x)
151 {
152          uchar i,j;
153          i=x/10;
154          j=x%10;
155          write_com(0xc4);
156          write_date(0x30+i);
157          write_date(0x30+j);
158 }
159 void DisplayHour(uchar x)
160 {
161          uchar i,j;
162         i=x/10;
163         j=x%10;
164         write_com(0xc1);
165         write_date(0x30+i);
166         write_date(0x30+j);
167 }
168 void DisplayDay(uchar x)
169 {
170          uchar i,j;
171          i=x/10;
172          j=x%10;
173          write_com(0x89);
174          write_date(0x30+i);
175          write_date(0x30+j);
176 }
177 void DisplayMonth(uchar x)
178 {
179          uchar i,j;
180          i=x/10;
```

```
181         j = x % 10;
182         write_com(0x86);
183         write_date(0x30 + i);
184         write_date(0x30 + j);
185 }
186 void DisplayYear(uchar x)
187 {
188         uchar i,j;
189         i = x/10;
190         j = x % 10;
191         write_com(0x83);
192         write_date(0x30 + i);
193         write_date(0x30 + j);
194 }
195 void DisplayWeek(uchar x)
196 {
197         uchar i;
198         x = x * 3;
199         write_com(0x8c);
200         for(i = 0;i<3;i + + )
201         {
202                 write_date(table2[x]);
203                 x+ +;
204         }
205 }
206 void   read_date(void)
207 {
208     ReadValue = ReadSet1302(0x81);
209     second = ((ReadValue&0x70)>>4) * 10 + (ReadValue&0x0F);
210     ReadValue = ReadSet1302(0x83);
211     minute = ((ReadValue&0x70)>>4) * 10 + (ReadValue&0x0F);
212     ReadValue = ReadSet1302(0x85);
213     hour = ((ReadValue&0x70)>>4) * 10 + (ReadValue&0x0F);
214     ReadValue = ReadSet1302(0x87);
215     day = ((ReadValue&0x70)>>4) * 10 + (ReadValue&0x0F);
216     ReadValue = ReadSet1302(0x89);
217     month = ((ReadValue&0x70)>>4) * 10 + (ReadValue&0x0F);
218     ReadValue = ReadSet1302(0x8d);
219     year = ((ReadValue&0x70)>>4) * 10 + (ReadValue&0x0F);
220     ReadValue = ReadSet1302(0x8b);                      //读星期
221     week = ReadValue&0x07;
222     DisplaySecond(second);
223     DisplayMinute(minute);
```

```
224     DisplayHour(hour);
225     DisplayDay(day);
226     DisplayMonth(month);
227     DisplayYear(year);
228     DisplayWeek(week);
229 }
230 void turn_val(char newval,uchar flag,uchar  newaddr,uchar s1num)
231 {
232     newval = ReadSet1302(newaddr);                          //读取当前时间
233     newval = ((newval&0x70)>>4) * 10 + (newval&0x0f);       //将BCD码转换成十进制
234     if(flag)                                                //判断是加一还是减一
235         {
236          newval ++;
237           switch(s1num)
238         {
239                case 1: if(newval>99) newval = 0;
240                                      DisplayYear(newval);
241                                      break;
242                case 2: if(newval>12) newval = 1;
243                                      DisplayMonth(newval);
244                                      break;
245                case 3: if(newval>31) newval = 1;
246                                      DisplayDay(newval);
247                                      break;
248                case 4: if(newval>6) newval = 0;
249                                      DisplayWeek(newval);
250                                      break;
251                case 5: if(newval>23) newval = 0;
252                                      DisplayHour(newval);
253                                      break;
254                case 6: if(newval>59) newval = 0;
255                                      DisplayMinute(newval);
256                                      break;
257                case 7: if(newval>59) newval = 0;
258                                      DisplaySecond(newval);
259                                      break;
260                default:break;
261         }
262         }
263         else
264     {
265           newval--;
266          switch(s1num)
```

```
267    {
268            case 1: if(newval == 0) newval = 99;
269                                    DisplayYear(newval);
270                                    break;
271            case 2: if(newval == 0) newval = 12;
272                                    DisplayMonth(newval);
273                                    break;
274            case 3: if(newval == 0) newval = 31;
275                                    DisplayDay(newval);
276                                    break;
277            case 4: if(newval<0) newval = 6;
278                                    DisplayWeek(newval);
279                                    break;
280            case 5: if(newval<0) newval = 23;
281                                    DisplayHour(newval);
282                                    break;
283            case 6: if(newval<0) newval = 59;
284                                    DisplayMinute(newval);
285                                    break;
286            case 7: if(newval<0) newval = 59;
287                                    DisplaySecond(newval);
288                                    break;
289            default:break;
290                  }
291    }
292 WriteSet1302((newaddr - 1),((newval/10)<<4)|(newval % 10)); /*将新数据写入寄存器*/
293  }
294 //键盘扫描程序
295 /*******************************************/
296 void key_scan(void)
297 {
298        uchar miao,s1num = 0;
299        if(menu == 0)
300   {
301        delay(5);
302            if(menu == 0)
303            {
304                while(!menu);
305                s1num + +;
306                while(1)
307                {
308                        if(menu == 0)
309                 {
```

```
310                 delay(5);
311                     if(menu == 0)
312                     {
313                         while(!menu);
314                          s1num + + ;
315                     }
316             }
317         rd = 0;
318         miao = ReadSet1302(0x81);
319         second = miao;
320         WriteSet1302(0x80,miao|0x80);
321         write_com(0x0f);                       //光标闪射
322           if(s1num == 1)
323             {
324                 year = ReadSet1302(0x8d);
325                 write_com(0x80 + 4);           //年光标
326                 if(add == 0)
327                {
328                     delay(3);
329                     if(add == 0)
330                    {
331                         while(!add);
332                         turn_val(year,1,0x8d,1);
333                 }
334               }
335                  if(dec == 0)
336                 {
337                         delay(3);
338                         if(dec == 0)
339                     {
340                         while(!dec);
341                         turn_val(year,0,0x8d,1);
342                         }
343                    }
344             }
345           if(s1num == 2)
346           {
347                 month = ReadSet1302(0x89);
348                 write_com(0x80 + 7);        //月光标
349                 if(add == 0)
350                 {
351                     delay(3);
352                     if(add == 0)
```

```
353                     {
354                         while(!add);
355                         turn_val(month,1,0x89,2);
356                     }
357                 }
358                 if(dec == 0)
359                 {
360                     delay(3);
361                     if(dec == 0)
362                     {
363                         while(!dec);
364                         turn_val(month,0,0x89,2);
365                     }
366             }
367         }
368         if(s1num == 3)
369         {
370             day = ReadSet1302(0x87);
371             write_com(0x80 + 10);              //日光标
372             if(add == 0)
373             {
374                 delay(3);
375                 if(add == 0)
376                 {
377                     while(!add);
378                     turn_val(day,1,0x87,3);
379                 }
380             }
381             if(dec == 0)
382             {
383                 delay(3);
384                 if(dec == 0)
385                 {
386                     while(!dec);
387                     turn_val(day,0,0x87,3);
388                 }
389             }
390         }
391         if(s1num == 4)
392         {
393             week = ReadSet1302(0x8b);
394             write_com(0x80 + 14);     //星期光标
395         if(add == 0)
```

```
396             {
397                 delay(3);
398                 if(add == 0)
399                  {
400                      while(!add);
401                      turn_val(week,1,0x8b,4);
402                      }
403             }
404                 if(dec == 0)
405                  {
406                      delay(3);
407                      if(dec == 0)
408                      {
409                        while(!dec);
410                        turn_val(week,0,0x8b,4);
411                       }
412                 }
413           }
414           if(s1num == 5)
415           {
416                  hour = ReadSet1302(0x85);
417                  write_com(0x80 + 0x40 + 2); //时光标
418                  if(add == 0)
419           {
420                delay(3);
421                  if(add == 0)
422                  {
423                     while(!add);
424                       turn_val(hour,1,0x85,5);
425                       }
426           }
427                  if(dec == 0)
428                  {
429                      delay(3);
430                      if(dec == 0)
431                  {
432                       while(!dec);
433                      turn_val(hour,0,0x85,5);
434                  }
435           }
436        }
437        if(s1num == 6)                                    //调时间分
438          {
```

```
439                         minute = ReadSet1302(0x83);
440                         write_com(0x80 + 0x40 + 5);
441                         if(add == 0)
442                         {
443                             delay(5);
444                             if(add == 0)
445                             {
446                               while(!add);
447                               turn_val(minute,1,0x83,6);
448                             }
449                         }
450                     if(dec == 0)
451                         {
452                             delay(3);
453                             if(dec == 0)
454                             {
455                               while(!dec);
456                               turn_val(minute,0,0x83,6);
457                             }
458                         }
459                     }
460                     if(s1num == 7)                         //调时间秒
461                     {
462                         second = ReadSet1302(0x81);
463                         write_com(0x80 + 0x40 + 8); //秒光标
464                         if(add == 0)
465                         {
466                           delay(3);
467                           if(add == 0)
468                           {
469                               while(!add);
470                               if(second == 0x60)
471                               second = 0x00;
472                               turn_val(second,1,0x81,7);
473                             }
474                           }
475                           if(dec == 0)
476                           {
477                               delay(3);
478                               if(dec == 0)
479                           {
480                               while(!dec);
481                               turn_val(second,0,0x81,7);
```

```
482                                     }
483                                 }
484                         }
485                         if(s1num == 8)
486                          {
487                                     miao = ReadSet1302(0x81);
488                                     second = miao;
489                                     WriteSet1302(0x80,second&0x7f);
490                                     s1num = 0;          //s1num 清零
491                                     write_com(0x0c);  //光标不闪烁
492                                     break;
493                             }
494                     }
495             }
496     }
497 }
498 void main()
499 {
500     init();
501     Init_DS1302();                                          //将 1302 初始化
502     while(1)
503     {
504         read_date();
505          key_scan();
506      }
507 }
```

六、系统调试

加载目标代码文件"*.hex"到单片机中，单击软件运行按钮▶开始仿真。单片机上电运行后 LCD 显示器第一行显示日期信息，如"2010 - 11 - 29　MON"，第二行显示时间，如"15 : 45 : 60"。

实验七　直流电机控制实验

一、实验目的

学习电机驱动芯片驱动直流电机的控制方法。

二、实验内容

利用电机控制专用芯片 L298N 控制电机正反转及停止。试利用 Proteus 平台，设计系统仿真用的电路原理图；利用 Keil 平台，编写应用程序；通过系统联调实现系统功能；通过系统联调实现系统功能。

三、实验预习要求

(1) 了解电机驱动芯片 L298N 的工作原理。

（2）了解直流电机的工作原理。

四、实验参考硬件电路

实验参考硬件电路原理图如图 9-26 所示。三个按键控制两个直流电机。第一个按下时，两个电机同时正转，按下第二个时，两个电机同时反转，按下第三个时，两个电机同时停止。

五、实验参考应用程序

实验参考应用程序代码清单：

```
1 #include <reg52.h>
2 sbit IN1 = P3^4;
3 sbit IN2 = P3^5;
4 sbit IN3 = P3^6;
5 sbit IN4 = P3^7;
6 sbit ENA = P1^2;
7 sbit ENB = P1^3;
8 sbit key0 = P1^4;
9 sbit key1 = P1^5;
10 sbit key2 = P1^6;
11 #define uchar unsigned char
12 unsigned int pwm_H;
13 unsigned int pwm_L;
14 /*********** 初始函数函数 **********************************/
15 /* 说明:初始化系统,调用速度设置函数前请先初始化 */
16 void delay(uchar x)
17 {uchar i,j;
18 for(i = x;i>0;i--)
19 for(j = 110;j>0;j--);}
20 /*********** 速度设置函数 **********************************/
21 /* 说明:左转设置函数 */
22 void TurnLeft()
23 {
24              IN1 = 0;
25              IN2 = 1;
26              IN3 = 0;
27              IN4 = 1;
28 }
29 /*********** 速度设置函数 **********************************/
30 /* 说明:右转设置函数 */
31 void TurnRight()
32 {
33              IN1 = 1;
34              IN2 = 0;
35              IN3 = 1;
```

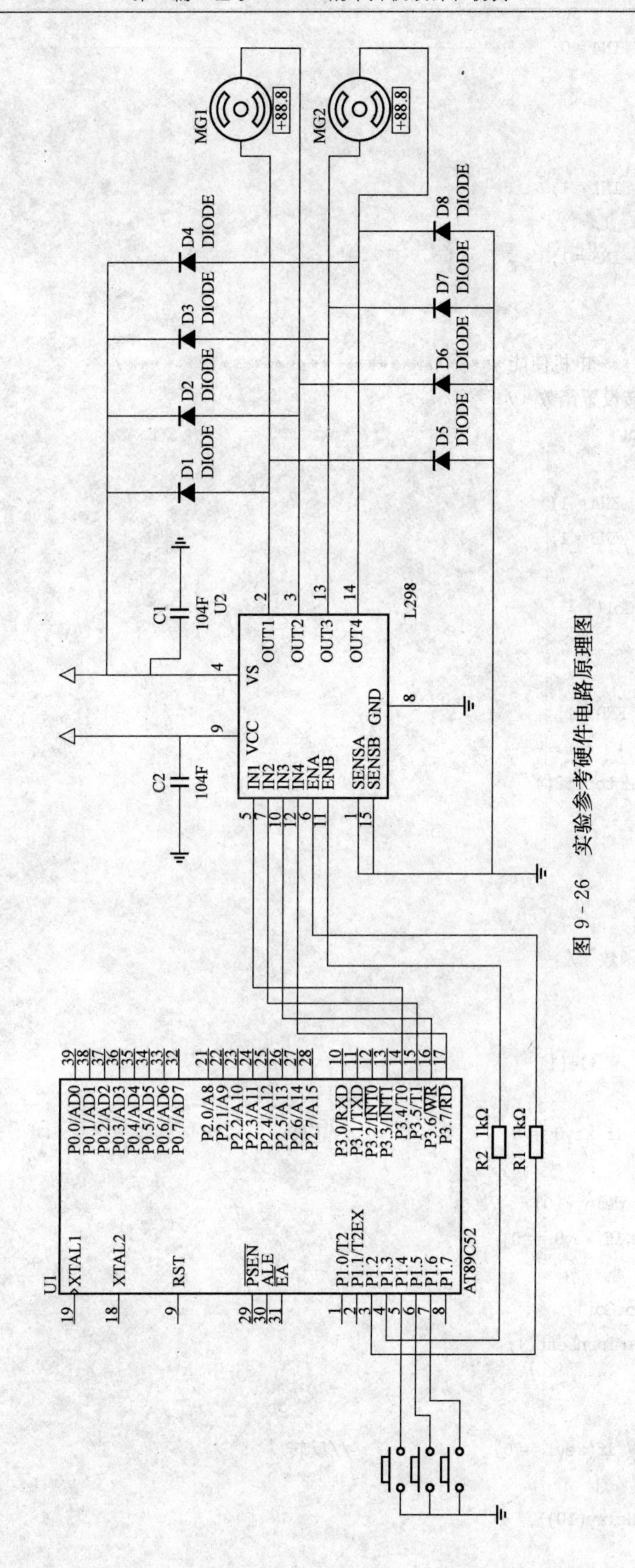

图 9-26　实验参考硬件电路原理图

```
36              IN4 = 0;
37 }
38 void Stop()
39 {
40              IN1 = 1;
41          IN2 = 1;
42              IN3 = 1;
43 IN4 = 1;
44 }
45 /************ 电机使能 ********************************/
46 /* 说明:右转设置函数 */
47 void MotorGo()
48 {
49              ENA = 1;
50              ENB = 1;
51 }
52  void MotorGo1()
53 {
54 ENA = 1;
55              ENB = 1;
56              }
57      void MotorGo2()
58 {
59 ENA = 1;
60 ENB = 1;
61             }
62 /* 说明:主函数 */
63 void main()
64 {
65              while(1)
66      {
67              if(key0 == 0)               //正转
68          {
69              delay(10);
70              if(key0 == 0)
71          {
72          MotorGo();
73              TurnLeft();
74      }
75          }
76              if(key1 == 0)               //反转
77              {
78            delay(10);
```

```
79                  if(key1 == 0)
80                {
81           MotorGo1();
82                TurnRight() ;
83           }
84                }
85                if(key2 == 0)              //停止
86                {
87           delay(10);
88                    if(key2 == 0)
89                {
90           MotorGo2();
91                 Stop();
92           }
93         }
94     }
95  }
```

六、系统调试

加载目标代码文件“*.hex”到单片机中，单击软件运行按钮▶开始仿真。要求按下顺时针旋转按钮后电动机开始正转，按下停止按钮后电动机停转，按下逆时针旋转按钮后电动机开始反转。

实验八　温度显示实验

一、实验目的

通过温度传感器DS18B20实现温度的测量。

二、实验内容

单片机读取温度传感器DS18B20测量的环境温度，并用LCD1602显示。试利用Proteus软件，设计系统仿真用的电路原理图；利用Keil软件，编写系统应用程序；调试系统的软硬件，实现系统的功能。

三、实验预习要求

(1) 了解DS18B20的工作原理。

(2) 了解LCD液晶显示屏的显示方法。

四、实验参考硬件电路

实验八的参考硬件电路原理图如图9-27所示，DS18B20为数字温度传感器，通过P3.3传感采集数据；LCD1602通过P0口传输数据，P2.0～P2.2控制LCD1602的控制端。

五、实验参考应用程序

实验八的参考应用程序代码清单：

```
1 #include <reg52.h>
2 #include <intrins.h>
```

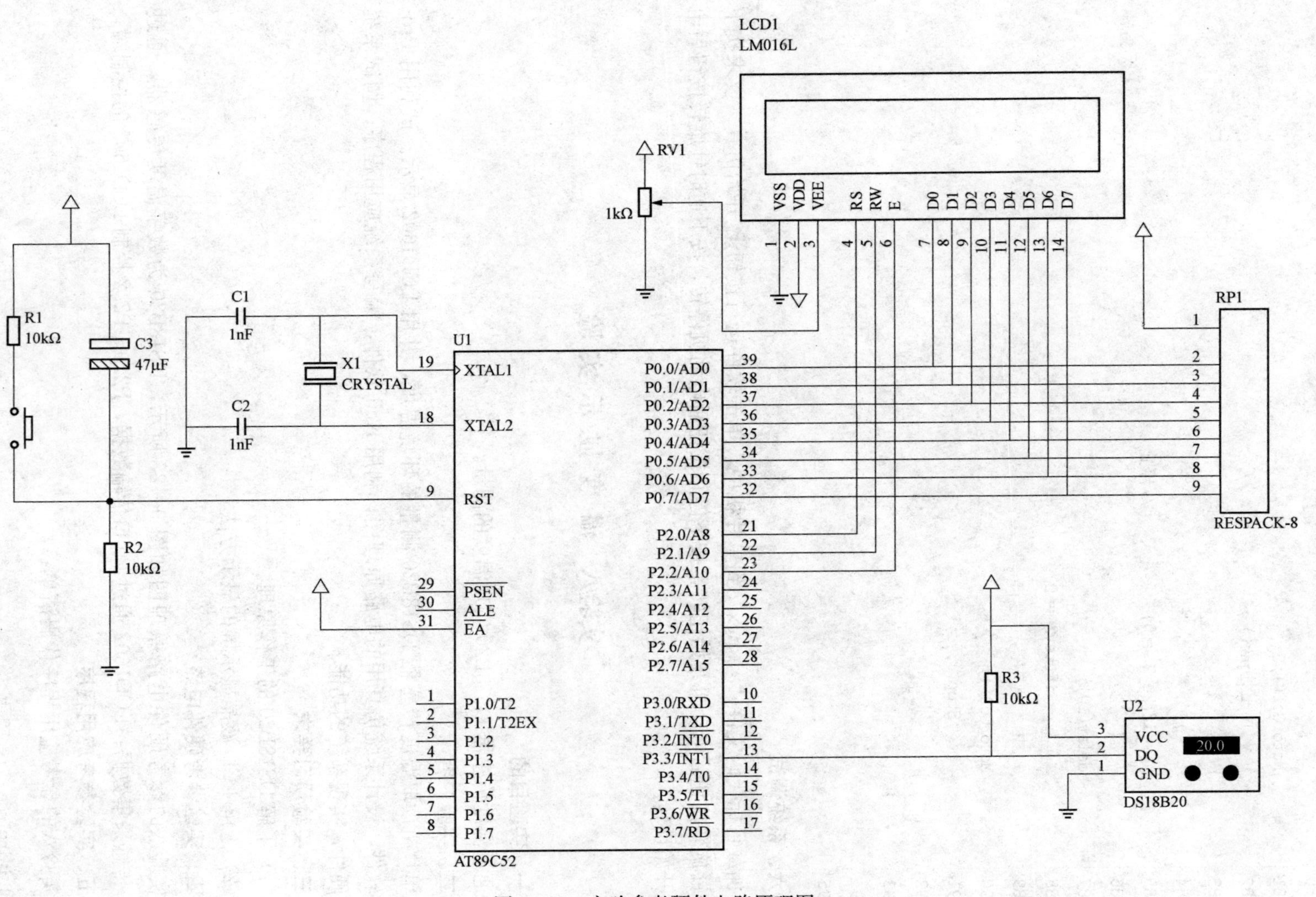

图 9-27　实验参考硬件电路原理图

```
3 #define uint unsigned int
4 #define uchar unsigned char
5 #define delay 4us() {_nop_();_nop_();_nop_();_nop_();}
       /*12MHz 系统频率下 延时 4μs*/
6 sbit DQ = P3^3;
7 sbit LCD_RS = P2^0;
8 sbit LCD_RW = P2^1;
9 sbit LCD_EN = P2^2;
10 uchar code Temp_Disp_Title[] = {"Current Temp : "};              //1602 液晶第一行显示内容
11 uchar Current_Temp_Display_Buffer[] = {" TEMP:        "};
   /*1602 液晶第二行显示内容 */
12 uchar code df_Table[] = { 0,1,1,2,3,3,4,4,5,6,6,7,8,8,9,9 }; //温度小数位对照表
13 uchar CurrentT = 0;                                         //当前读取的温度整数部分
14 uchar Temp_Value[] = {0x00,0x00};                           //从 DS18B20 读取的温度值
15 uchar Display_Digit[] = {0,0,0,0};                          //待显示的各温度数位
16 bit DS18B20_IS_OK = 1;                                      //DS18B20 正常标志
17 void DelayXus(uint x)                                       //延时 1s
18 {
19    uchar i;
20    while(x--)
21       {
22       for(i=0;i<200;i++);
23       }
24 }
25 bit LCD_Busy_Check()                                         //LCD 忙标志,返回值为 1602LCD
                                                                 的忙标志位,为 1 表示忙
26 {
27    bit result;
28    LCD_RS = 0;
29    LCD_RW = 1;
30    LCD_EN = 1;
31    delay4us();
32    result = (bit)(P0&0x80);
33    LCD_EN=0;
34    return result;
35 }
36 void Write_LCD_Command(uchar cmd)                           //1602LCD 写指令函数
37 {
38  while(LCD_Busy_Check());
39    LCD_RS = 0;
40    LCD_RW = 0;
41    LCD_EN = 0;
42    _nop_();
43    _nop_();
```

```
44    P0 = cmd;
45    delay4us();
46    LCD_EN = 1;
47    delay4us();
48    LCD_EN = 0;
49 }
50 void Write_LCD_Data(uchar dat)   //1602LCD写数据函数
51 {
52   while(LCD_Busy_Check());
53    LCD_RS = 1;
54    LCD_RW = 0;
55    LCD_EN = 0;
56    P0 = dat;
57    delay4us();
58    LCD_EN = 1;
59    delay4us();
60    LCD_EN = 0;
61 }
62 void LCD_Initialise()            //1602LCD初始化
63 {
64     Write_LCD_Command(0x01);
65     DelayXus(5);
66     Write_LCD_Command(0x38);
67     DelayXus(5);
68     Write_LCD_Command(0x0c);
69     DelayXus(5);
70     Write_LCD_Command(0x06);
71     DelayXus(5);
72 }
73 void Set_LCD_POS(uchar pos)      //1602LCD设置显示位置,2012年8月13日星期一
74 {
75     Write_LCD_Command(pos|0x80);
76 }
77 void Delay(uint x)               //延时2s
78 {
79     while(x--);
80 }
81 uchar Init_DS18B20()             //初始化,或者说复位,DS18B20
82 {
83     uchar status;
84     DQ = 1;
85     Delay(8);
86     DQ = 0;
```

```
87     Delay(90);
88     DQ = 1;
89     Delay(8);
90     status = DQ;
91     Delay(100);
92     DQ = 1;
93     return status;
94 }
95     uchar ReadOneByte()          //从 DS18B20 读一字节数据
96 {
97     uchar i,dat = 0;
98     DQ = 1;
99     _nop_();
100    for(i = 0;i<8;i++)
101 {
102     DQ = 0;
103     dat >>= 1;
104     DQ = 1;
105     _nop_();
106     _nop_();
107    if(DQ)
108     dat |= 0X80;
109     Delay(30);
110     DQ = 1;
111 }
112     return dat;
113 }
114 void WriteOneByte(uchar dat) //从 DS18B20 写一字节数据
115 {
116     uchar i;
117    for(i = 0;i<8;i++)
118 {
119     DQ = 0;
120     DQ = dat& 0x01;
121     Delay(5);
122     DQ = 1;
123     dat >>= 1;
124 }
125 }
126 void Read_Temperature()        //从 DS18B20 读取温度值
127{
128    if(Init_DS18B20() == 1)    //DS18B20 故障
129     DS18B20_IS_OK = 0;
```

```
130   else
131 {
132    WriteOneByte(0xcc);                              //跳过序列号命令
133    WriteOneByte(0x44);                              //启动温度转换命令
134    Init_DS18B20(); /*复位DS18B20 每一次读写之前都要对DS18B20进行复位操作*/
135    WriteOneByte(0xcc);                              //跳过序列号命令
136    WriteOneByte(0xbe);                              //读取温度寄存器
137    Temp_Value[0] = ReadOneByte();                   //读取温度低8位,先读低字节,再读高
                                                           字节
138    Temp_Value[1] = ReadOneByte();                   //读取温度高8位,每次只能读一个字节
139    DS18B20_IS_OK = 1;                               //DS18B20正常
140 }
141 }
142 void Display_Temperature()                          //在1602LCD上显示当前温度
143 {
144    uchar i;
145    uchar t = 150, ng = 0;                           //延时值与负数标志
146   if((Temp_Value[1]&0xf8) == 0xf8)  /*高字节高5位如果全为1,则为负数,为负数时取反 */
147 {                                                   //加1,并设置负数标志为1
148    Temp_Value[1] = ~Temp_Value[1];
149    Temp_Value[0] = ~Temp_Value[0] + 1;
150   if(Temp_Value[0] == 0x00)                         //若低字节进位,则高字节加1
151    Temp_Value[1]++;
152    ng = 1;                                          //设置负数标志为1
153 }
154    Display_Digit[0] = df_Table[Temp_Value[0]& 0x0f];//查表得到温度小数部分
       /*获取温度整数部分,低字节低4位清零,高4位右移4位+高字节高5位清零
       低三位左移4位 */
155    CurrentT = ((Temp_Value[0]& 0xf0)>>4) | ((Temp_Value[1]& 0x07)<<4);
       /*将温度整数部分分解为3位待显示数字*/
156    Display_Digit[3] = CurrentT/100;
157    Display_Digit[2] = CurrentT%100/10;
158    Display_Digit[1] = CurrentT%10;
       /*刷新LCD缓冲,加字符0是为了将待数字转化为字符显示*/
159    Current_Temp_Display_Buffer[11] = Display_Digit[0] + '0';
160    Current_Temp_Display_Buffer[10] = '.';
161    Current_Temp_Display_Buffer[9]  = Display_Digit[1] + '0';
162    Current_Temp_Display_Buffer[8]  = Display_Digit[2] + '0';
163    Current_Temp_Display_Buffer[7]  = Display_Digit[3] + '0';
164   if(Display_Digit[3] == 0)  //高位为0时不显示
165    Current_Temp_Display_Buffer[7]  = ' ';
166   if(Display_Digit[2] == 0&&Display_Digit[3] == 0)  /*高位为0且次高位为0,则次高位不
                                                           显示*/
```

```
167   Current_Temp_Display_Buffer[8]  = '';   //负号显示在恰当位置
168  if(ng)
169 {
170  if(Current_Temp_Display_Buffer[8]  == '')
171   Current_Temp_Display_Buffer[8]  = '-';
172  else if(Current_Temp_Display_Buffer[7]  == '')
173   Current_Temp_Display_Buffer[7]  = '-';
174  else
175   Current_Temp_Display_Buffer[6]  = '-';
176 }
177   Set_LCD_POS(0x00);                      //第一行显示标题
178  for(i = 0;i<16;i + + )
179 {
180   Write_LCD_Data(Temp_Disp_Title[i]);
181 }
182   Set_LCD_POS(0x40);                      //第二行显示当前温度
183  for(i = 0;i<16;i + + )
184 {
185   Write_LCD_Data(Current_Temp_Display_Buffer[i]);
186 }
    /* 显示温度符号 * /
187   Set_LCD_POS(0x4d);
188   Write_LCD_Data(0x00);
189   Set_LCD_POS(0x4e);
190   Write_LCD_Data('C');
191 }
192 void main()                               //主函数
193 {
194   LCD_Initialise();
195   Read_Temperature();
196   Delay(50000);
197   Delay(50000);
198   while(1)
199 {
200   Read_Temperature();
201  if(DS18B20_IS_OK)
202   Display_Temperature();
203   DelayXus(100);
204 }
205 }
```

六、系统调试

加载目标代码文件“*.hex”到单片机中，单击软件运行按钮开始仿真。LCD 显示器第一行显示提示信息“Current Temp:”，第二行显示实时的温度值“TEMP：20.0 C”，实时温度值会随着DS18B20温度不同而改变。

实验九　串口通信实验

一、实验目的

学习通过MAX232芯片进行上位机和下位机之间通信的方法。

二、实验内容

利用RS232模块通过串口调试助手发送数据EE给单片机并接收单片机发送的数据。试利用Proteus平台，和虚拟串口软件及串口调试助手软件设计系统仿真用的电路原理图；利用Keil平台，编写应用程序；通过系统联调实现系统功能；通过系统联调实现系统功能。

三、实验预习要求

（1）了解MAX232芯片的工作原理。

（2）了解串行口接发数据的工作原理。

四、实验参考硬件电路

实验参考硬件电路原理图如图9-28所示，上位机通过RS-232发送数据EE给单片机，使得LED的D1和D5点亮。

五、实验参考应用程序

实验参考应用程序代码清单：

```
1   #include<reg52.h>
2   unsigned char flag,a;
3   void main()
4   {
5   TMOD = 0x20;                        //定时器1工作方式2
6   TH1 = 0xfd;                         //装初始值
7   TL0 = 0xfd;
8   TR1 = 1;                            //定时器1运行控制位,置1启动定时器
9   REN = 1;                            //允许串行接收位,置1允许串行口接收数据
10  SM0 = 0;                            //共同决定了串行口工作方式1
11  SM1 = 1;                            //共同决定了串行口工作方式1
12  EA = 1;                             //全局中断允许位,置1打开全局中断
13  ES = 1;                             //串行口中断允许位,置1打开串行口中断
14  while(1)
15      {
16              if(flag == 1)
17              {
18                      ES = 0;        //置0为关闭串行口中断允许位
19                      flag = 0;
20                      SBUF = a;      //调用了接收缓冲器
21                      whilc(!TI);    //判断是否发送完了数据,发送完了则跳出循环
22                                     //等待它发送完,发送完了置1
23                      TI = 0;        //取消发送中断申请
```

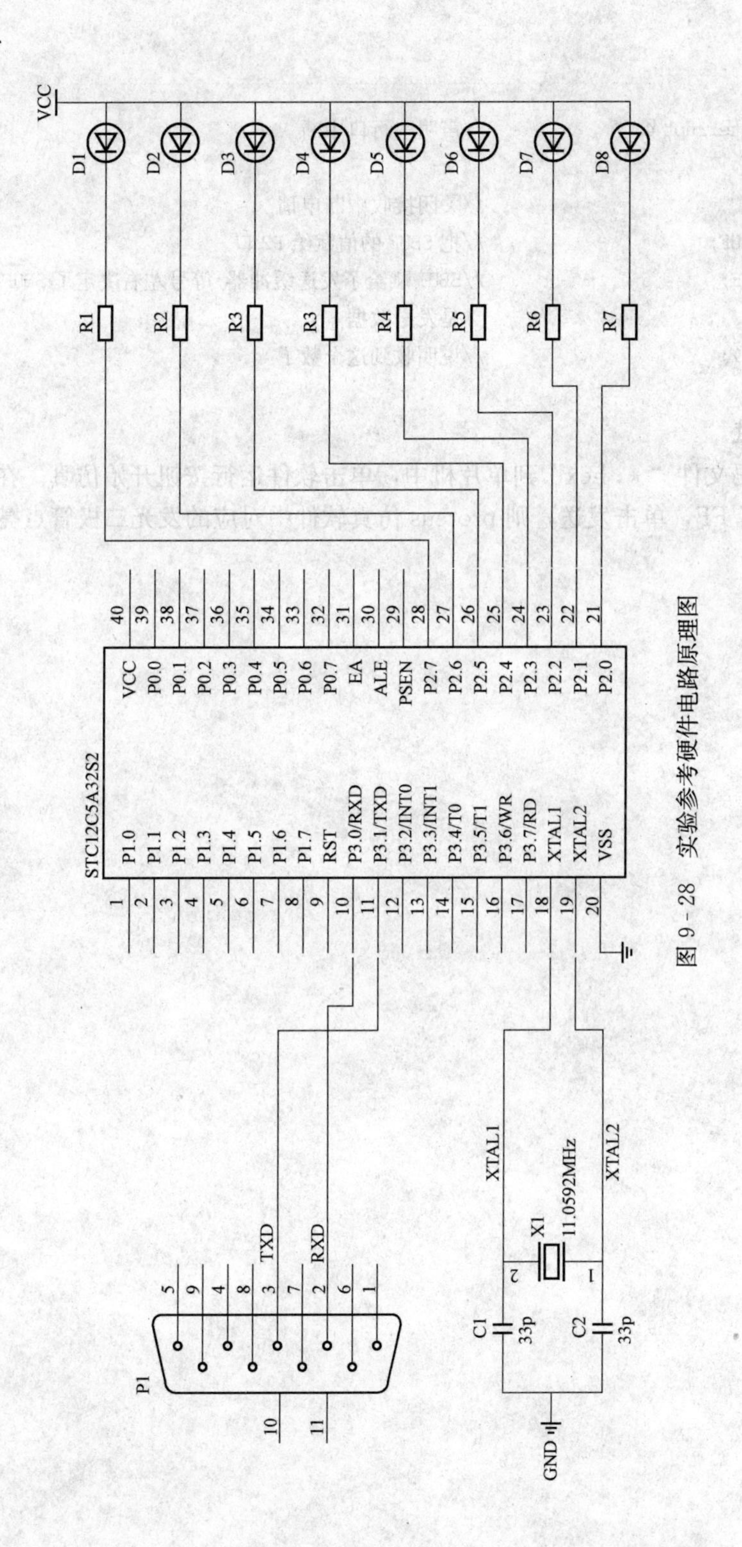

图 9-28　实验参考硬件电路原理图

```
24                     ES = 1;//打开串行口中断
25            }
26      }
27  }
28 void ser()interrupt 4          //声明串行口中断
29  {
30      RI = 0;                   //关闭接收中断申请
31      P2 = SBUF;                //把 SBUF 的值赋给 P2 口
32      a = SBUF;                 //SBUF 赋给了发送缓冲器;等号左右决定了 SBUF 是接收数据还
                                   是发送数据
33      flag = 1;                 //说明收到这个数了
34  }
```

六、系统调试

加载目标代码文件“*.hex”到单片机中，单击软件运行按钮开始仿真。在串口调试助手中输入 EE 或者 FF，单击发送，则 proteus 仿真软件中对应的发光二极管点亮或者熄灭。

第 10 章　基于 Proteus 的单片机基础实验

实验一　单片机输出端口控制 8 个 LED 灯实验

一、实验目的

学习单片机并行端口用作通用输出端口的方法，并学习采用模块化设计思想开发单片机程序。

二、实验内容

用 AT89S52 并行口控制 8 只发光二极管以每隔 1s 的频率闪烁一次。试利用 Proteus 软件，设计系统仿真用的电路原理图；利用 Keil 软件，编写系统应用程序；调试系统的软硬件，实现系统的功能。

三、实验预习要求

(1) 预习单片机 I/O 端口用作通用输出端口的方法。

(2) 预习 C 语言的模块化设计思想。

四、实验参考硬件电路

实验参考硬件电路原理图如图 10-1 所示。单片机选用 AT89C52（Proteus 中没有 AT89S52 仿真元件），用 P1 端口控制 8 个发光二极管的状态，电阻 R3～R10 为限流电阻，电容 C1、C2 和晶振 X1 组成时钟电路，电容 C3、R2 组成上电复位电路，电阻 R1、R2 和开关 K1 组成按钮复位电路，各元件参数如图 10-1 所示。

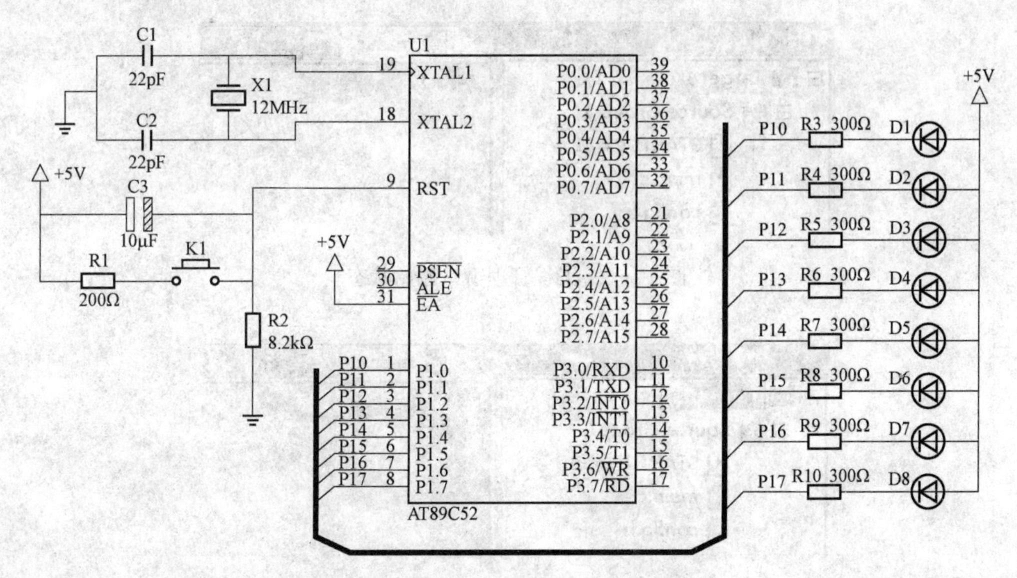

图 10-1　实验参考硬件电路原理图

五、实验参考应用程序[1]

1. 程序架构

实验参考应用程序架构如图 10 - 2 所示。整个程序分成三部分：System 文件夹中包含了系统创建时自建的启动文件 STARTUP. A51；Public 文件夹中包含了用户创建的系统配置头文件 config. h、延时函数定义文件 delay. c 和延时函数声明头文件 delay. h；Main 文件夹中包含了用户创建的定义主函数的文件 main. c。

扫一扫

实验步骤

工程管理窗口中的程序框架创建的方法是：

（1）根据前面介绍的 Keil 软件使用方法创建新的工程，新建 main. c 和 config. h 文件并加载到工程中，结果如图 10 - 3 所示。

（2）在“Target1”上单击鼠标左键，使分组号处于编辑状态，如图 10 - 4所示。

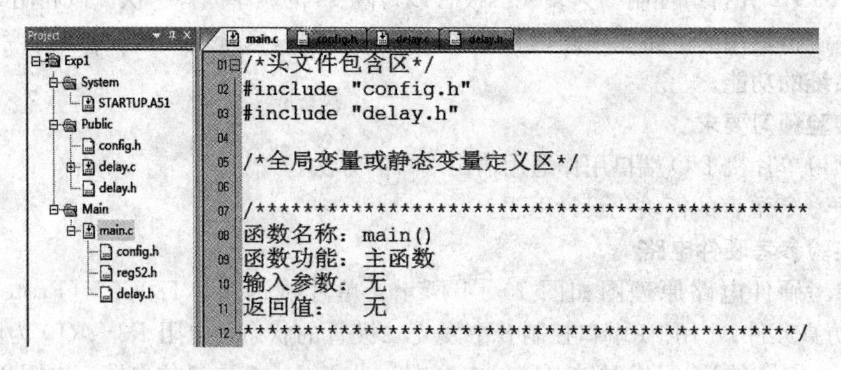

图 10 - 2　实验参考应用程序架构

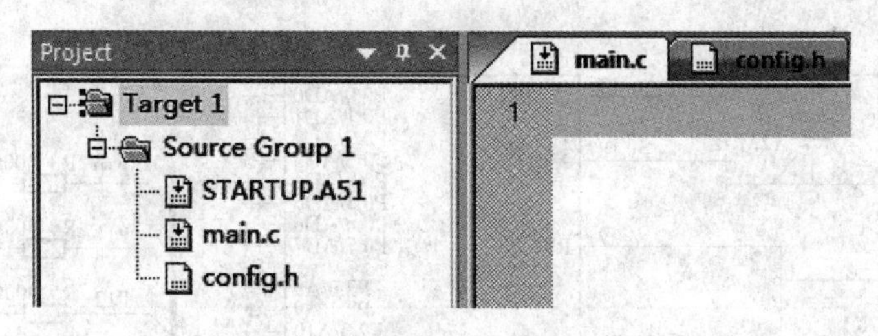

图 10 - 3　工程管理窗口原始状态

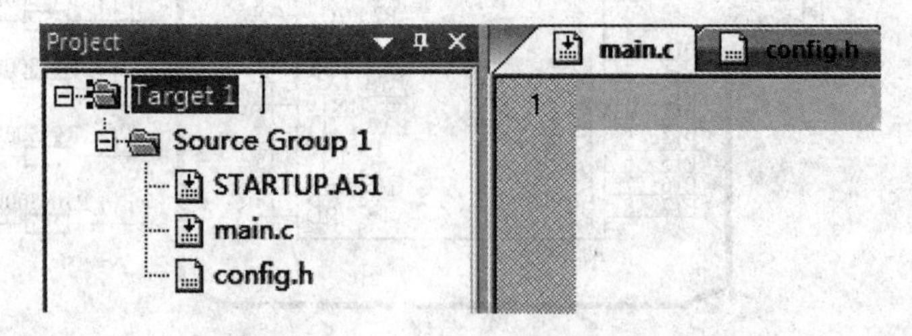

图 10 - 4　“Target1”处于编辑状态

[1] 本章实验参考程序全部采用 C 语言的模块化设计。

(3) 输入“Exp1”后回车即可完成分组号名称的修改。同样可以将“Source Group 1”修改为“System”，结果如图10-5所示。

图10-5　分组号名称修改成功后窗口

(4)“System”上右击鼠标，在弹出的属性对话框中单击“Add Group...”选项，然后输入“Main”后回车，窗口中即可添加新的分组。同样可以再增加“Public”分组，结果如图10-6所示。

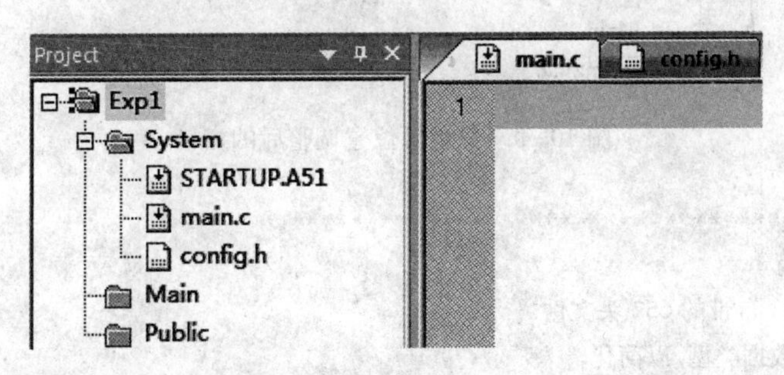

图10-6　新增“Main”和“Public”分组号窗口

(5) 将“System”组下面的main.c文件拖到“Main”组下面。同样将config.h文件拖到“Public”组下面，结果如图10-7所示。

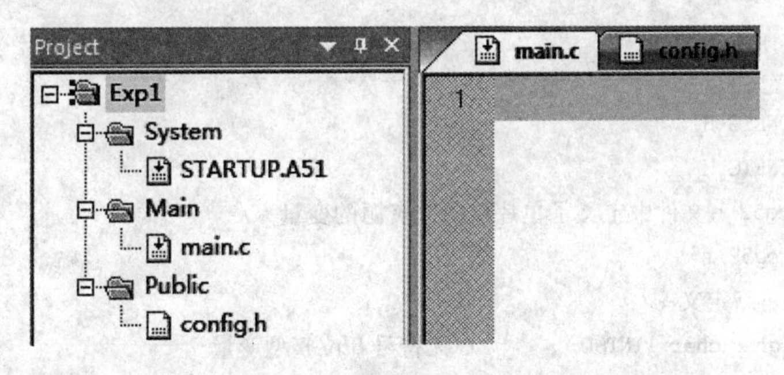

图10-7　不同功能的文件放入不同的分组号窗口

(6) 在任意分组号如“System”上右击鼠标，在弹出的属性对话框中单击“Manage Components...”选项，弹出如图10-8所示窗口。根据需要利用窗口中的上下箭头，调整分组号或文件的位置，调整后的结果如图10-9所示。

通过对工程中不同文件进行分组管理，可以使应用软件结构清晰，阅读性更强。

2. config.h源代码

config.h头文件的功能是对系统进行配置，其代码如下：

图 10-8　分组号和文件的位置调整窗口

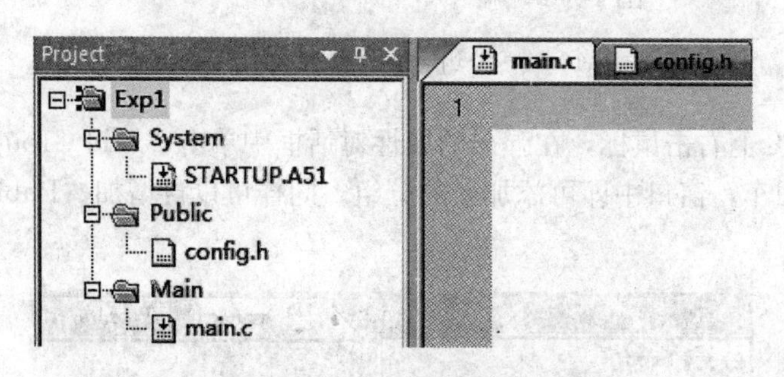

图 10-9　分组号位置调整后的窗口

```
1/ ************************************************
2 文件名:config.h
3 功能:包含 Keil 自带的 C52 头文件
4       重定义数据类型,以简化输入
5       单片机引脚功能定义
6       定义符号常量,方便程序修改
7 版权:
8 作者:           版本号:           日期:
9 修改:无
10 ************************************************ /
11 #ifndef _CONFIG_H_
12 #define _CONFIG_H_
13 /* 自带的 reg52.h 文件中定义了单片机内部资源的变量 */
14 #include "reg52.h"
15 /* 数据类型重新定义 */
16 typedef unsigned char  INT8U;      //无符号 8 位整型变量
17 typedef signed   char  INT8;       //有符号 8 位整型变量
18 typedef unsigned short INT16U;     //无符号 16 位整型变量
19 typedef signed   short INT16;      //有符号 16 位整型变量
20 typedef unsigned long  INT32U;     //无符号 32 位整型变量
21 typedef signed   long  INT32;      //有符号 32 位整型变量
22 typedef float          FP32;       //单精度浮点数(32 位长度)
23 typedef double         FP64;       //双精度浮点数(64 位长度)
24 /* 单片机引脚功能定义 */
25 /* 符号常量定义 */
```

```
26 #define  LED     P1                    //LED 灯控制端口
27 #endif
```

config. h 文件代码主要有四项配置任务：

（1）包含 Keil 软件自带的 reg52. h 头文件，参见第 14 行注释和第 15 行代码；

（2）重定义数据类型，以简化代码输入，参见第 17 行注释和第 18～25 行代码；

（3）单片机引脚功能定义，参见第 27 行注释，本例中没有定义单个引脚功能；

（4）符号常量的定义，参见第 29 行注释和第 30 行代码。

以上四项配置任务中，前两项配置在不同的项目中可以不用修改，但后面两项配置会随着项目功能不同而不同，需要根据实际需要做相应修改。

需要特别指出的是，第一项配置任务中的 reg52. h 头文件是软件自带的头文件，其功能是对单片机内部资源定义了相应的变量，其代码如下：

```
1 /*--------------------------------------------------------------------------
2 REG52. H
3 Header file for generic 80C52 and 80C32 microcontroller.
4 Copyright (c) 1988 - 2002 Keil Elektronik GmbH and Keil Software, Inc.
5 All rights reserved
6 --------------------------------------------------------------------------*/
7 #ifndef __REG52_H__
8 #define __REG52_H__
9 /*  BYTE Registers   */
10 sfr P0     = 0x80;
11 sfr P1     = 0x90;
12 sfr P2     = 0xA0;
13 sfr P3     = 0xB0;
14 sfr PSW    = 0xD0;
15 sfr ACC    = 0xE0;
16 sfr B      = 0xF0;
17 sfr SP     = 0x81;
18 sfr DPL    = 0x82;
19 sfr DPH    = 0x83;
20 sfr PCON   = 0x87;
21 sfr TCON   = 0x88;
22 sfr TMOD   = 0x89;
23 sfr TL0    = 0x8A;
24 sfr TL1    = 0x8B;
25 sfr TH0    = 0x8C;
26 sfr TH1    = 0x8D;
27 sfr IE     = 0xA8;
28 sfr IP     = 0xB8;
29 sfr SCON   = 0x98;
30 sfr SBUF   = 0x99;
```

```
31 sfr16 DPTR = 0x82;
32 /*   8052 Extensions   */
33 sfr T2CON   = 0xC8;
34 sfr RCAP2L = 0xCA;
35 sfr RCAP2H = 0xCB;
36 sfr TL2     = 0xCC;
37 sfr TH2     = 0xCD;
38 /*   BIT Registers   */
39 /*   PSW   */
40 sbit CY     = PSW^7;
41 sbit AC     = PSW^6;
42 sbit F0     = PSW^5;
43 sbit RS1    = PSW^4;
44 sbit RS0    = PSW^3;
45 sbit OV     = PSW^2;
46 sbit P      = PSW^0; //8052 only
47 /*   TCON   */
48 sbit TF1    = TCON^7;
49 sbit TR1    = TCON^6;
50 sbit TF0    = TCON^5;
51 sbit TR0    = TCON^4;
52 sbit IE1    = TCON^3;
53 sbit IT1    = TCON^2;
54 sbit IE0    = TCON^1;
55 sbit IT0    = TCON^0;
56 /*   IE   */
57 sbit EA     = IE^7;
58 sbit ET2    = IE^5; //8052 only
59 sbit ES     = IE^4;
60 sbit ET1    = IE^3;
61 sbit EX1    = IE^2;
62 sbit ET0    = IE^1;
63 sbit EX0    = IE^0;
64 /*   IP   */
65 sbit PT2    = IP^5;
66 sbit PS     = IP^4;
67 sbit PT1    = IP^3;
68 sbit PX1    = IP^2;
69 sbit PT0    = IP^1;
70 sbit PX0    = IP^0;
71 /*   P3   */
72 sbit RD     = P3^7;
73 sbit WR     = P3^6;
```

```
74 sbit T1     = P3^5;
75 sbit T0     = P3^4;
76 sbit INT1   = P3^3;
77 sbit INT0   = P3^2;
78 sbit TXD    = P3^1;
79 sbit RXD    = P3^0;
80 /*  SCON  */
81 sbit SM0    = SCON^7;
82 sbit SM1    = SCON^6;
83 sbit SM2    = SCON^5;
84 sbit REN    = SCON^4;
85 sbit TB8    = SCON^3;
86 sbit RB8    = SCON^2;
87 sbit TI     = SCON^1;
88 sbit RI     = SCON^0;
89 /*  P1  */
90 sbit T2EX   = P1^1; // 8052 only
91 sbit T2     = P1^0; // 8052 only
92 /*  T2CON  */
93 sbit TF2     = T2CON^7;
94 sbit EXF2    = T2CON^6;
95 sbit RCLK    = T2CON^5;
96 sbit TCLK    = T2CON^4;
97 sbit EXEN2   = T2CON^3;
98 sbit TR2     = T2CON^2;
99 sbit C_T2    = T2CON^1;
100 sbit CP_RL2 = T2CON^0;
101 #endif
```

头文件中定义的这些变量可以在程序中直接使用，注意这些变量均为大写，而且用户编程时不能再用这些变量名定义变量。

3. main. c 源代码

main. c 文件主要功能是定义主函数 main ()。在编程时，要尽量减少主函数中的代码量，功能相对独立的要编写相应的子函数放到主函数的外面，使用时主函数直接调用即可。

本例的 main () 函数的代码如下（注意程序清单中每行前面的数字为行号，主要是为了方便阅读，在输入代码时不能输入前面的行号）：

```
1 /*头文件包含区*/
2 #include "config.h"
3 #include "delay.h"
4 /*全局变量或静态变量定义区*/
5 /*****************************************************
6 函数名称:main()
7 函数功能:主函数
```

```
8 输入参数:无
9 返回值:  无
10 ********************************************/
11 void main()
12 {
13         /*局部变量定义区*/
14         /*系统初始化区*/
15         /*函数主体*/
16         while(1)
17         {
18           LED = 0x00;              //输出0,点亮LED灯
19           LongDelay(62000);        //延时约0.5s
20           LED = 0xff;              //输出1,关闭LED灯
21                LongDelay(62000);   //延时约0.5s
22         }
23 }
```

4. delay. c 源代码

delay. c 文件中定义了延时函数 LongDelay（），代码清单如下：

```
1 /********************************************
2 文件名:delay.c
3 功能:软件延时
4 版权:
5 作者:           版本号:          日期:
6 修改:
7 ********************************************/
8 #include "config.h"
9 /********************************************
10 函数名称:LongDelay()
11 函数功能:延时14s～525μs
12 输入参数:i:16位无符号整数
13 返回值:  无
14 ********************************************/
15 void LongDelay(INT16U i)
16{
17         while(--i);
18 }
```

5. delay. h 源代码

delay. h 头文件中对 delay. c 文件中定义的延时函数进行了声明，以便其他“ *.c”文件中调用这个延时函数。delay. h 代码清单如下：

```
1 #ifndef  _DELAY_H_
```

```
2 #define  _DELAY_H_
3 void LongDelay(INT16U i);  //延时时间 t = (8 * i + 14)us ,i = 62000 时延时约为 0.5ms
4 #endif
```

六、系统调试

加载目标代码文件“*.hex”到单片机中，单击软件运行按钮“▶”开始仿真。单片机上电后8个LED灯全部点亮，0.5s后全部熄灭，再0.5s后全部点亮，如此往复。

实验二　单片机输出端口控制1个LED灯实验

一、实验目的

学习单片机单个I/O端口用作通用输出端口的方法。

二、实验内容

利用单片机的单个I/O端口控制1个LED灯以每隔1s的频率亮灭。试利用Proteus软件，设计系统仿真用的电路原理图；利用Keil软件，编写系统应用程序；调试系统的软硬件，实现系统的功能。

三、实验预习要求

预习单片机单个I/O端口用作通用输出端口的方法。

四、实验参考硬件电路

实验参考硬件电路原理图如图10-10所示。用单片机P1.0口控制LED灯（D1）以1s的频率闪烁。

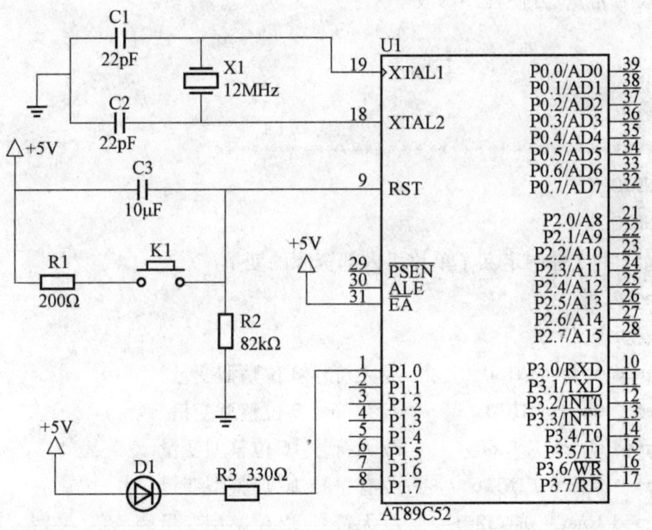

图10-10　实验参考硬件电路原理图

五、实验参考应用程序

1. 程序架构

程序架构如图所示10-11所示。整个程序分成三部分：System文件夹中包含了系统创建时自建的启动文件STARTUP.A51；Public文件夹中包含了用户创建的系统配置头文件config.h、延时函数定义文件delay.c和延时函数声明头文件delay.h；Main文件夹中包含了用户创建的定义主函数的文件 main. c。

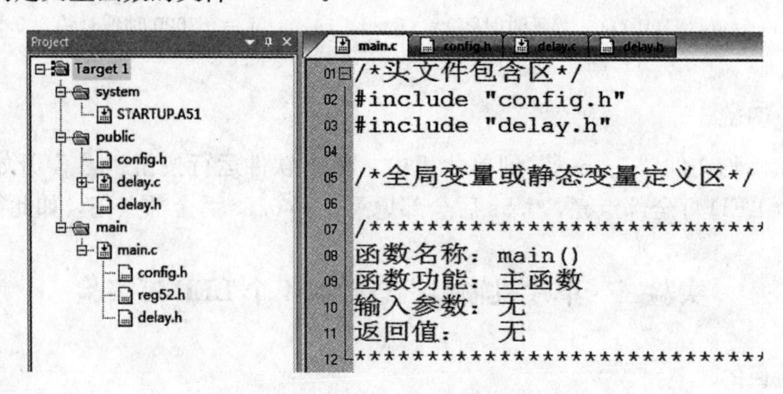

图 10-11　实验参考应用程序架构

2. config. h 源代码

与前面的代码相比，config. h 源代码只对“单片机引脚功能定义”和“符号常量定义”进行了修改，后面实验的 config. h 代码也都只在这两处作了修改。config. h 源代码清单：

```
1 /*************************************************
2 文件名:config.h
3 功能:包含 Keil 自带的 C52 头文件
4         重定义数据类型,以简化输入
5         单片机引脚功能定义
6         定义符号常量,方便程序修改
7 版权:
8 作者:     版本号:              日期:
9 修改:无
10 *************************************************/
11 #ifndef _CONFIG_H_
12 #define _CONFIG_H_
13 /* 自带的 reg52.h 文件中定义了单片机内部资源的变量 */
14 #include "reg52.h"
15 /* 数据类型重新定义 */
16 typedef unsigned char  INT8U;        //无符号 8 位整型变量
17 typedef signed   char  INT8;         //有符号 8 位整型变量
18 typedef unsigned short INT16U;       //无符号 16 位整型变量
19 typedef signed   short INT16;        //有符号 16 位整型变量
20 typedef unsigned long  INT32U;       //无符号 32 位整型变量
21 typedef signed   long  INT32;        //有符号 32 位整型变量
22 typedef float          FP32;         //单精度浮点数(32 位长度)
23 typedef double         FP64;         //双精度浮点数(64 位长度)
24 /* 单片机引脚功能定义 */
25 sbit LED = P1^0;
26 /* 符号常量定义 */
27 #endif
```

3. main. c 源代码

定义主函数的 main. c 源代码清单：

```
1 /* 头文件包含区 */
2 #include "config.h"
3 #include "delay.h"
4 /* 全局变量或静态变量定义区 */
5 /*********************************************
6 函数名称:main()
7 函数功能:主函数
8 输入参数:无
9 返回值:  无
10 *********************************************/
11 void main()
12 {
13         /* 局部变量定义区 */
14         /* 系统初始化区 */
15         /* 函数主体 */
16         while(1)
17         {
18                 LED = 0;            //输出0点量LED灯
19                 LongDelay(62000); //延时约0.5s
20                 LED = 1;            //输出1关闭LED灯
21                 LongDelay(62000); //延时约0.5s
22         }
23 }
```

4. delay. c 源代码

见实验一源代码清单。后面的实验中将不再列出。

5. delay. h 源代码

见实验一源代码清单。后面实验中将不再列出。

六、系统调试

加载目标代码文件“*.hex”到单片机中，单击软件运行按钮“▶”开始仿真。单片机上电后 D1 先点亮 0.5s 后熄灭，再过 0.5s 后点亮，如此往复。

实验三 单片机输出端口控制声光报警实验

一、实验目的

学习单片机 I/O 端口用作通用输出端口驱动大功率负载的方法。

二、实验内容

利用单片机的 I/O 端口控制 1 个 LED 灯和 1 个蜂鸣器，进行声光报警。试利用 Proteus 软件，设计系统仿真用的电路原理图；利用 Kei 软件，编写系统应用程序；调试系统的软硬件，实现系统的功能。

三、实验预习要求

预习单片机并行端口的驱动能力。

四、实验参考硬件电路

实验参考硬件电路原理图如图 10 - 12 所示。用单片机 P2.0 端口控制 LED 灯（D1），P2.1 口通过 PNP 三极管功率放大后驱动蜂鸣器，在 P2.0 端口和 P2.1 端口输出周期为 1s 脉冲信号，驱动 LED 灯和蜂鸣器进行声光报警。

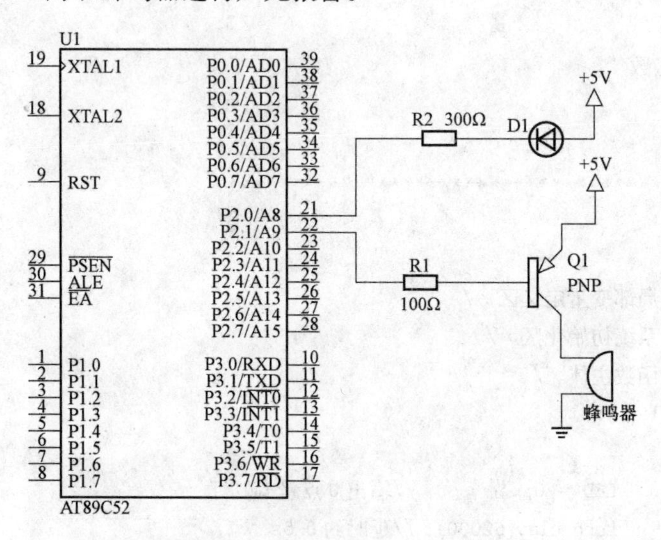

图 10 - 12 实验参考硬件电路原理图

五、实验参考应用程序

1. 程序架构

程序架构如图所示 10 - 13 所示。整个程序分成三部分：System 文件夹中包含了系统创建时自建的启动文件 STARTUP. A51；Public 文件夹中包含了用户创建的系统配置头文件 config. h、延时函数定义文件 delay. c 和延时函数声明头文件 delay. h；Main 文件夹中包含了用户创建的定义主函数的文件 main. c。

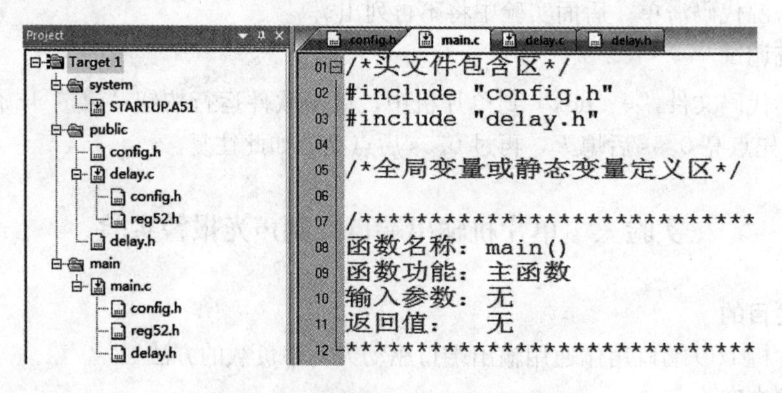

图 10 - 13 实验参考应用程序架构

2. config.h 源代码

config.h 源代码清单：

```
1 /*********************************************
2 文件名:config.h
3 功能:包含 Keil 自带的 C52 头文件
4      重定义数据类型,以简化输入
5      单片机引脚功能定义
6      定义符号常量,方便程序修改
7 版权:
8 作者:    版本号:              日期:
9 修改:无
10 *********************************************/
11 #ifndef _CONFIG_H_
12 #define _CONFIG_H_
13 /* 自带的 reg52.h 文件中定义了单片机内部资源的变量 */
14 #include "reg52.h"
15 /* 数据类型重新定义 */
16 typedef unsigned char  INT8U;     //无符号 8 位整型变量
17 typedef signed   char  INT8;      //有符号 8 位整型变量
18 typedef unsigned short INT16U;    //无符号 16 位整型变量
19 typedef signed   short INT16;     //有符号 16 位整型变量
20 typedef unsigned long  INT32U;    //无符号 32 位整型变量
21 typedef signed   long  INT32;     //有符号 32 位整型变量
22 typedef float          FP32;      //单精度浮点数(32 位长度)
23 typedef double         FP64;      //双精度浮点数(64 位长度)
24 /* 单片机引脚功能定义 */
25 sbit LED = P2^0;
26 sbit buzzer = P2^1;
27 /* 符号常量定义 */
28 #endif
```

3. main.c 源代码

定义主函数的 main.c 源代码清单：

```
1 /* 头文件包含区 */
2 #include "config.h"
3 #include "delay.h"
4 /* 全局变量或静态变量定义区 */
5 /*********************************************
6 函数名称:main()
7 函数功能:主函数
8 输入参数:无
9 返回值:  无
10 *********************************************/
```

```
11 void main()
12 {
13         /*局部变量定义区*/
14         /*系统初始化区*/
15         /*函数主体*/
16         while(1)
17         {
18             LED = 0;                //输出0,点亮LED灯
19             buzzer = 0 ;
20             LongDelay(62000);       //延时约0.5s
21             LED = 1;                //输出1,关闭LED灯
22             buzzer = 1 ;
23             LongDelay(62000);       //延时约0.5s
24         }
25 }
```

六、系统调试

加载目标代码文件“*.hex”到单片机中，单击软件运行按钮“▶”开始仿真。单片机上电后，LED灯被点亮，蜂鸣器发声；0.5s后LED熄灭，蜂鸣器停止发声；再过0.5s，LED灯被点亮，蜂鸣器发声，如此往复。

实验四　单片机输入端口读取8位按钮状态实验

一、实验目的

学习单片机并行端口用作通用输入端口的方法。

二、实验内容

用单片机并行端口采集8个按钮的状态，并根据按钮的开关状态控制8个LED灯的亮灭。试利用Proteus软件，设计系统仿真用的电路原理图；利用Keil软件，编写系统应用程序；调试系统的软硬件，实现系统的功能。

三、实验预习要求

预习单片机并行端口用作通用输入端口的方法。

四、实验参考硬件电路

实验参考硬件电路原理图如图10-14所示。用单片机P2端口采集8个开关的状态，用P1端口控制8个LED灯（D1～D8）。当开关闭合时，对应的LED灯点亮；当开关打开时，对应的LED灯熄灭。

五、实验参考应用程序

1. 程序架构

程序架构如图所示10-15所示。整个程序分成三部分：System文件夹中包含了系统创建时自建的启动文件STARTUP. A51；Public文件夹中包含了用户创建的系统配置头文件config. h、延时函数定义文件delay. c和延时函数声明头文件delay. h；Main文件夹中包含了用户创建的定义主函数的文件main. c。

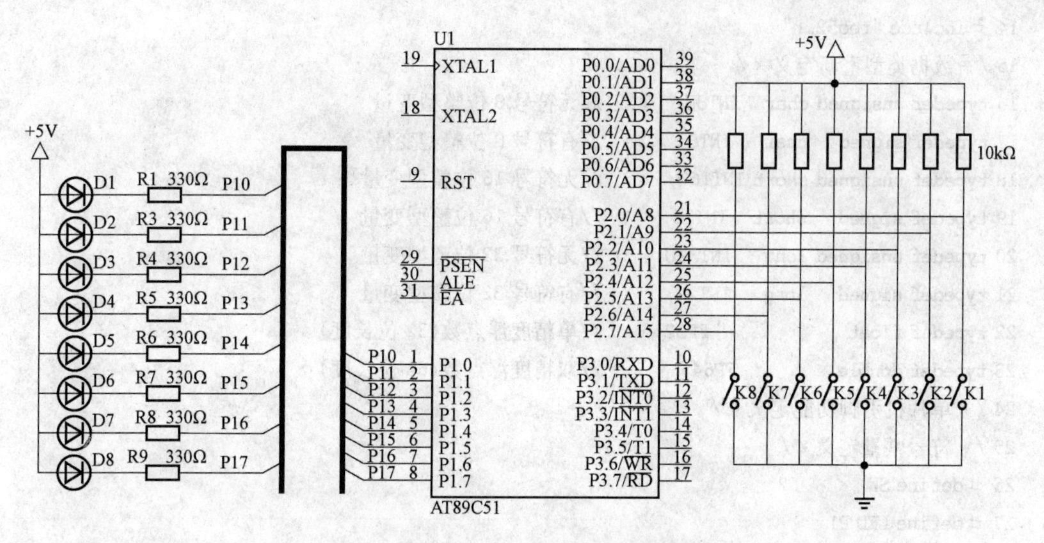

图 10-14　实验参考硬件电路原理图

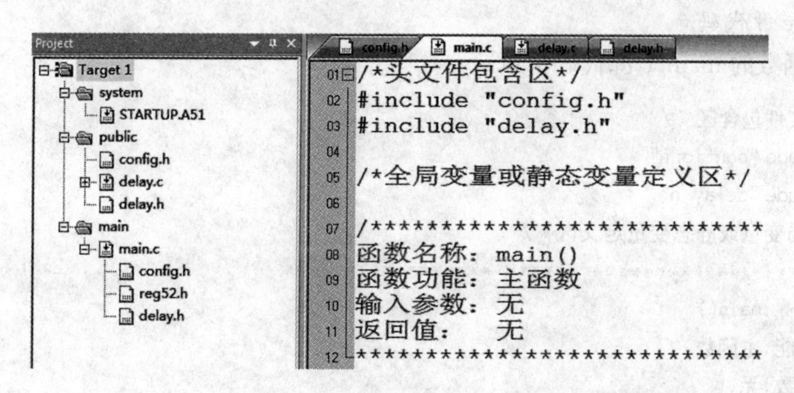

图 10-15　实验参考应用程序架构

2. config. h 源代码

config. h 源代码清单：

```
1 /**************************************************
2 文件名:config.h
3 功能:包含 Keil 自带的 C52 头文件
4       重定义数据类型,以简化输入
5       单片机引脚功能定义
6       定义符号常量,方便程序修改
7 版权:
8 作者:       版本号:         日期:
9 修改:无
10 **************************************************/
11 #ifndef _CONFIG_H_
12 #define _CONFIG_H_
13 /*自带的 reg52.h 文件中定义了单片机内部资源的变量*/
```

```
14 #include "reg52.h"
15 /*数据类型重新定义*/
16 typedef unsigned char  INT8U;      //无符号8位整型变量
17 typedef signed   char  INT8;       //有符号8位整型变量
18 typedef unsigned short INT16U;     //无符号16位整型变量
19 typedef signed   short INT16;      //有符号16位整型变量
20 typedef unsigned long  INT32U;     //无符号32位整型变量
21 typedef signed   long  INT32;      //有符号32位整型变量
22 typedef float          FP32;       //单精度浮点数(32位长度)
23 typedef double         FP64;       //双精度浮点数(64位长度)
24 /*单片机引脚功能定义*/
25 /*符号常量定义*/
26 #define SW     P2
27 #define LED P1
28 #endif
```

3. main.c 源代码

定义主函数的 main.c 源代码清单：

```
 1 /*头文件包含区*/
 2 #include "config.h"
 3 #include "delay.h"
 4 /*全局变量或静态变量定义区*/
 5 /***********************************************
 6 函数名称:main()
 7 函数功能:主函数
 8 输入参数:无
 9 返回值:  无
10 ***********************************************/
11 void main()
12 {
13         /*局部变量定义区*/
14         INT8U temp;
15         /*系统初始化区*/
16         SW = 0xff;                    //将开关连接的I/O端口定义为输入端口
17         /*函数主体*/
18         while(1)
19         {
20                 temp = SW;            //第一次读取开关状态
21                 LongDelay(1250);      //延时10ms再读一次开关状态
22                 if(temp == SW)
23                 {
24                     LED = temp;       //读入开关的状态控制LED灯亮灭
25                 }
```

```
26    }
27 }
```

六、系统调试

加载目标代码文件“*.hex”到单片机中，单击软件运行按钮“▶”开始仿真。合上开关 K1，D1 点亮，打开开关 K1，D1 熄灭，其他开关操作过程类似。

实验五　单片机输入端口读取 1 位按钮状态实验

一、实验目的

学习单片机单个 I/O 端口用作通用输入端口的方法。

二、实验内容

用单片机单个 I/O 端口采集 1 个按钮的状态，按钮每按一次，LED 灯改变一次状态。试利用 Proteus 软件，设计系统仿真用的电路原理图；利用 Keil 软件，编写系统应用程序；调试系统的软硬件，实现系统的功能。

三、实验预习要求

预习单片机单个 I/O 端口用作通用输入端口的方法。

四、实验参考硬件电路

实验参考硬件电路原理图如图 10-16 所示。用单片机 P2.0 端口采集按钮的状态，用 P1.0 端口控制 D1 灯亮灭。

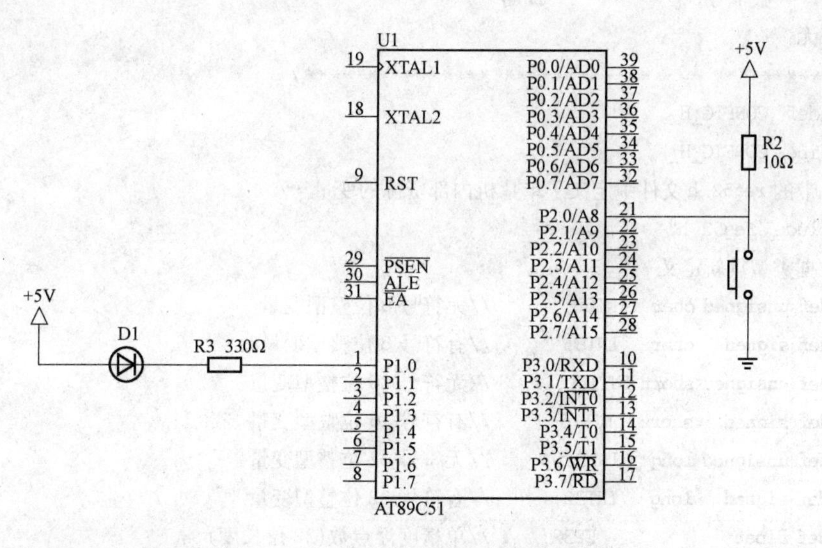

图 10-16　实验参考硬件电路原理图

五、实验参考应用程序

1. 程序架构

实验五的程序架构如图所示 10-17 所示。整个程序分成三部分：System 文件夹中包含了系统创建时自建的启动文件 STARTUP.A51；Public 文件夹中包含了用户创建的系统配置头文件 config. h、延时函数定义文件 delay. c 和延时函数声明头文件 delay. h；Main 文件夹中包含了用户创建的定义主函数的文件 main. c。

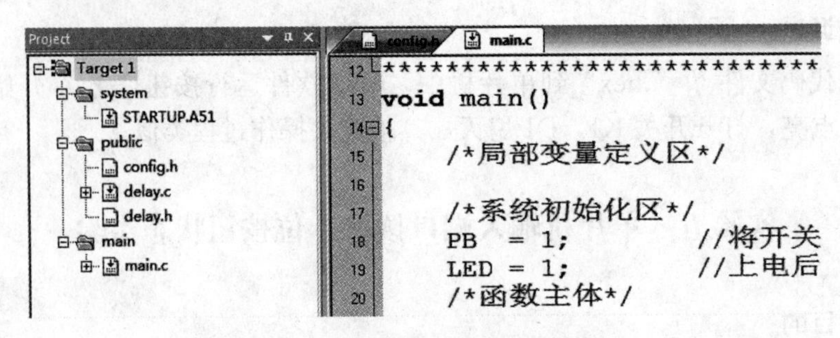

图 10-17 实验参考应用程序架构

2. config. h 源代码

config. h 源代码清单：

```
1 /**********************************************
2 文件名:config. h
3 功能:包含 Keil 自带的 C52 头文件
4      重定义数据类型,以简化输入
5      单片机引脚功能定义
6      定义符号常量,方便程序修改
7 版权:
8 作者:      版本号:                日期:
9 修改:无
10 *********************************************/
11 #ifndef _CONFIG_H_
12 #define _CONFIG_H_
13 /* 自带的 reg52. h 文件中定义了单片机内部资源的变量 */
14 #include "reg52. h"
15 /* 数据类型重新定义 */
16 typedef unsigned char  INT8U;      //无符号 8 位整型变量
17 typedef signed   char  INT8;       //有符号 8 位整型变量
18 typedef unsigned short INT16U;     //无符号 16 位整型变量
19 typedef signed   short INT16;      //有符号 16 位整型变量
20 typedef unsigned long  INT32U;     //无符号 32 位整型变量
21 typedef signed   long  INT32;      //有符号 32 位整型变量
22 typedef float          FP32;       //单精度浮点数(32 位长度)
23 typedef double         FP64;       //双精度浮点数(64 位长度)
24 /* 单片机引脚功能定义 */
25 sbit PB = P2^0;                    //用 P2. 0 端口采集按钮状态
26 sbit LED = P1^0;                   //用 P1. 0 端口控制 LED 灯亮灭
27 /* 符号常量定义 */
28 #endif
```

3. main. c 源代码

定义主函数的 main. c 源代码清单：

```
1 /*头文件包含区*/
2 #include "config.h"
3 #include "delay.h"
4 /*全局变量或静态变量定义区*/
5 /*********************************************
6 函数名称:main()
7 函数功能:主函数
8 输入参数:无
9 返回值:  无
10 *********************************************/
11 void main()
12 {
13         /*局部变量定义区*/
14         /*系统初始化区*/
15         PB = 1;                                   //将开关连接端口定义为输入端口
16         LED = 1;                                  //上电后 LED 灯灭
17         /*函数主体*/
18         while(1)
19         {
20                 if(0 == PB)
21                 {
22                         LongDelay(1250);       //延时 10ms,用于消抖
23                         if(0 == PB)
24                         {
25                                 while(0 == PB);//等待按键释放
26                                 LongDelay(1250);//延时 10ms,用于消抖
27                                 while(0 == PB);//等待按键释放
28                                 LED = !LED;
29                         }
30                 }
31         }
32 }
```

六、系统调试

加载目标代码文件“*.hex”到单片机中，单击软件运行按钮“▶”开始仿真。单片机上电后 LED 灯不亮，单击按钮，LED 灯点亮；再单击按钮，LED 灯熄灭。

实验六　单个外部中断使用实验

一、实验目的

学习单片机单个外部中断的使用方法。

二、实验内容

系统上电后，模拟主程序的LED灯常亮。用单片机的外部中断0采集按钮状态，每采集到按钮动作一次，就控制模拟中断程序的LED灯状态变化一次，模拟主程序的LED灯熄灭2s后再点亮。试利用Proteus软件，设计系统仿真用的电路原理图；利用Keil软件，编写系统应用程序；调试系统的软硬件，实现系统的功能。

三、实验预习要求

预习外部中断使用的原理。

四、实验参考硬件电路

实验参考硬件电路原理图如图10-18所示。外部中断0用于采集按钮的状态，P1.0端口控制模拟主程序的D1灯亮灭，P1.1端口控制用来模拟中断程序的D2灯亮灭。

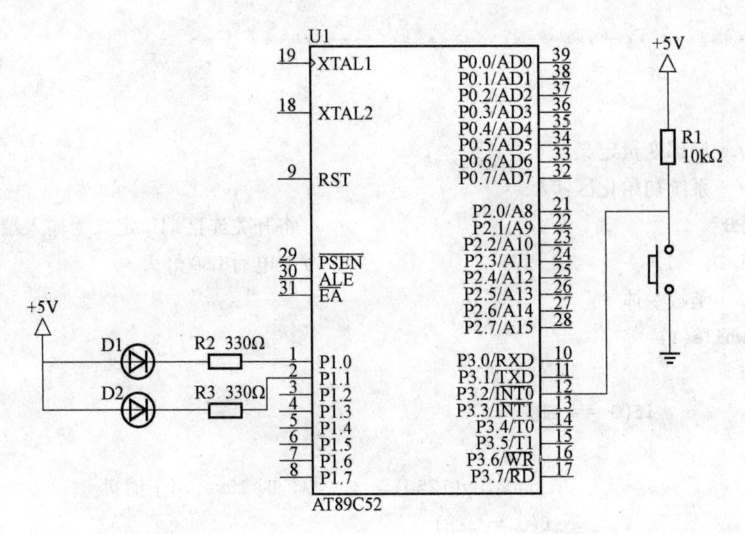

图10-18 实验参考硬件电路原理图

五、实验参考应用程序

1. 程序架构

实验六的程序架构如图所示10-19所示。整个程序分成三部分：System文件夹中包含了系统创建时自建的启动文件STARTUP. A51；Public文件夹中包含了用户创建的系统配置头文件config. h、延时函数定义文件delay. c和延时函数声明头文件delay. h；Main文件

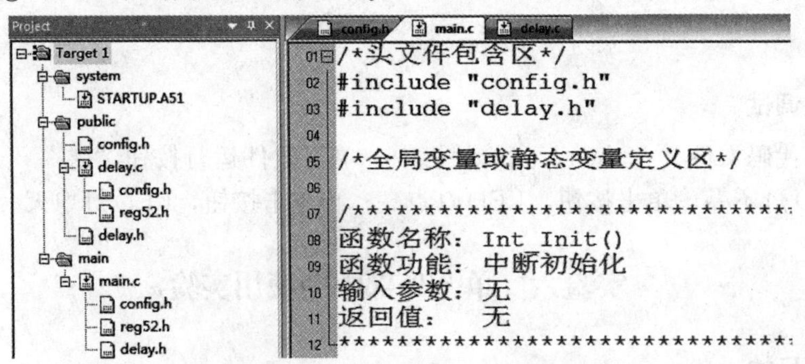

图10-19 实验参考应用程序架构

夹中包含了用户创建的定义主函数的文件main.c。

2. config.h源代码

config.h源代码清单：

```
1 /*************************************************
2 文件名:config.h
3 功能:包含Keil自带的C52头文件
4      重定义数据类型,以简化输入
5      单片机引脚功能定义
6      定义符号常量,方便程序修改
7 版权:
8 作者:    版本号:            日期:
9 修改:无
10 ************************************************/
11 #ifndef _CONFIG_H_
12 #define _CONFIG_H_
13 /*自带的reg52.h文件中定义了单片机内部资源的变量*/
14 #include "reg52.h"
15 /*数据类型重新定义*/
16 typedef unsigned char  INT8U;      //无符号8位整型变量
17 typedef signed   char  INT8;       //有符号8位整型变量
18 typedef unsigned short INT16U;     //无符号16位整型变量
19 typedef signed   short INT16;      //有符号16位整型变量
20 typedef unsigned long  INT32U;     //无符号32位整型变量
21 typedef signed   long  INT32;      //有符号32位整型变量
22 typedef float          FP32;       //单精度浮点数(32位长度)
23 typedef double         FP64;       //双精度浮点数(64位长度)
24 /*单片机引脚功能定义*/
25 sbit LED0 = P1^0;                  //用P1.0端口控制LED灯亮灭(模拟主程序)
26 sbit LED1 = P1^1;                  //用P1.1端口控制LED灯亮灭(模拟中断程序)
27 /*符号常量定义*/
28 #endif
```

3. main.c源代码

定义主函数的main.c源代码清单：

```
1 /*头文件包含区*/
2 #include "config.h"
3 #include "delay.h"
4 /*全局变量或静态变量定义区*/
5 /*************************************************
6 函数名称:Int_Init()
7 函数功能:中断初始化
8 输入参数:无
9 返回值:  无
```

```
10 ********************************************** /
11 void Int_Init()
12 {
13          IT0 = 1;                    //下降沿触发
14          EA = 1;                     //开 CPU 中断
15          EX0 = 1;                    //开外部中断 0 中断
16 }
17 / **********************************************
18 函数名称:main()
19 函数功能:主函数
20 输入参数:无
21 返回值:  无
22 ********************************************** /
23 void main()
24 {
25          / * 局部变量定义区 * /
26          / * 系统初始化区 * /
27          LED1 = 1;                   //熄灭中断程序的灯
28          Int_Init();                 //调用外部中断 0 初始化函数
29          / * 函数主体 * /
30          while(1)
31          {
32                  LED0 = 0;           //点亮主程序的灯
33          }
34 }
35 void Int_Int0(void) interrupt 0 using 1
36 {
37          LED0 = 1;                   //熄灭主程序的灯
38          LED1 = !LED1;               //中断程序的灯状态取反
39          LongDelay(62000);           //延时 0.5s
40          LongDelay(62000);
41          LongDelay(62000);
42          LongDelay(62000);
43 }
```

六、系统调试

加载目标代码文件“*.hex”到单片机中，单击软件运行按钮“▶”开始仿真。单片机上电后，D1 灯点亮，D2 灯不亮。单击按钮，即模拟外部突发事件发生，D1 灯熄灭，模拟主程序停止工作，D2 灯点亮，模拟中断服务程序开始工作。2s 后 D1 灯再点亮，模拟退出中断服务程序返回到主程序。同样，再单击按钮，D1 灯熄灭，D2 灯熄灭，2s 后 D1 灯再点亮。

实验七　两个外部中断使用实验

一、实验目的

学习两个外部中断同时使用时的优先级处理问题。

二、实验内容

用单片机两个外部中断口分别控制两个 LED，通过对两个外部中断的优先设置，研究中断嵌套的规律。试利用 Proteus 软件，设计系统仿真用的电路原理图；利用 Keil 软件，编写系统应用程序；调试系统的软硬件，实现系统的功能。

三、实验预习要求

预习中断优先设置的方法和中断嵌套的原理。

四、实验参考硬件电路

实验参考硬件电路原理图如图 10 - 20 所示。P1.0 端口控制用来模拟主程序的 D1 灯亮灭。P1.1 端口控制用来模拟 INT0 中断源对应的中断服务程序的 D1 灯亮灭，P1.2 端口控制用来模拟 INT1 中断源对应的中断服务程序的 D3 灯亮灭。

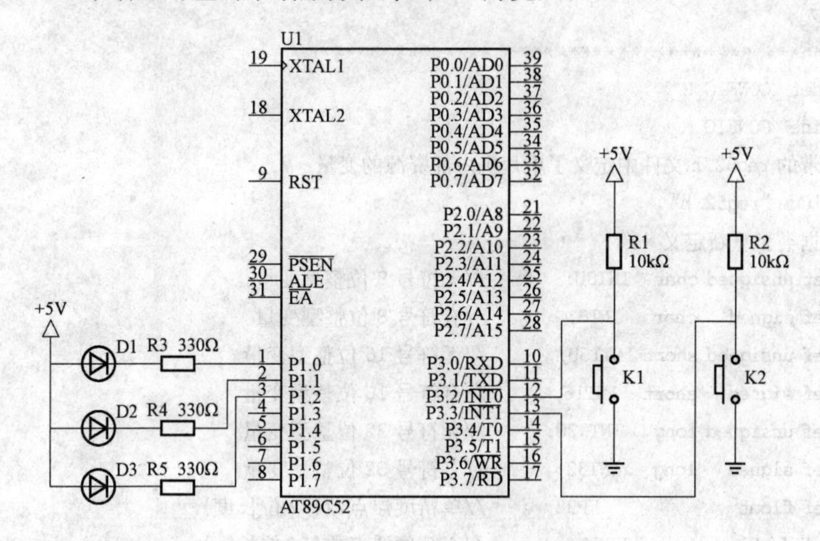

图 10 - 20　实验参考硬件电路原理图

五、实验参考应用程序

1. 程序架构

实验程序架构如图所示 10 - 21 所示。整个程序分成三部分：System 文件夹中包含了系统创建时自建的启动文件 STARTUP. A51；Public 文件夹中包含了用户创建的系统配置头文件 config. h、延时函数定义文件 delay. c 和延时函数声明头文件 delay. h；Main 文件夹中包含了用户创建的定义主函数的文件 main. c。

2. config. h 源代码

config. h 源代码清单：

```
1 /*************************************************
```

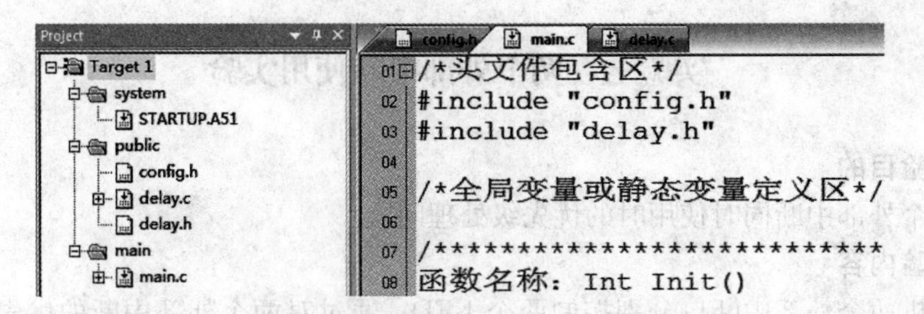

图 10-21　实验参考应用程序架构

```
2 文件名:config.
3 功能:包含 Keil 自带的 C52 头文件
4       重定义数据类型,以简化输入
5       单片机引脚功能定义
6       定义符号常量,方便程序修改
7 版权:
8 作者:        版本号:                日期:
9 修改:无
10 **********************************************/
11 #ifndef _CONFIG_H_
12 #define _CONFIG_H_
13 /*自带的 reg52.h 文件中定义了单片机内部资源的变量*/
14 #include "reg52.h"
15 /*数据类型重新定义*/
16 typedef unsigned char  INT8U;      //无符号 8 位整型变量
17 typedef signed   char  INT8;       //有符号 8 位整型变量
18 typedef unsigned short INT16U;     //无符号 16 位整型变量
19 typedef signed   short INT16;      //有符号 16 位整型变量
20 typedef unsigned long  INT32U;     //无符号 32 位整型变量
21 typedef signed   long  INT32;      //有符号 32 位整型变量
22 typedef float          FP32;       //单精度浮点数(32 位长度)
23 typedef double         FP64;       //双精度浮点数(64 位长度)
24 /*单片机引脚功能定义*/
25 sbit LED0 = P1^0;                  //用 P1.0 端口控制 LED 灯亮灭(模拟主程序)
26 sbit LED1 = P1^1;                  //用 P1.1 端口控制 LED 灯亮灭(模拟中断 1 程序)
27 sbit LED2 = P1^2;                  //用 P1.2 端口控制 LED 灯亮灭(模拟中断 2 程序)
28 /*符号常量定义*/
29 #endif
```

3. main.c 源代码

定义主函数的 main.c 源代码清单：

```
1 /*头文件包含区*/
2 #include "config.h"
3 #include "delay.h"
```

```
4 /＊全局变量或静态变量定义区＊/
5 /********************************************
6 函数名称:Int_Init()
7 函数功能:中断初始化
8 输入参数:无
9 返回值:  无
10 ********************************************/
11 void Int_Init()
12 {
13          IT0 = 1;            //外部中断 0 下降沿触发
14          IT1 = 1;            //外部中断 1 下降沿触发
15          EA = 1;             //开 CPU 中断
16          EX0 = 1;            //开外部中断 0 中断
17          EX1 = 1;            //开外部中断 1 中断
18          PX0 = 0;            //外部中断 0 为低优先级
19          PX1 = 1;            //外部中断 1 为高优先级
20 }
21 /********************************************
22 函数名称:main()
23 函数功能:主函数
24 输入参数:无
25 返回值:  无
26 ********************************************/
27 void main()
28 {
29          /＊局部变量定义区＊/
30          /＊系统初始化区＊/
31          LED1 = 1;           //熄灭外部中断 0 程序的灯
32          LED2 = 1;           //熄灭外部中断 1 程序的灯
33          Int_Init();         //调用外部中断 0 初始化函数
34          /＊函数主体＊/
35          while(1)
36          {
37                  LED0 = 0; //点亮主程序的灯
38          }
39 }
40 /********************************************
41 函数名称:Int_Int0()
42 函数功能:外部中断 0 对应的中断函数
43 输入参数:无
44 返回值:  无
45 ********************************************/
46 void Int_Int0(void) interrupt 0 using 1
```

```
47 {
48          LED0 = 1;            //熄灭主程序的灯
49          LED1 = !LED1;        //外部中断 0 对应的灯状态取反
50          LongDelay(62000);  //延时 0.5s
51          LongDelay(62000);
52          LongDelay(62000);
53          LongDelay(62000);
54 }
55 /*********************************************
56 函数名称:Int_Int1()
57 函数功能:外部中断 1 对应的中断函数
58 输入参数:无
59 返回值:  无
60 *********************************************/
61 void Int_Int1(void) interrupt 2 using 2
62 {
63          LED0 = 1;            //熄灭主程序的灯
64          LED2 = !LED2;        //外部中断 0 对应的灯状态取反
65          LongDelay(62000);  //延时 0.5s
66          LongDelay(62000);
67          LongDelay(62000);
68          LongDelay(62000);
69 }
```

六、系统调试

加载目标代码文件“*.hex”到单片机中，单击软件运行按钮“▶”开始仿真。单片机上电后 D1 亮，D2 和 D3 不亮。单击 K1 按钮，D1 熄灭，D2 点亮，2s 后 D1 再被点亮，整个过程类似于实验六的结果。同样，单击 K2 按钮，D1 熄灭，D3 点亮，2s 后 D1 再被点亮。

如果单击 K1 按钮后，在 2s 内再单击 K2 按钮，由于 K2 按钮对应的优先级在程序中已经设置为 1，K1 按钮对应的优先级设置为 0，则会出现 D2 和 D3 同时点亮的情况。说明 D2 在点亮的过程中还没有返回主程序，就被打断去执行优先级别更高的程序了。

如果单击 K2 按钮后，2s 内再单击 K1 按钮，则不会出现中断嵌套的情况。

实验八　多个外部中断扩展实验

一、实验目的

学习多个外部中断扩展的方法。

二、实验内容

用 4 个按钮模拟 4 个外部突发事件，利用外部中断 0 分别控制 4 个 LED 灯的状态。要求每按一次按钮对应的 LED 灯状态改变一次。试利用 Proteus 软件，设计系统仿真用的电路原理图；利用 Keil 软件，编写系统应用程序；调试系统的软硬件，实现系统的功能。

三、实验预习要求

预习多个外部中断扩展的原理。

四、实验参考硬件电路

实验参考硬件电路如图10-22所示。四个按钮通过4输入与门再接入到INT1上，然后再分别按到P1.0～P1.3口上，分别控制D0～D3。

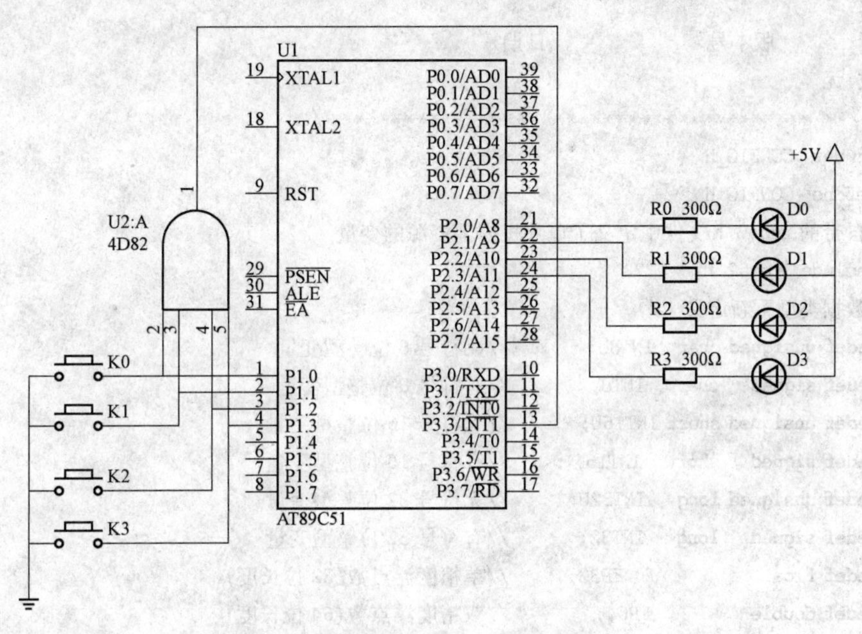

图10-22　实验参考硬件电路原理图

五、实验参考应用程序

1. 程序架构

实验程序架构如图所示10-23所示。整个程序分成三部分：System文件夹中包含了系统创建时自建的启动文件STARTUP.A51；Public文件夹中包含了用户创建的系统配置头文件config.h、延时函数定义文件delay.c和延时函数声明头文件delay.h；Main文件夹中包含了用户创建的定义主函数的文件main.c。

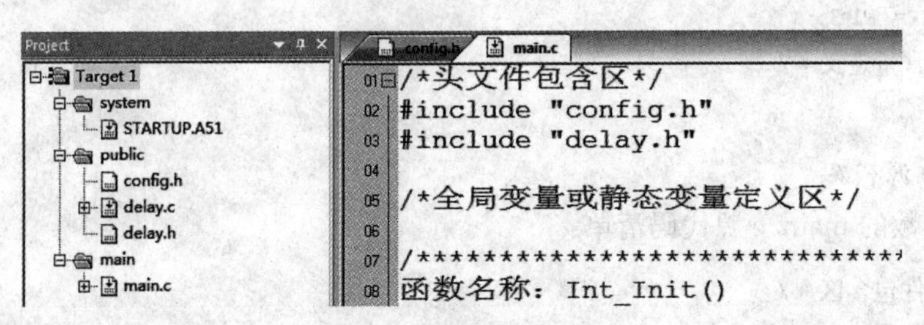

图10-23　实验参考应用程序架构

2. config.h源代码

config.h源代码清单：

```
1 /**********************************************
```

```
2 文件名:config.h
3 功能:包含 Keil 自带的 C52 头文件
4       重定义数据类型,以简化输入
5       单片机引脚功能定义
6       定义符号常量,方便程序修改
7 版权:
8 作者:        版本号:              日期:
9 修改:无
10 ********************************************/
11 #ifndef _CONFIG_H_
12 #define _CONFIG_H_
13 /*自带的 reg52.h 文件中定义了单片机内部资源的变量*/
14 #include "reg52.h"
15 /*数据类型重新定义*/
16 typedef unsigned char  INT8U;        //无符号 8 位整型变量
17 typedef signed   char  INT8;         //有符号 8 位整型变量
18 typedef unsigned short INT16U;       //无符号 16 位整型变量
19 typedef signed   short INT16;        //有符号 16 位整型变量
20 typedef unsigned long  INT32U;       //无符号 32 位整型变量
21 typedef signed   long  INT32;        //有符号 32 位整型变量
22 typedef float          FP32;         //单精度浮点数(32 位长度)
23 typedef double         FP64;         //双精度浮点数(64 位长度)
24 /*单片机引脚功能定义*/
25 sbit LED0 = P2^0;
26 sbit LED1 = P2^1;
27 sbit LED2 = P2^2;
28 sbit LED3 = P2^3;
29 sbit PB0 = P1^0;
30 sbit PB1 = P1^1;
31 sbit PB2 = P1^2;
32 sbit PB3 = P1^3;
33 /*符号常量定义*/
34 #endif
```

3. main.c 源代码

定义主函数的 main.c 源代码清单：

```
1 /*头文件包含区*/
2 #include "config.h"
3 #include "delay.h"
4 /*全局变量或静态变量定义区*/
5 /*********************************************
6 函数名称:Int_Init()
7 函数功能:中断初始化
```

```
8 输入参数:无
9 返回值:  无
10 *********************************************/
11 void Int_Init()
12 {
13          IT1 = 1;                           //下降沿触发
14          EA = 1;                            //开 CPU 中断
15          EX1 = 1;                           //开外部中断 1
16 }
17 /*********************************************
18 函数名称:main()
19 函数功能:主函数
20 输入参数:无
21 返回值:  无
22 *********************************************/
23 void main()
24 {
25          /*局部变量定义区*/
26          /*系统初始化区*/
27          PB0 = 1;                           // 定义为输入口
28          PB1 = 1;
29          PB2 = 1;
30          PB3 = 1;
31          LED0 = 0;                          // 点亮所有 LED
32          LED1 = 0;
33          LED2 = 0;
34          LED3 = 0;
35          Int_Init();                        //初始化外部中断 1
36          /*函数主体*/
37          while(1)
38          {
39          }
40 }
41 /*********************************************
42 函数名称:Int_Int1()
43 函数功能:外部中断 1 对应的中断函数
44 输入参数:无
45 返回值:  无
46 *********************************************/
47 void Int_Int1() interrupt 2    using 1     //INT1 中断服务程序
48 {
49          if(0 == PB0)
50          {
```

```
51              LongDelay(1250);              //延时 10ms
52              if(0 == PB0)
53              {
54                      while(0 == PB0);
55                      LED0 = !LED0;
56              }
57      }
58      else if(0 == PB1)
59      {
60              LongDelay(1250);              //延时 10ms
61              if(0 == PB1)
62              {
63                      while(0 == PB1);
64                      LED1 = !LED1;
65              }
66      }
67      else if(0 == PB2)
68      {
69              LongDelay(1250);              //延时 10ms
70              if(0 == PB2)
71              {
72                      while(0 == PB2);
73                      LED2 = !LED2;
74              }
75      }
76      else if(0 == PB3)
77      {
78              LongDelay(1250);              //延时 10ms
79              if(0 == PB3)
80              {
81                      while(0 == PB3);
82                      LED3 = !LED3;
83              }
84      }
85 }
```

六、系统调试

加载目标代码文件“*.hex”到单片机中，单击软件运行按钮“▶”开始仿真。单片机上电后，D0～D3 全部点亮。单击按钮 K0，则 D0 熄灭；再单击按钮 K0，D0 点亮。其他按钮操作过程类似。

实验九　单片机定时器使用实验

一、实验目的

学习单片机定时器的使用方法。

二、实验内容

利用单片机的定时器（定时 1s）实现流水灯功能。试利用 Proteus 软件，设计系统仿真用的电路原理图；利用 Keil 软件，编写系统应用程序；调试系统的软硬件，实现系统的功能。

三、实验预习要求

预习定时器使用的方法。

四、实验参考硬件电路

实验参考硬件电路如图 10 - 24 所示，P1. 0～P1. 7 端口分别用单片机控制 8 个 LED 灯（D1～D8）。

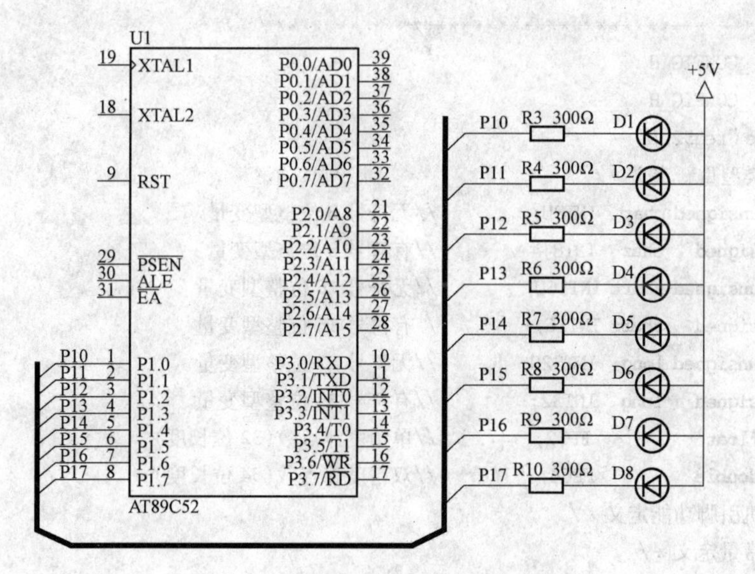

图 10 - 24　实验参考硬件电路原理图

五、实验参考应用程序

1. 程序架构

实验程序架构如图所示 10 - 25 所示。整个程序分成三部分：System 文件夹中包含了系统创建时自建的启动文件 STARTUP. A51；Public 文件夹中包含了用户创建的系统配置头文件 config. h；Main 文件夹中包含了用户创建的定义主函数的文件 main. c。

2. config. h 源代码

config. h 源代码清单：

```
1 /*********************************************
2 文件名:config.h
3 功能:重定义数据类型,以简化输入
```

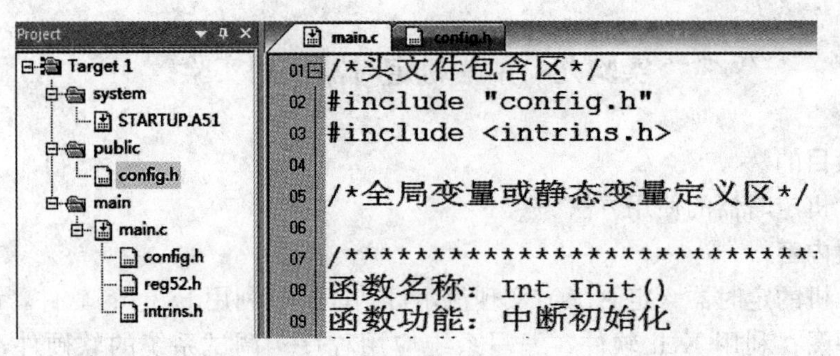

图10-25　实验参考应用程序架构

```
4         单片机引脚功能定义
5         定义符号常量,方便程序修改
6 版权:
7 作者:      版本号:      日期:
8 修改:
9 *********************************************** /
10 #ifndef _CONFIG_H_
11 #define _CONFIG_H_
12 #include "reg52.h"
13 /* 数据类型重新定义 */
14 typedef unsigned char  INT8U;          //无符号 8 位整型变量
15 typedef signed   char  INT8;           //有符号 8 位整型变量
16 typedef unsigned short INT16U;         //无符号 16 位整型变量
17 typedef signed   short INT16;          //有符号 16 位整型变量
18 typedef unsigned long  INT32U;         //无符号 32 位整型变量
19 typedef signed   long  INT32;          //有符号 32 位整型变量
20 typedef float          FP32;           //单精度浮点数(32 位长度)
21 typedef double         FP64;           //双精度浮点数(64 位长度)
22 /* 单片机引脚功能定义 */
23 /* 符号常量定义 */
24 #define LED   P1
25 #endif
```

3. main. c 源代码

定义主函数的 main. c 源代码清单：

```
1 /* 头文件包含区 */
2 #include "config.h"
3 #include <intrins.h>
4 /* 全局变量或静态变量定义区 */
5 /***********************************************
6 函数名称:Int_Init()
7 函数功能:中断初始化
8 输入参数:无
```

```
9 返回值:  无
10 ********************************************* /
11 void Int_Init()
12 {
13          EA = 1;               //开 CPU 中断
14          ET0 = 1;              //开定时器 0 中断
15 }
16 / *********************************************
17 函数名称:Int_Init()
18 函数功能:定时器 T0 初始化
19 输入参数:无
20 返回值:  无
21 ********************************************* /
22 void T0_Init()
23 {
24          TMOD = 0x01;          //定时模式;方式 1(16 位)
25          TH0 = 0x3c;           //12MHz 时定时 50ms 初值
26          TL0 = 0xaf;
27          TR0 = 1;              //启动定时器
28 }
29 / *********************************************
30 函数名称:main()
31 函数功能:主函数
32 输入参数:无
33 返回值:  无
34 ********************************************* /
35 void main()
36 {
37          / * 局部变量定义区 * /
38          / * 系统初始化区 * /
39          Int_Init();
40          T0_Init();
41          LED = 0xfe;
42          / * 函数主体 * /
43          while(1)
44          {
45          }
46 }
47 / *********************************************
48 函数名称:Int_T0()
49 函数功能:定时器 T0 对应的中断函数
50 输入参数:无
51 返回值:  无
```

```
52 ************************************************/
53 void Int_T0(void) interrupt 1 using 1
54 {
55         static INT8U Count = 0;             //保存进入中断的次数
56         TH0 = 0x3c;
57         TL0 = 0xaf;
58         Count++;
59         if(Count == 20)
60         {
61                 LED = _crol_(LED,1);      //左移1位
62                 Count = 0;                //计数值清0
63         }
64 }
```

六、系统调试

加载目标代码文件“*.hex”到单片机中，单击软件运行按钮“▶”开始仿真。单片机上电后D1点亮，其他LED灯熄灭，然后以1s频率逐个点亮其他LED灯，循环往复。

实验十　单片机计数器使用实验

一、实验目的

学习单片机计数器的使用方法。

二、实验内容

利用AT89S52对外部脉冲信号的频率进行测量，并用数码管显示其频率值。试利用Proteus软件，设计系统仿真用的电路原理图；利用Keil软件，编写系统应用程序；调试系统的软硬件，实现系统的功能。

三、实验预习要求

预习单片机计数器的使用方法和测量外部脉冲频率的方法。

四、实验参考硬件电路

实验参考硬件电路如图10-26所示，外部脉冲信号从P3.5端口进入，仿真元件名称是激励源中的“DCLOCK”。数码管为BCD码显示，仿真元件名称是“7SEG-BCD”。

五、实验参考应用程序

1. 程序架构

实验程序架构如图所示10-27所示。整个程序分成三部分：System文件夹中包含了系统创建时自建的启动文件STARTUP.A51；Public文件夹中包含了用户创建的系统配置头文件config.h、延时函数定义文件delay.c和延时函数声明头文件delay.h；Main文件夹中包含了用户创建的定义主函数的文件main.c。

2. config.h源代码

config.h源代码清单：

```
1 /************************************************
2 文件名:config.h
```

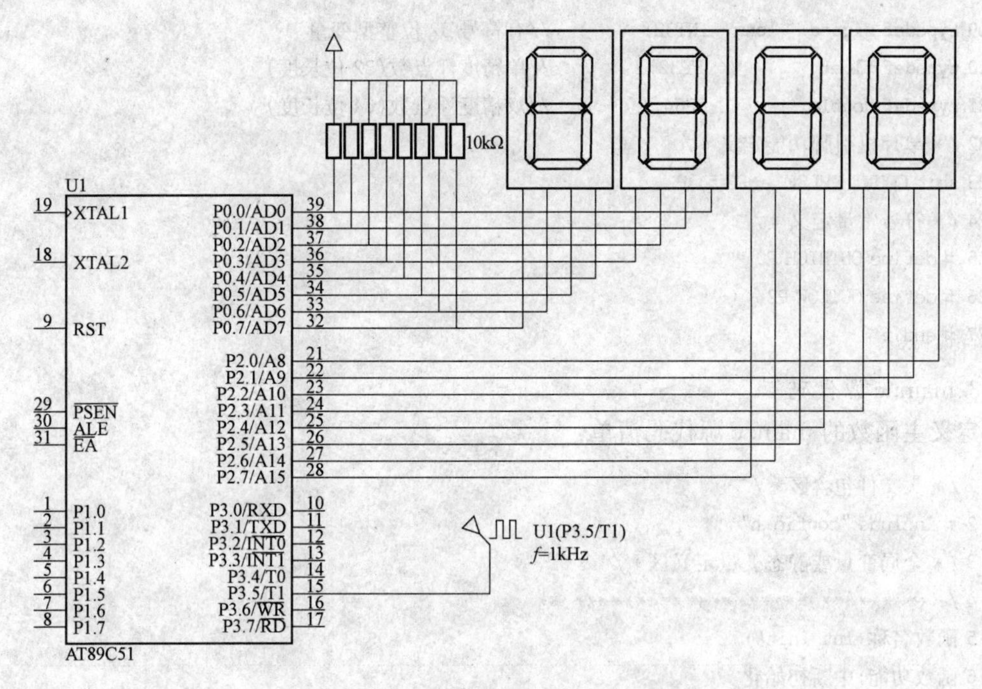

图 10-26　实验参考硬件电路原理图

图 10-27　实验参考应用程序架构

```
3 功能:重定义数据类型,以简化输入
4        单片机引脚功能定义
5             定义符号常量,方便程序修改
6 版权:
7 作者:   版本号:            日期:
8 修改:无
9 ********************************************** /
10 #ifndef _CONFIG_H_
11 #define _CONFIG_H_
12 #include "reg52.h"
13 /*数据类型重新定义*/
14 typedef unsigned char   INT8U;           //无符号 8 位整型变量
15 typedef signed   char   INT8;            //有符号 8 位整型变量
16 typedef unsigned short INT16U;           //无符号 16 位整型变量
17 typedef signed   short INT16;            //有符号 16 位整型变量
18 typedef unsigned long   INT32U;          //无符号 32 位整型变量
```

```
19 typedef signed   long  INT32;           //有符号 32 位整型变量
20 typedef float          FP32;            //单精度浮点数(32 位长度)
21 typedef double         FP64;            //双精度浮点数(64 位长度)
22 /*单片机引脚功能定义*/
23 sbit COUNT_PULSE = P3^5;
24 /*符号常量定义*/
25 #define OUTHIGH P0
26 #define OUTLOW P2
27 #endif
```

3. main. c 源代码

定义主函数的 main. c 源代码清单：

```
1 /*头文件包含区*/
2 #include "config.h"
3 /*全局变量或静态变量定义区*/
4 /**********************************
5 函数名称:Int_Init()
6 函数功能:中断初始化
7 输入参数:无
8 返回值:  无
9 **********************************/
10 void Int_Init()
11 {
12         EA = 1;                         //开 CPU 中断
13         ET0 = 1;                        //开定时器 0 中断
14 }
15 /***********************************
16 函数名称:Time_Init()
17 函数功能:定时器 T0、计数器 T1 初始化
18 输入参数:无
19 返回值:  无
20 ***********************************/
21 void Time_Init()
22 {
23         TMOD = 0x51;                    //T0 定时器模式,T1 计数器模式,都用方式 1(16 位)
24         TH0 = 0x3c;                     //T0 在 12MHz 频率时定时 50ms 的初值
25         TL0 = 0xaf;
26         TH1 = 0x00;                     //计数器初值
27         TL1 = 0x00;
28 }
29 /*********************************************
30 函数名称:main()
31 函数功能:主函数
```

```
32 输入参数:无
33 返回值:  无
34 **********************************************/
35 void main()
36 {
37         /*局部变量定义区*/
38         /*系统初始化区*/
39         Int_Init();                   //中断初始化
40         Time_Init();                  //定时器初始化
41         COUNT_PULSE = 1;              //信号输入端应定义为输入端口方式
42         TR0 = 1;
43         TR1 = 1;
44         /*函数主体*/
45         while(1)
46         {
47         }
48 }
49 /**********************************************
50 函数名称:Int_T0()
51 函数功能:定时器T0对应的中断函数
52 输入参数:无
53 返回值:  无
54 **********************************************/
55 void Int_T0() interrupt 1 using 1
56 {
57         static INT8U Count = 20;
58         TH0 = 0x3c;
59         TL0 = 0xaf;
60         Count--;
61         if(    Count == 0)
62         {
63                 TR1 = 0;              //1s时间到关闭定时器和计数器
64                 TR0 = 0;
65                 OUTHIGH = TH1;        //显示计数值的高8位
66                 OUTLOW = TL1;         //显示计数值的低8位
67                 TH0 = 0x3c;           //恢复初值,连续测量
68                 TL0 = 0xaf;
69                 Count = 20;
70                 TH1 = 0x00;
71                 TL1 = 0x00;
72                 TR1 = 1;
73                 TR0 = 1;
74         }
```

```
75 }
```

六、系统调试

单击原理图中的 DCLOCK 信号源 U1，将信号源的频率设置 1kHz，如图 10 - 28 所示。

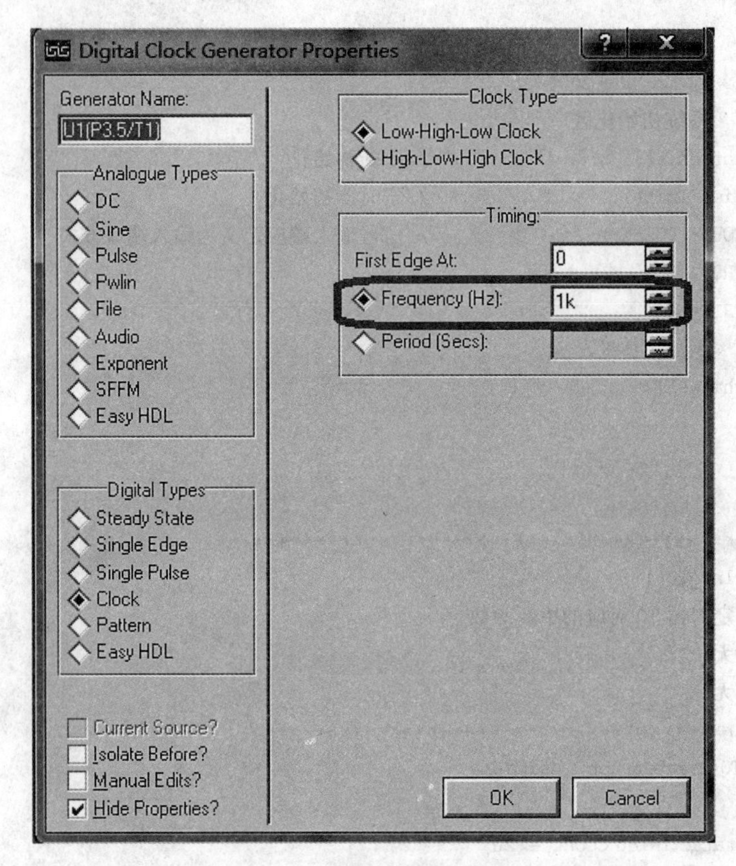

图 10 - 28　设置信号源 U1 的频率

加载目标代码文件“＊. hex”到单片机中，单击软件运行按钮“▶”开始仿真。单片机运行后显示器会显示“03E8”字样，这个数字是十六进制，转换为十进制数为“1000”，和输入脉冲信号的频率完全一致。

实验十一　单片机并行总线扩展实验

一、实验目的

学习利用单片机并行总线扩展技术设计单片机接口电路。

二、实验内容

利用 AT89S52 单片机构建并行总线，读取 8 只开关的状态，并用 8 只发光二极管的亮灭表示开关的状态。试利用 Proteus 软件，设计系统仿真用的电路原理图；利用 Keil 软件，编写系统应用程序；调试系统的软硬件，实现系统的功能。

三、实验预习要求

预习单片机并行总线构建方法和片外芯片地址分配方法。

四、实验参考硬件电路

实验参考硬件电路如图10-29所示。74HC573芯片（U2）用于锁存P0端口发出的低8位地址数据。图中的或非门用于配合P3.6和P3.7引脚发出的读写信号来读取开关的状态数据，或者输出LED灯控制数据。74HC245芯片（U6）完成读取开关状态的数据，74HC573芯片（U4）完成开关状态数据的输出。

五、实验参考应用程序

1. 程序架构

实验程序架构如图所示10-30所示。整个程序分成三部分：System文件夹中包含了系统创建时自建的启动文件STARTUP. A51；Public文件夹中包含了用户创建的系统配置头文件config. h；Main文件夹中包含了用户创建的定义主函数的文件main. c。

2. config. h源代码

config. h源代码清单：

```
1 /**********************************************
2 文件名:config.h
3 功能:包含Keil自带的C52头文件
4       重定义数据类型,以简化输入
5       单片机引脚功能定义
6       定义符号常量,方便程序修改
7 版权:
8 作者:    版本号:              日期:
9 修改:
10 **********************************************/
11 #ifndef _CONFIG_H_
12 #define _CONFIG_H_
13 /*自带的reg52.h文件中定义了单片机内部资源的变量*/
14 #include "reg52.h"
15 /*数据类型重新定义*/
16 typedef unsigned char  INT8U;      //无符号8位整型变量
17 typedef signed   char  INT8;       //有符号8位整型变量
18 typedef unsigned short INT16U;     //无符号16位整型变量
19 typedef signed   short INT16;      //有符号16位整型变量
20 typedef unsigned long  INT32U;     //无符号32位整型变量
21 typedef signed   long  INT32;      //有符号32位整型变量
22 typedef float          FP32;       //单精度浮点数(32位长度)
23 typedef double         FP64;       //双精度浮点数(64位长度)
24 /*单片机引脚功能定义*/
25 /*符号常量定义*/
26 #endif
```

3. main. c源代码

定义主函数的main. c源代码清单：

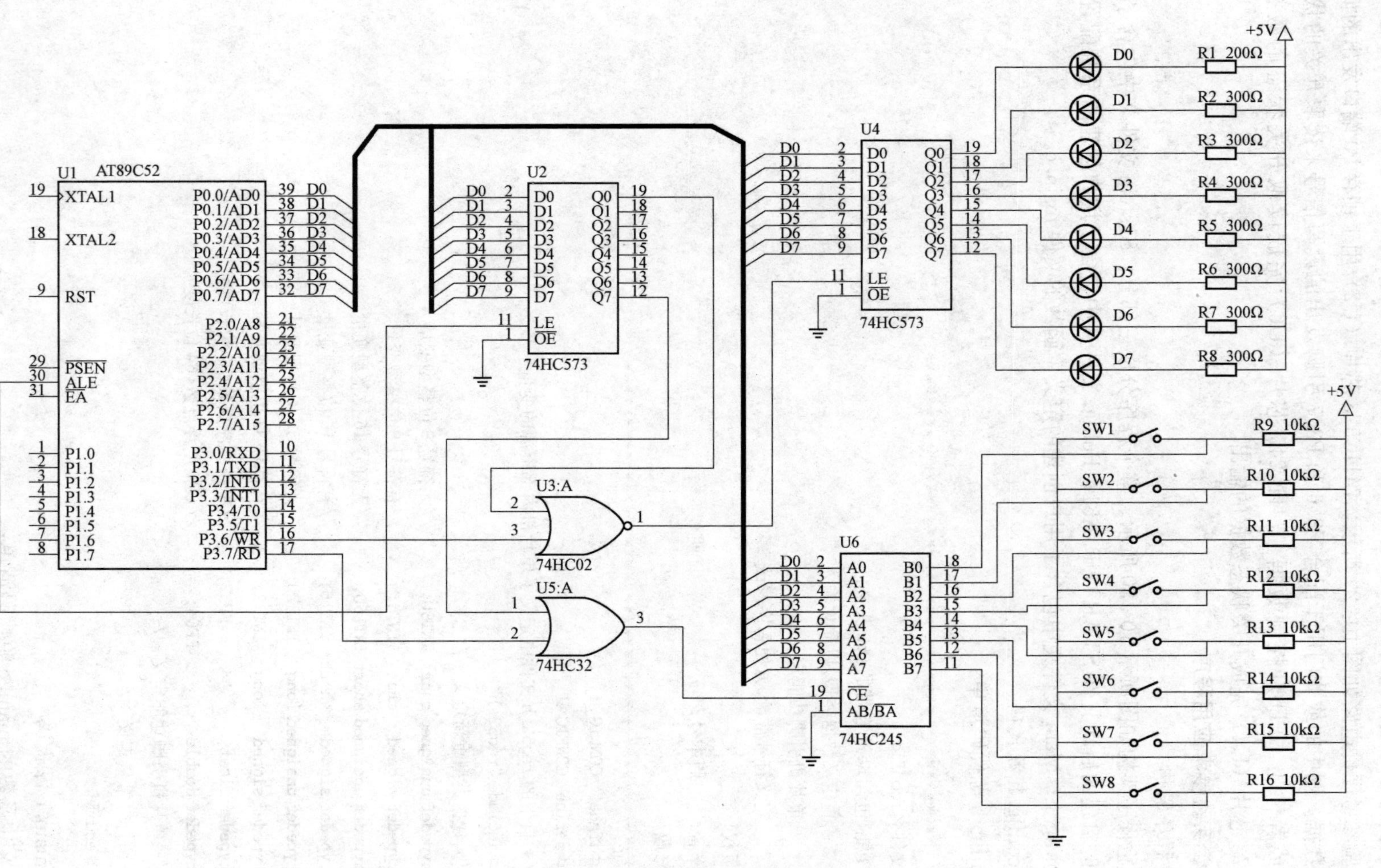

图 10-29　实验参考硬件电路原理图

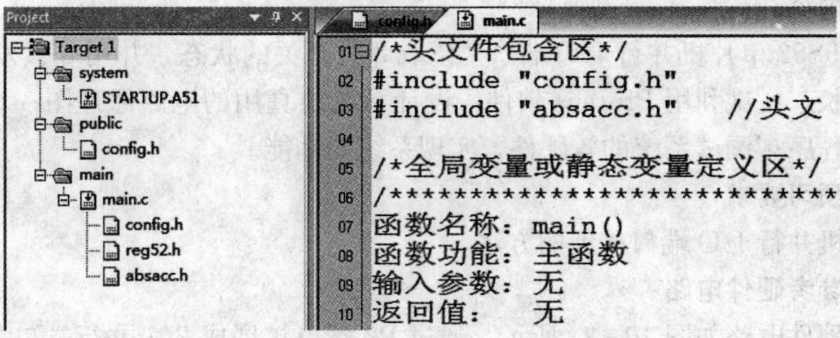

图 10 - 30　实验参考应用程序架构

```
1 /* 头文件包含区 */
2 #include "config.h"
3 #include "absacc.h"          //头文件中定义 XBYTE[]
4 /* 全局变量或静态变量定义区 */
5 /**********************************************
6 函数名称:main()
7 函数功能:主函数
8 输入参数:无
9 返回值:  无
10 *********************************************/
11 void main()
12 {
13          /* 局部变量定义区 */
14          INT8U buffer;
15          /* 系统初始化区 */
16          /* 函数主体 */
17          while(1)
18          {
19                   buffer = XBYTE[0xff7f];
20                   //读取 74HC245 芯片(地址为 ff7f)中的数据到 buffer 中
21                   XBYTE[0xfffe] = buffer;
22                   //发送 buffer 中数据到 74HC573(地址 fffe)中
23          }
24 }
```

六、系统调试

加载目标代码文件“*.hex”到单片机中，单击软件运行按钮“▶”开始仿真。合上开关 SW1，D0 点亮，打开开关 SW1，D0 熄灭。其他开关操作过程类似。

实验十二　单片机并行 I/O 端口扩展实验

一、实验目的

学习利用单片机并行 I/O 端口扩展技术设计单片机端口电路。

二、实验内容

利用 AT89S52 单片机并行 I/O 端口，读取 8 只开关的状态，并用 8 只发光二极管的亮灭表示开关的状态。试利用 Proteus 软件，设计系统仿真用的电路原理图；利用 Keil 软件，编写系统应用程序；调试系统的软硬件，实现系统的功能。

三、实验预习要求

预习单片机并行 I/O 端口扩展的方法。

四、实验参考硬件电路

实验参考硬件电路如图 10 - 31 所示。通过 P2 端口扩展成 2 个并行端口，其中扩展的 1 个并行端口读取 74HC245 中的开关状态数据，另 1 个并行端口通过 74HC573 输出开关状态的数据。P3.0 和 P3.1 端口分别用于锁存 74HC245 和 74HC573。

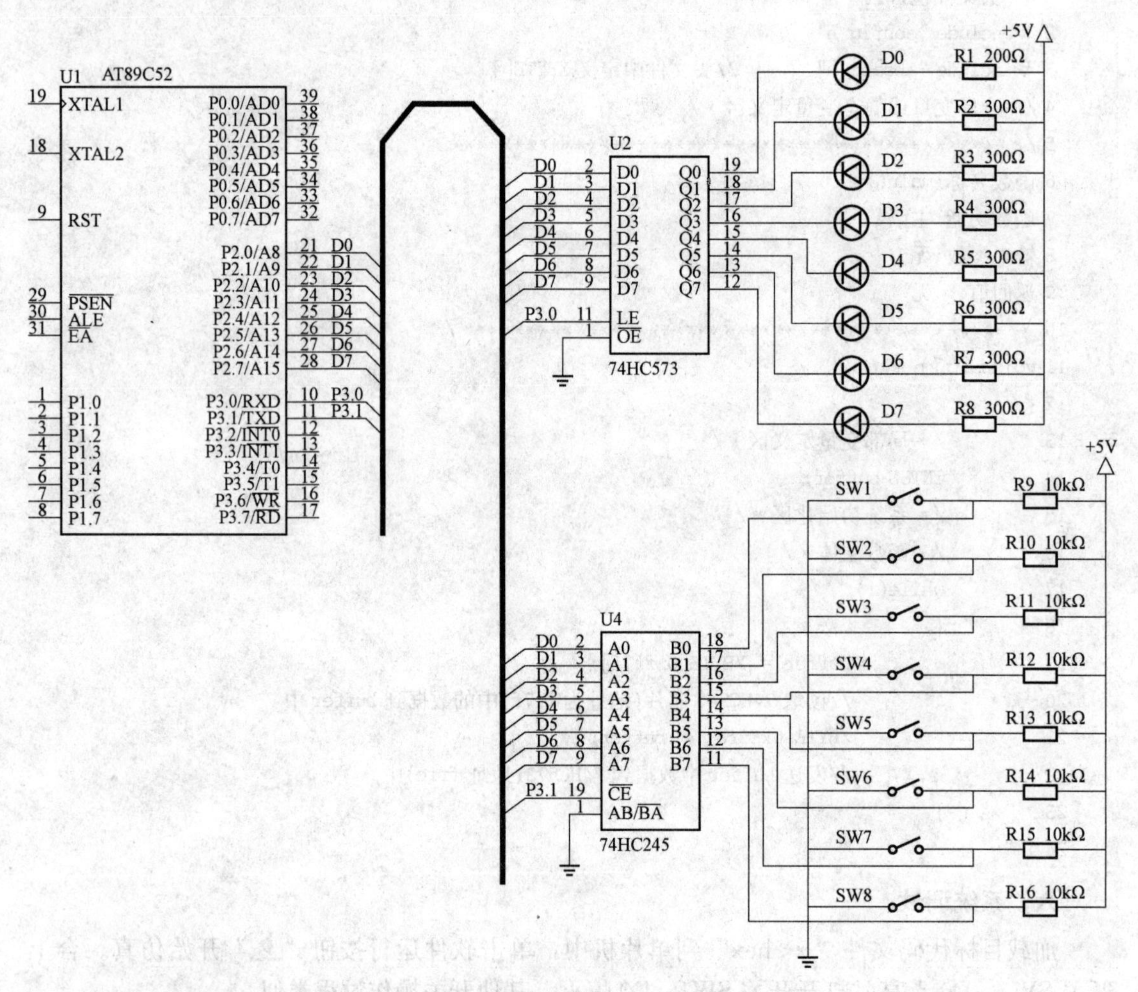

图 10 - 31　实验参考硬件电路原理图

五、实验参考应用程序

1. 程序架构

实验程序架构如图所示 10 - 32 所示。整个程序分成三部分：System 文件夹中包含了系统创建时自建的启动文件 STARTUP. A51；Public 文件夹中包含了用户创建的系统配置头文件 config. h；Main 文件夹中包含了用户创建的定义主函数的文件 main. c。

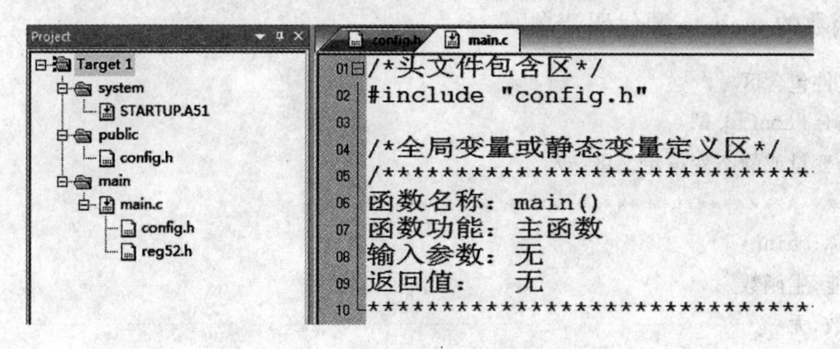

图 10-32　实验参考应用程序架构

2. config. h 源代码

config. h 源代码清单：

```
1 /**************************************************
2 文件名:config. h
3 功能:包含 Keil 自带的 C52 头文件
4       重定义数据类型,以简化输入
5       单片机引脚功能定义
6       定义符号常量,方便程序修改
7 版权:
8 作者:      版本号:                日期:
9 修改:
10 ************************************************/
11 #ifndef _CONFIG_H_
12 #define _CONFIG_H_
13 #include "reg52. h"
14 /*数据类型重新定义*/
15 typedef unsigned char  INT8U;          //无符号 8 位整型变量
16 typedef signed   char  INT8;           //有符号 8 位整型变量
17 typedef unsigned short INT16U;         //无符号 16 位整型变量
18 typedef signed   short INT16;          //有符号 16 位整型变量
19 typedef unsigned long  INT32U;         //无符号 32 位整型变量
20 typedef signed   long  INT32;          //有符号 32 位整型变量
21 typedef float          FP32;           //单精度浮点数(32 位长度)
22 typedef double         FP64;           //双精度浮点数(64 位长度)
23 /*单片机引脚功能定义*/
24 sbit Latch_573  =  P3^0;               //锁存 74HC573
25 sbit Latch_245  =  P3^1;               //锁存 74HC245
26 /*符号常量定义*/
27 #define DataWire P2                    //用 P2 端口传输数据
28 #endif
```

3. main. c 源代码

定义主函数的 main. c 源代码清单：

```
1 /*头文件包含区*/
2 #include "config.h"
3 /*全局变量或静态变量定义区*/
4 /*********************************************
5 函数名称:main()
6 函数功能:主函数
7 输入参数:无
8 返回值:  无
9 *********************************************/
10 void main()
11 {
12          /*局部变量定义区*/
13          INT8U buffer;
14          /*系统初始化区*/
15          Latch_245 = 1;
16          Latch_573 = 0;
17          /*函数主体*/
18          while(1)
19          {
20                   Latch_245 = 0;           //启动 74HC245
21                   DataWire = 0xff;         //设置为输入端口
22                   buffer = DataWire;       //读取数据
23                   Latch_245 = 1;           //关闭 74HC245
24                   DataWire = buffer;       //输出数据
25                   Latch_573 = 1;           //将输出数据锁存到 74HC573
26                   Latch_573 = 0;
27          }
28 }
```

六、系统调试

加载目标代码文件“*.hex”到单片机中，单击软件运行按钮“▶”开始仿真，调试过程参考实验十一。

实验十三　单片机串行总线扩展实验

一、实验目的

学习利用 I^2C 总线扩展技术设计单片机接口电路。

二、实验内容

利用 AT89S52 单片机构建虚拟 I^2C 总线，读取 8 只开关的状态，并用 8 只发光二极管的亮灭表示开关的状态。试利用 Proteus 软件，设计系统仿真用的电路原理图；利用 Keil 软件，编写系统应用程序；调试系统的软硬件，实现系统的功能。

三、实验预习要求

（1）预习 I²C 总线串行扩展技术的基本原理。

（2）预习主从方式下的 I²C 总线虚拟技术。

（3）预习 PCF8574 结构和应用原理。

四、实验参考硬件电路

实验参考硬件电路如图 10-33 所示。用 P2.0 和 P2.1 端口虚拟 I²C 总线，具有 I²C 总线接口的 PCF8574 芯片完成开关状态的读取和开关状态的输出。

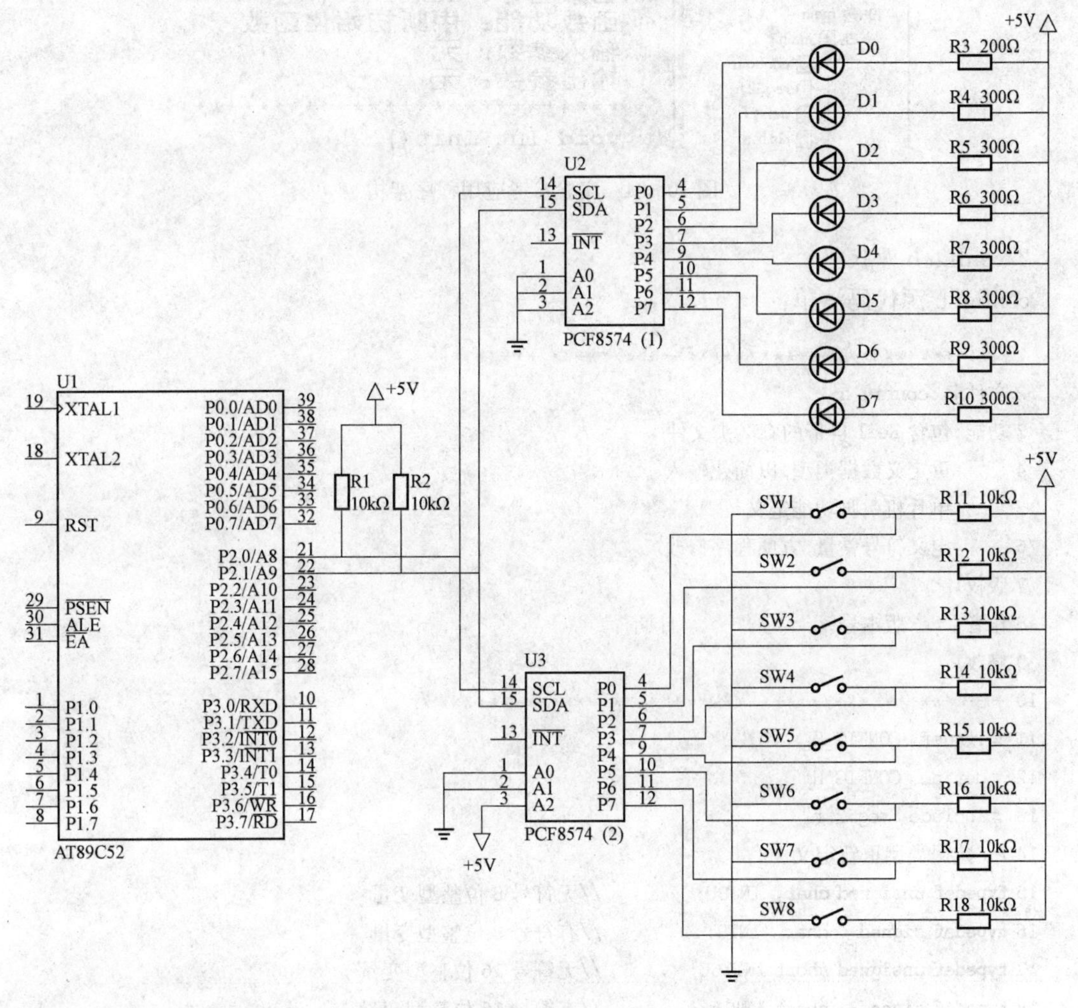

图 10-33 实验参考硬件电路原理图

五、实验参考应用程序

1. 程序架构

实验程序架构如图所示 10-34 所示。整个程序分成三部分：System 文件夹中包含了系统创建时自建的启动文件 STARTUP. A51；Public 文件夹中包含了用户创建的系统配置头文件 config. h、延时函数定义文件 delay. c 和延时函数声明头文件 delay. h、I²C 总线函数定义文件 I2C. c 和函数声明文件 I2C. h；Main 文件夹中包含了用户创建的定义主函数的文件 main. c。

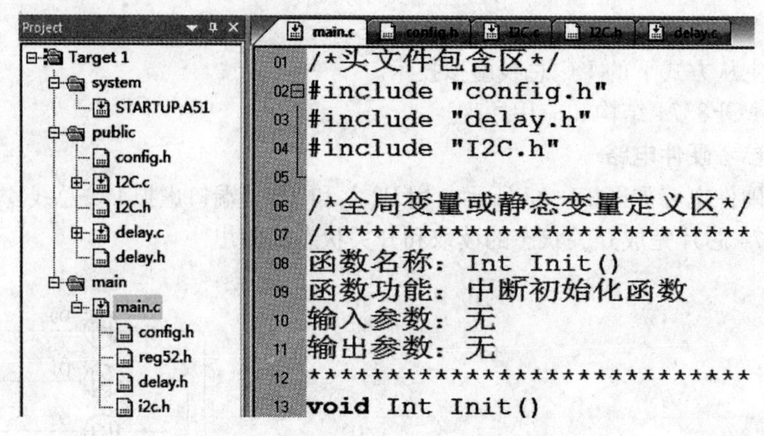

图 10 - 34　实验参考应用程序架构

2. config. h 源代码

config. h 源代码清单：

```
1 /*********************************************
2 文件名:config. h
3 功能:包含 Keil 自带的 C52 头文件
4        重定义数据类型,以简化输入
5        单片机引脚功能定义
6        定义符号常量,方便程序修改
7 版权:
8 作者:     版本号:               日期:
9 修改:
10 *********************************************/
11 #ifndef _CONFIG_H_
12 #define _CONFIG_H_
13 #include "reg52. h"
14 /*数据类型重新定义*/
15 typedef unsigned char  INT8U;          //无符号 8 位整型变量
16 typedef signed   char  INT8;           //有符号 8 位整型变量
17 typedef unsigned short INT16U;         //无符号 16 位整型变量
18 typedef signed   short INT16;          //有符号 16 位整型变量
19 typedef unsigned long  INT32U;         //无符号 32 位整型变量
20 typedef signed   long  INT32;          //有符号 32 位整型变量
21 typedef float          FP32;           //单精度浮点数(32 位长度)
22 typedef double         FP64;           //双精度浮点数(64 位长度)
23 /*单片机引脚功能定义*/
24 sbit I2C_SCL = P2^0;                   //模拟 I²C 总线的时钟引脚
25 sbit I2C_SDA = P2^1;                   //模拟 I²C 总线的数据引脚
```

```
26 /*符号常量定义*/
27 #define PCF8574_ADDR1    0x20    //外围器件 PCF8574(1)地址
28 #define PCF8574_ADDR2    0x24    //外围器件 PCF8574(2)地址
29 //从机地址 = 0 + 4 位器件地址 + 3 位片选地址
30 #endif
```

3. I2C.c 源代码

I2C.c 源代码清单：

```
1 /*********************************************
2 文件名:I2C.c
3 功能:标准 80C51 单片机模拟 I²C 总线的主机程序
4 版权:广州周立功单片机发展有限公司
5 作者:广州周立功单片机发展有限公司         版本号:1          日期:2005
6 修改:无
7 本程序仅供学习参考,不提供任何可靠性方面的担保;请勿用于商业目的
8 *********************************************/
9 #include "config.h"
10 /*******************************************
11 定义延时变量,用于宏 I2C_Delay()
12 *******************************************/
13 unsigned char data I2C_Delay_t;
14 /*******************************************
15 定义 I²C 总线时钟的延时值,要根据实际情况修改,取值 1～255
16 SCL 信号周期约为(I2C_DELAY_VALUE*4+15)个机器周期
17 *******************************************/
18 #define I²C_DELAY_VALUE 12
19 /******************************************
20 定义 I²C 总线停止后在下一次开始之前的等待时间,取值 1～65535
21 等待时间约为(I2C_STOP_WAIT_VALUE*8)个机器周期
22 对于多数器件取值为 1 即可;但对于某些器件来说,较长的延时是必须的
23 ******************************************
24 #define I2C_STOP_WAIT_VALUE     1
25 /*******************************************
26 宏定义:I2C_Delay()
27 功能:延时,模拟 I²C 总线专用
28 注意:"\"程序代码分行连接符
29 ******************************************/
30 #define I2C_Delay()\
31 {\
32         I2C_Delay_t = (I2C_DELAY_VALUE);\
33         while ( --I2C_Delay_t != 0 );\
34 }
35 /*
```

```
36 函数:I2C_Init()
37 功能:I²C总线初始化,使总线处于空闲状态
38 说明:在main()函数的开始处,通常应当要执行一次本函数
39 */
40 void I2C_Init()
41 {
42         I2C_SCL = 1;
43         I2C_Delay();
44         I2C_SDA = 1;
45         I2C_Delay();
46 }
47 /*
48 函数:I2C_Start()
49 功能:产生I²C总线的起始状态
50 说明:
51 SCL处于高电平期间,当SDA出现下降沿时启动I²C总线
52 不论SDA和SCL处于什么电平状态,本函数总能正确产生起始状态
53 本函数也可以用来产生重复起始状态
54 本函数执行后,I²C总线处于忙状态
55 */
56 void I2C_Start()
57 {
58         I2C_SDA = 1;
59         I2C_Delay();
60         I2C_SCL = 1;
61         I2C_Delay();
62         I2C_SDA = 0;
63         I2C_Delay();
64         I2C_SCL = 0;
65         I2C_Delay();
66 }
67 /*
68 函数:I2C_Write()
69 功能:向I²C总线写1个字节的数据
70 参数:
71         dat:要写到总线上的数据
72 */
73 void I2C_Write(char dat)
74 {
75         unsigned char t = 8;
76         do
77         {
78                 I2C_SDA = (bit)(dat & 0x80);
```

```
79              dat <<= 1;
80              I2C_SCL = 1;
81              I2C_Delay();
82              I2C_SCL = 0;
83              I2C_Delay();
84          } while ( --t != 0 );
85 }
86 /*
87 函数:I2C_Read()
88 功能:从从机读取1个字节的数据
89 返回:读取的一个字节数据
90 */
91 char I2C_Read()
92 {
93          char dat;
94          unsigned char t = 8;
95          I2C_SDA = 1;     //在读取数据之前,要把SDA拉高
96          do
97          {
98              I2C_SCL = 1;
99              I2C_Delay();
100              dat <<= 1;
101              if ( I2C_SDA )
102              {
103                  dat |= 0x01;
104              }
105              I2C_SCL = 0;
106              I2C_Delay();
107          } while ( --t != 0 );
108          return dat;
109 }
110 /*
111 函数:I2C_GetAck()
112 功能:读取从机应答位
113 返回:
114          0:从机应答
115          1:从机非应答
116 说明:
117          从机在收到每个字节的数据后,要产生应答位
118          从机在收到最后1个字节的数据后,一般要产生非应答位
119 */
120 bit I2C_GetAck()
121 {
```

```
122         bit ack;
123         I2C_SDA = 1;
124         I2C_Delay();
125         I2C_SCL = 1;
126         I2C_Delay();
127         ack = I2C_SDA;
128         I2C_SCL = 0;
129         I2C_Delay();
130         return ack;
131 }
132 /*
133 函数:I2C_PutAck()
134 功能:主机产生应答位或非应答位
135 参数:
136         ack = 0:主机产生应答位
137         ack = 1:主机产生非应答位
138 说明:
139 主机在接收完每一个字节的数据后,都应当产生应答位
140 主机在接收完最后一个字节的数据后,应当产生非应答位
141 */
142 void I2C_PutAck(bit ack)
143 {
144         I2C_SDA = ack;
145         I2C_Delay();
146         I2C_SCL = 1;
147         I2C_Delay();
148         I2C_SCL = 0;
149         I2C_Delay();
150 }
151 /*
152 函数:I2C_Stop()
153 功能:产生 I²C 总线的停止状态
154 说明:
155 SCL 处于高电平期间,当 SDA 出现上升沿时停止 I²C 总线
156 不论 SDA 和 SCL 处于什么电平状态,本函数总能正确产生停止状态
157 本函数执行后,I²C 总线处于空闲状态
158 */
159 void I2C_Stop()
160 {
161         unsigned int t = I2C_STOP_WAIT_VALUE;
162         I2C_SDA = 0;
163         I2C_Delay();
164         I2C_SCL = 1;
```

```
165         I2C_Delay();
166         I2C_SDA = 1;
167         I2C_Delay();
168         while ( - -t ! = 0 );              //在下一次产生 Start 之前,要加一定的延时
169 }
170 / *
171 函数:I2C_Puts()
172 功能:I²C 总线综合发送函数,向从机发送多个字节的数据
173 参数:
174       SlaveAddr:从机地址(7 位纯地址,不含读写位)
175       SubAddr:从机的子地址
176       SubMod:子地址模式,0 - 无子地址,1 - 单字节子地址,2 - 双字节子地址
177       * dat:要发送的数据
178       Size:数据的字节数
179 返回:
180       0:发送成功
181       1:在发送过程中出现异常
182 说明:
183 本函数能够很好地适应所有常见的 I²C 器件,不论其是否有子地址
184 当从机没有子地址时,参数 SubAddr 任意,而 SubMod 应当为 0
185 * /
186 bit I2C_Puts(unsigned char SlaveAddr,unsigned int SubAddr,unsigned char SubMod,
187                            char * dat,unsigned int Size)
188 {
189 //定义临时变量
190         unsigned char i;
191         char a[3];
192 //检查长度
193         if ( Size == 0 ) return 0;
194 //准备从机地址
195 //从机地址一般有固定地址和片选地址加最后读写位
196 //本程序从机地址不包括最后一位,取前面 7 位然后最高位补 0,构成 SlaveAddr 值
197         a[0] = (SlaveAddr << 1);
198 //检查子地址模式
199         if ( SubMod > 2 )
200         {
201                 SubMod = 2;
202         }
203 //确定子地址
204         switch ( SubMod )
205         {
206                 case 0:
207                         break;
```

```
208             case 1:
209                     a[1] = (char)(SubAddr);
210                     break;
211             case 2:
212                     a[1] = (char)(SubAddr >> 8);    //取子地址的高8位
213                     a[2] = (char)(SubAddr);         //取子地址的低8位
214                     break;
215             default:
216                     break;
217         }
218 //发送从机地址,接着发送子地址(如果有子地址的话)
219         SubMod++;
220         I2C_Start();
221         for ( i=0; i<SubMod; i++ )
222         {
223                 I2C_Write(a[i]);
224                 if ( I2C_GetAck() )
225                 {
226                         I2C_Stop();
227                         return 1;
228                 }
229         }
230 //发送数据
231         do
232         {
233                 I2C_Write( *dat++ );
234                 if ( I2C_GetAck() )
235                 {
236                         break;
237                 }
238         } while ( --Size != 0 );
239 //发送完毕,停止 I2C 总线,并返回结果
240         I2C_Stop();
241         if ( Size == 0 )
242         {
243                 return 0;
244         }
245         else
246         {
247                 return 1;
248         }
249 }
250 /*
```

```
251 函数:I2C_Gets()
252 功能:I²C 总线综合接收函数,从从机接收多个字节的数据
253 参数:
254         SlaveAddr:从机地址(7 位纯地址,不含读写位)
255         SubAddr:从机的子地址
256         SubMod:子地址模式 0—无子地址,1—单字节子地址,2—双字节子地址
257          *dat:保存接收到的数据
258         Size:数据的字节数
259 返回:
260         0:接收成功
261         1:在接收过程中出现异常
262 说明:
263         本函数能够很好地适应所有常见的 I²C 器件,不论其是否有子地址
264         当从机没有子地址时,参数 SubAddr 任意,而 SubMod 应当为 0
265 */
266 bit I2C_Gets(unsigned char SlaveAddr,unsigned int SubAddr,unsigned char SubMod,
267                 char *dat,unsigned int Size)
268 {
269 //定义临时变量
270         unsigned char i;
271         char a[3];
272 //检查长度
273         if ( Size == 0 )
274         {
275                 return 0;
276         }
277 //准备从机地址
278         a[0] = (SlaveAddr << 1);
279 //检查子地址模式
280         if ( SubMod > 2 )
281         {
282                 SubMod = 2;
283         }
284 //如果是有子地址的从机,则要先发送从机地址和子地址
285         if ( SubMod != 0 )
286         {
287         //确定子地址
288                 if ( SubMod == 1 )
289                 {
290                         a[1] = (char)(SubAddr);
291                 }
292                 else
293                 {
```

```
294                     a[1] = (char)(SubAddr >> 8);
295                     a[2] = (char)(SubAddr);
296             }
397 //发送从机地址,接着发送子地址
398             SubMod++;
399             I2C_Start();
300             for ( i=0; i<SubMod; i++ )
301             {
302                     I2C_Write(a[i]);
303                     if ( I2C_GetAck() )
304                     {
305                             I2C_Stop();
306                             return 1;
307                     }
308             }
309         }
310 //这里的 I2C_Start()对于有子地址的从机是重复起始状态
311 //对于无子地址的从机则是正常的起始状态
312         I2C_Start();
313 //发送从机地址
314         I2C_Write(a[0]+1);
315         if ( I2C_GetAck() )
316         {
317                 I2C_Stop();
318                 return 1;
319         }
320 //接收数据
321         for (;;)
322         {
323                 *dat++ = I2C_Read();
324                 if ( --Size == 0 )
325                 {
326                         I2C_PutAck(1);
327                         break;
328                 }
329                 I2C_PutAck(0);
330         }
331 //接收完毕,停止 I²C 总线,并返回结果
332         I2C_Stop();
333         return 0;
334 }
```

4. I2C. h 源代码

I2C. h 源代码清单：

```
1 #ifndef _I2C_H_
2 #define _I2C_H_
3 //I²C 总线初始化,使总线处于空闲状态
4 void I2C_Init();
5 //I²C 总线综合发送函数,向从机发送多个字节的数据
6 bit I2C_Puts
7 (
8           unsigned char SlaveAddr,
9           unsigned int SubAddr,
10          unsigned char SubMod,
11          char * dat,
12          unsigned int Size
13 );
14 //I²C 总线综合接收函数,从从机接收多个字节的数据
15 bit I2C_Gets
16 (
17          unsigned char SlaveAddr,
18          unsigned int SubAddr,
19          unsigned char SubMod,
20          char * dat,
21          unsigned int Size
22 );
23 #endif  //_I2C H_
```

5. main. c 源代码

定义主函数的 main. c 源代码清单:

```
1 /* 头文件包含区 */
2 #include "config. h"
3 #include "delay. h"
4 #include "I2C. h"
5 /* 全局变量或静态变量定义区 */
6 /**********************************************
7 函数名称:Int_Init()
8 函数功能:中断初始化函数
9 输入参数:无
10 输出参数:无
11 **********************************************/
12 void Int_Init()
13 {
14          IT0 = 1;                        //边沿触发
15          EA = 1;                         //开放中断
16          EX0 = 1;
17 }
```

```
18 /*********************************************
19 函数名称:main()
20 函数功能:主函数
21 输入参数:无
22 输出参数:无
23 *********************************************/
24 void main()
25 {
26          /*局部变量定义区*/
27          INT8U MRD[1];                                        //存放接收的数据
28          INT8U MTD[1];                                        //存放发送的数据
29          /*系统初始化区*/
30          Int_Init();                                          //中断初始化
31          I2C_Init();                                          //I²C总线初始化
32          /*函数主体*/
33          while(1)
34          {
35                  I2C_Gets(PCF8574_ADDR2,0x00,0,MRD,1); //读取开关状态
36                  MTD[0] = MRD[0];
37                  I2C_Puts(PCF8574_ADDR1,0x00,0,MTD,1); //输出开关状态
38                  LongDelay(1250);
39          }
40 }
```

六、系统调试

加载目标代码文件“*.hex”到单片机中，单击软件运行按钮“▶”开始仿真，调试过程参考实验十一。

实验十四　单片机串行I/O端口扩展实验

一、实验目的

学习利用串行I/O端口扩展技术设计单片机端口电路。

二、实验内容

利用AT89S52单片机串行端口或构建虚拟串行端口，读取8只开关的状态，并用8只发光二极管的亮灭表示开关的状态。试利用Proteus软件，设计系统仿真用的电路原理图；利用Keil软件，编写系统应用程序；调试系统的软硬件，实现系统的功能。

三、实验预习要求

(1) 预习串行口方式0的时序和工作原理。

(2) 预习74HC165、74HC164芯片的工作原理。

(3) 预习用任意I/O口虚拟串行端口方式0的原理。

四、实验参考硬件电路

实验参考硬件电路如图10-35所示。使用并转串芯片74HC165读取开关的状态，使用

串转并芯片 74HC164 输出开关的状态。

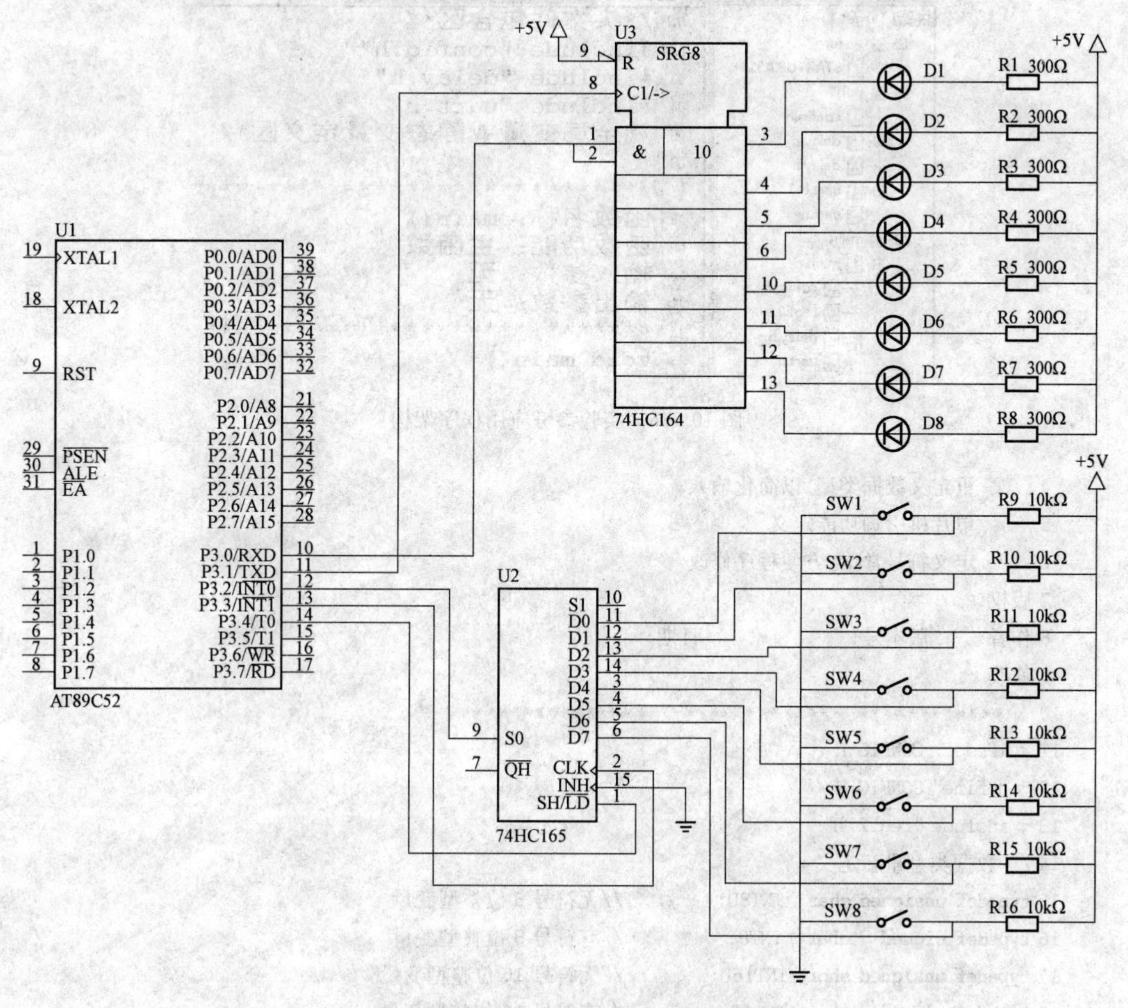

图 10 - 35　实验参考硬件电路原理图

五、实验参考应用程序

1. 程序架构

程序架构如图所示 10 - 36 所示。整个程序分成三部分：System 文件夹中包含了系统创建时自建的启动文件 STARTUP. A51；Public 文件夹中包含了用户创建的系统配置头文件 config. h、延时函数定义文件 delay. c 和延时函数声明头文件 delay. h、串行端口接收和发送函数定义文件 uart. c 和声明头文件 uart. h；Main 文件夹中包含了用户创建的定义主函数的文件 main. c。

2. config. h 源代码

config. h 源代码清单：

```
1 /**********************************************
2 文件名:config. h
3 功能:包含 Keil 自带的 C52 头文件
```

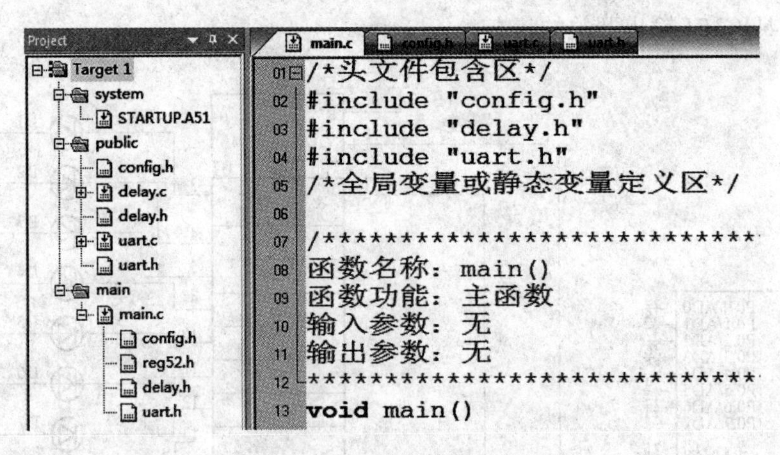

图 10-36　实验参考应用程序架构

```
4       重定义数据类型,以简化输入
5       单片机引脚功能定义
6       定义符号常量,方便程序修改
7 版权:
8 作者:    版本号:            日期:
9 修改:
10 *********************************************/
11 #ifndef _CONFIG_H_
12 #define _CONFIG_H_
13 #include "reg52.h"
14 /*数据类型重新定义*/
15 typedef unsigned char  INT8U;        //无符号8位整型变量
16 typedef signed   char  INT8;         //有符号8位整型变量
17 typedef unsigned short INT16U;       //无符号16位整型变量
18 typedef signed   short INT16;        //有符号16位整型变量
19 typedef unsigned long  INT32U;       //无符号32位整型变量
20 typedef signed   long  INT32;        //有符号32位整型变量
21 typedef float          FP32;         //单精度浮点数(32位长度)
22 typedef double         FP64;         //双精度浮点数(64位长度)
23 /*单片机引脚功能定义*/
24 sbit VRXD = P3^2;                    //虚拟RXD端口定义
25 sbit VTXD = P3^3;                    //虚拟TXD端口定义
26 sbit Shift_165 = P3^4;               //74HC165并行数据置入/启动串行发送
27 /*符号常量定义*/
28 #endif
```

3. uart.c 源代码

uart.c 源代码清单：

```
1 /*********************************************
2 文件名:uart.c
```

```
3 功能:串行端口接收和发送数据程序
4 版权:
5 作者:     版本号:     日期:
6 修改:
7 ***********************************************/
8 #include "config.h"
9 /***********************************************
10 函数名称:UARTNO()
11 函数功能:基于 UART 口的 N 字节发送函数
12 输入参数:*buffer:发送数据的地址(用数组存放发送数据)
13          number :发送数据的字节数
14 输出参数:无
15 ***********************************************/
16 void UARTNO(INT8U *buffer,INT8U number)
17 {
18         INT8U i;
19         SCON = 0;                    //UART 方式 0 设定
20         TI = 0;
21         for(i = 0;i < number;i ++)
22         {
23                 SBUF = buffer[i];
24                 while( TI == 0);
25                 TI = 0;
26         }
27 }
28 /***********************************************
29 函数名称:UARTNO()
30 函数功能:基于虚拟 UART 口的 N 字节接收函数
31 输入参数:*buffer:接收数据的地址(用数组存放接收数据)
32           number :接收数据的字节数
33 输出参数:无
34 ***********************************************/
35 void VUARTNI(INT8U *buffer,INT8U number)
36 {
37         INT8U i,j,filter;
38         VTXD = 0;
39         VRXD = 1;
40         for(i = 0;i < number;i ++)
41         {
42                 filter = 0;
43                 for(j = 0;j < 8;j ++)
44                 {
45                         filter >>= 1;
```

```
46                  if(1 == VRXD )
47                  {
48                          filter |= 0x80; //读取一位数据
49                  }
50                  VTXD = 1;                  //74HC165 上升沿移位
51                  VTXD = 0;
52              }
53              buffer[i] = filter;
54      }
55 }
```

4. uart. h 源代码

uart. h 源代码清单：

```
1 #ifndef _UART_H_
2 #define _UART_H_
3 void UARTNO(INT8U *buffer,INT8U number);
4 void VUARTNI(INT8U *buffer,INT8U number);
5 #endif
```

5. main. c 源代码

定义主函数的 main. c 源代码清单：

```
1 /*头文件包含区*/
2 #include "config.h"
3 #include "delay.h"
4 #include "uart.h"
5 /*全局变量或静态变量定义区*/
6 /**********************************************
7 函数名称:main()
8 函数功能:主函数
9 输入参数:无
10 输出参数:无
11 **********************************************/
12 void main()
13 {
14         /*局部变量定义区*/
15         INT8U MRD[1];
16         INT8U MTD[1];
17         /*系统初始化区*/
18         Shift_165 = 0;
19         /*函数主体*/
20         while(1)
21         {
22                 Shift_165 = 1;
```

```
23              VUARTNI(MRD,1);  //通过虚拟 UART 口读取开关状态
24              Shift_165 = 0;
25              MTD[0] = MRD[0];
26              UARTNO(MTD,1);   //通过 UART 口输出开关状态
27              LongDelay(1250);
28          · }
29}
```

六、系统调试

加载目标代码文件"*.hex"到单片机中，单击软件运行按钮"▶"开始仿真，调试过程参考实验十一。

实验十五 数码管并行静态显示实验

一、实验目的

学习数码管并行静态显示的方法。

二、实验内容

通过并行静态显示方法在两位共阴数码管上显示"12"字样。试利用 Proteus 软件，设计系统仿真用的电路原理图；利用 Keil 软件，编写系统应用程序；调试系统的软硬件，实现系统的功能。

三、实验预习要求

(1) 预习共阴数码管的结构。

(2) 预习数码管并行静态显示的方法。

四、实验参考硬件电路

实验参考硬件电路如图 10-37 所示。用 P0 端口扩展成 2 个并行端口，分别将显示的数据传送到 74HC573 中，控制两位共阴数码管的显示。

五、实验参考应用程序

1. 程序架构

实验程序架构如图所示 10-38 所示。整个程序分成四部分：System 文件夹中包含了系统创建时自建的启动文件 STARTUP. A51；Public 文件夹中包含了用户创建的系统配置头文件 config. h；Main 文件夹中包含了用户创建的定义主函数的文件 main. c；HMI 文件夹中包含了用户创建的定义共阴数码管并行静态显示函数的文件 ParallelStaticCATLED. c 和函数声明的头文件 ParallelStaticCATLED. h。

2. config. h 源代码

config. h 源代码清单：

```
1 /**************************************************
2 文件名:config.h
3 功能:重定义数据类型,以简化输入
4       单片机引脚功能定义
5           定义符号常量,方便程序修改
```

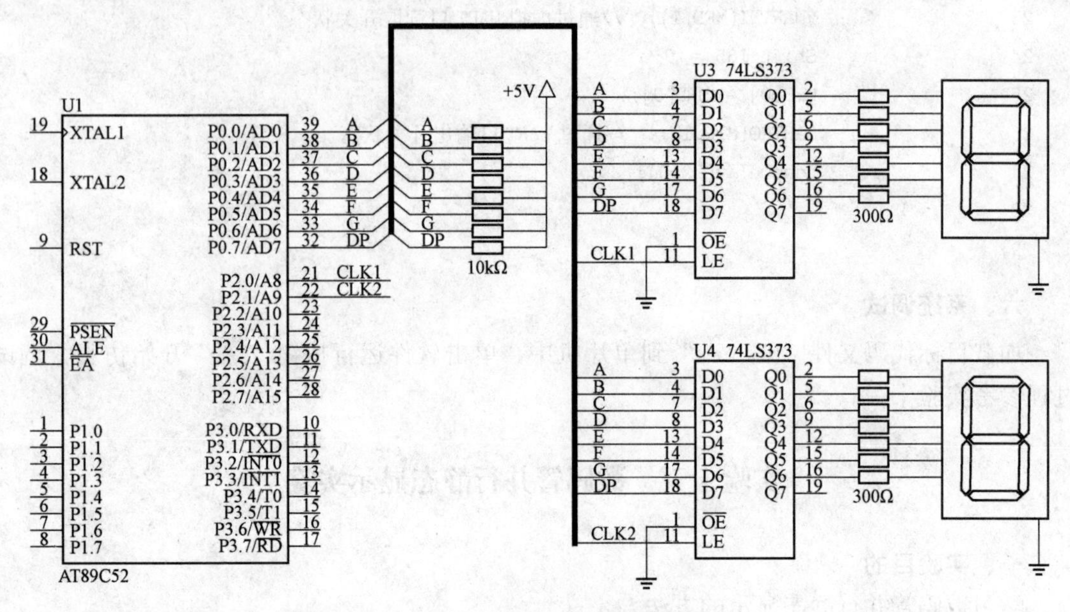

图 10 - 37　实验参考硬件电路原理图

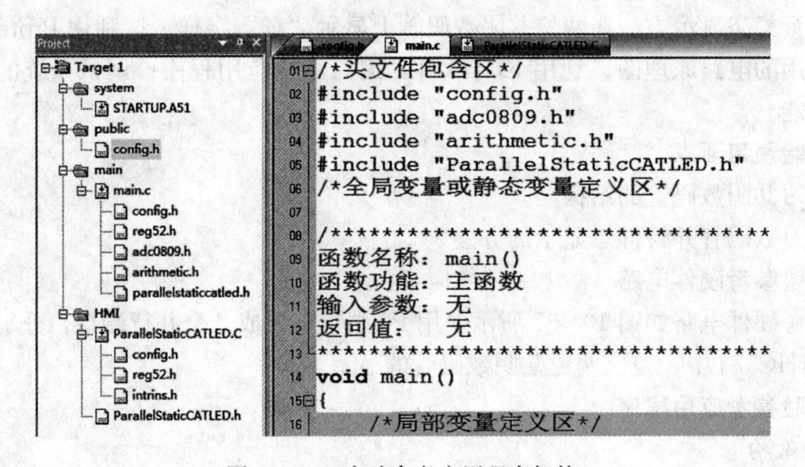

图 10 - 38　实验参考应用程序架构

```
6 版权：
7 作者：　版本号：　　日期：
8 修改：
9 *********************************************/
10 #ifndef _CONFIG_H_
11 #define _CONFIG_H_
12 #include "reg52.h"
13 /*数据类型重新定义*/
14 typedef unsigned char  INT8U;            //无符号 8 位整型变量
15 typedef signed   char  INT8;             //有符号 8 位整型变量
16 typedef unsigned short INT16U;           //无符号 16 位整型变量
17 typedef signed   short INT16;            //有符号 16 位整型变量
```

```
18 typedef unsigned long  INT32U;            //无符号 32 位整型变量
19 typedef signed   long  INT32;             //有符号 32 位整型变量
20 typedef float           FP32;             //单精度浮点数(32 位长度)
21 typedef double          FP64;             //双精度浮点数(64 位长度)
22 /*单片机引脚功能定义*/
23 sbit LatchCLK1 = P2^0;                    //第 1 位数码管对应锁存器片选端
24 sbit LatchCLK2 = P2^1;                    //第 2 位数码管对应锁存器片选端
25 /*符号常量定义*/
26 #define LEDDATA P0                        //数码管段码数据传输口
27 #endif
```

3. main. c 源代码

定义主函数的 main. c 源代码清单：

```
1 /*头文件包含区*/
2 #include "config.h"
3 #include "adc0809.h"
4 #include "arithmetic.h"
5 #include "ParallelStaticCATLED.h"
6 /*全局变量或静态变量定义区*/
7 /*********************************************
8 函数名称:main()
9 函数功能:主函数
10 输入参数:无
11 返回值:  无
12 *********************************************/
13 void main()
14 {
15         /*局部变量定义区*/
16         INT8U DisplayData[2] = {1,2};    //显示"12"
17         /*系统初始化区*/
18         /*函数主体*/
19         while(1)
20         {
21                 LEDDisplay(DisplayData); //调用显示函数
22         }
23 }
```

4. ParallelStaticCATLED. c 源代码

ParallelStaticCATLED. c 源代码清单：

```
1 /*********************************************
2 文件名:ParallelStaticLED.c
3 功能:并行静态数码管显示
4 版权:
```

```
5 作者:  版本号:        日期:
6 修改:无
7 ***********************************************/
8 #include "config.h"
9 #include "intrins.h"
10 INT8U code tab[] = {0x3f,0x06,0x5b,0x4f,0x66,0x6d,0x7d,0x07,
                     0x7f,0x6f,0x77,0x7c,0x39,0x5e,0x79,0x71};
11 //共阴数码管的字型码表格数据
12 /***********************************************
13 函数名称:LEDDisplay()
14 函数功能:并行静态数码管显示
15 输入参数:*buffer:显示的数据,用数组传递
16 返回值:  无
17 ***********************************************/
18 void LEDDisplay(INT8U *buffer)
19 {
20        LEDDATA = tab[buffer[0]];      //显示最高位数据
21        LatchCLK1 = 1;                 //锁存信号有效,送显示数据
22        _nop_();
23        _nop_();
24        LatchCLK1 = 0;                 //锁存信号无效
25        LEDDATA = tab[buffer[1]];      //显示下一位数据
26        LatchCLK2 = 1;
27        _nop_();
28        _nop_();
29        LatchCLK2 = 0;
30        //如果有更多位数码管显示,仿照上面结构添加后续代码
31 }
```

5. ParallelStaticCATLED.h 源代码

ParallelStaticCATLED.h 源代码：

```
1 #ifndef  _ParallelStaticCATLED_H_
2 #define  _ParallelStaticCATLED_H_
3     void LEDDisplay(INT8U *buffer);
4 #endif
```

六、系统调试

加载目标代码文件“*.hex”到单片机中，单击软件运行按钮“▶”开始仿真。单片机上电运行后，显示器会显示“12”字样。修改程序中显示的数据，显示器也会随之改变显示的字样。

实验十六　数码管串行静态显示实验

一、实验目的

学习数码管串行静态显示的方法。

二、实验内容

通过串行静态显示方法在两位共阴数码管上显示“12”字样。试利用 Proteus 软件，设计系统仿真用的电路原理图；利用 Keil 软件，编写系统应用程序；调试系统的软硬件，实现系统的功能。

三、实验预习要求

预习数码管串行静态显示的方法。

四、实验参考硬件电路

实验参考硬件电路如图 10 - 39 所示。74HC595 是串并转换芯片，通过单片机串行端口将显示的数据传送到数码管的数据端口。

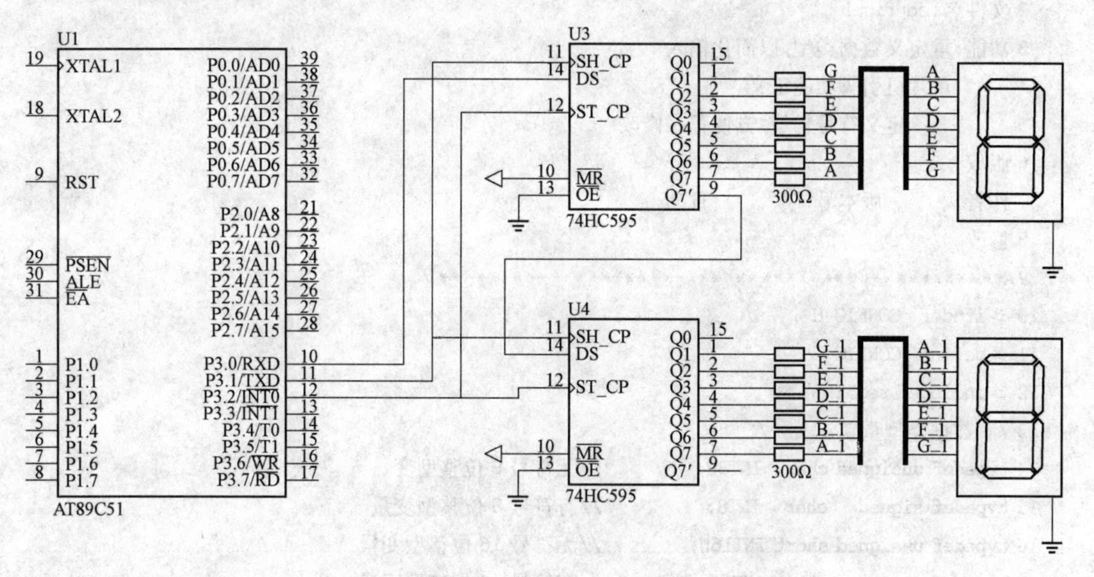

图 10 - 39　实验参考电路原理图

五、实验参考应用程序

1. 程序架构

程序架构如图所示 10 - 40 所示。整个程序分成四部分：System 文件夹中包含了系统创建时自建的启动文件 STARTUP. A51；Public 文件夹中包含了用户创建的系统配置头文件 config. h、串行端口接收或发送数据函数定义文件 uart. c 和函数声明头文件 uart. h；Main 文件夹中包含了用户创建的定义主函数的文件 main. c；串行静态共阴数码管显示函数定义文件 SerialStaticCATLED. c 和函数声明头文件 SerialStaticCATLED. h。

2. config. h 源代码

config. h 源代码清单：

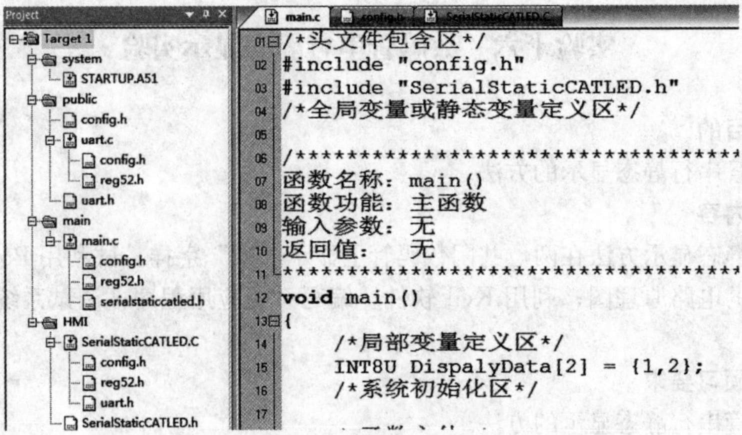

图 10-40 实验参考应用程序架构

```
1 /*********************************************
2 文件名:config.h
3 功能:重定义数据类型,以简化输入
4       单片机引脚功能定义
5          定义符号常量,方便程序修改
6 版权:
7 作者:        版本号:         日期:
8 修改:
9 *********************************************/
10 #ifndef _CONFIG_H_
11 #define _CONFIG_H_
12 #include "reg52.h"
13 /*数据类型重新定义*/
14 typedef unsigned char  INT8U;          //无符号 8 位整型变量
15 typedef signed   char  INT8;           //有符号 8 位整型变量
16 typedef unsigned short INT16U;         //无符号 16 位整型变量
17 typedef signed   short INT16;          //有符号 16 位整型变量
18 typedef unsigned long  INT32U;         //无符号 32 位整型变量
19 typedef signed   long  INT32;          //有符号 32 位整型变量
20 typedef float           FP32;          //单精度浮点数(32 位长度)
21 typedef double          FP64;          //双精度浮点数(64 位长度)
22 /*单片机引脚功能定义*/
23 sbit SW_74HC595 = P3^2;                //74HC595 输出开关控制端
24 /*符号常量定义*/
25 #endif
```

3. main.c 源代码

定义主函数的 main.c 源代码清单:

```
1 /*头文件包含区*/
```

```
2 #include "config.h"
3 #include "SerialStaticCATLED.h"
4 /*全局变量或静态变量定义区*/
5 /**********************************************
6 函数名称:main()
7 函数功能:主函数
8 输入参数:无
9 返回值:  无
10 **********************************************/
11 void main()
12 {
13         /*局部变量定义区*/
14         INT8U DispalyData[2] = {1,2};                //显示数字"12"
15         /*系统初始化区*/
16         /*函数主体*/
17         while(1)
18         {
19                 LEDDisplay(DispalyData);             //调用显示函数
20         }
21 }
```

4. SerialStaticCATLED.c 源代码

SerialStaticCATLED.c 源代码清单：

```
1 /**********************************************
2 文件名:SerialStaticLED.c
3 功能:串行静态数码管显示
4 版权:
5 作者:      版本号:      日期:
6 修改:
7 **********************************************/
8 #include "config.h"
9 #include "uart.h"
10 INT8U code tab[] = {0x3f,0x06,0x5b,0x4f,0x66,0x6d,0x7d,0x07,
                    0x7f,0x6f,0x77,0x7c,0x39,0x5e,0x79,0x71};
11 //共阴数码管的字型码表格数据
12 /**********************************************
13 函数名称:LEDDisplay()
14 函数功能:串行静态数码管显示
15 输入参数:*buffer:显示的数据,用数组传递
16 返回值:  无
17 **********************************************/
18 void LEDDisplay(INT8U *buffer)
19 {
```

```
20        INT8U i;
21        INT8U DisplayData[2] = {0,0};
22        for(i = 0;i < 2;i++)                //查找显示数据的字型码
23        {
24                DisplayData[i] = tab[buffer[1 - i]];//必须先送"2"再送"1"
25        }
26        SW_74HC595 = 0;                     //关闭 74HC595 输出
27        UARTNO(DisplayData,2);              //利用串行端口发送显示数据
28        SW_74HC595 = 1;                     //开启 74HC595 输出
29 }
```

5. SerialStaticCATLED. 源代码

SerialStaticCATLED. h 源代码清单：

```
1 #ifndef  _SerialStaticCATLED_H_
2 #define  _SerialStaticCATLED_H_
3          void LEDDisplay(INT8U *buffer);
4 #endif
```

六、系统调试

加载目标代码文件“*.hex”到单片机中，单击软件运行按钮▶开始仿真，调试过程参考实验十五。

实验十七　数码管并行动态显示实验

一、实验目的

学习数码管并行动态显示的方法。

二、实验内容

通过并行动态显示方法在两位共阴数码管上显示“12”字样。试利用 Proteus 软件，设计系统仿真用的电路原理图；利用 Keil 软件，编写系统应用程序；调试系统的软硬件，实现系统的功能。

三、实验预习要求

预习数码管并行动态显示的方法。

四、实验参考硬件电路

实验参考硬件电路如图 10 - 41 所示。数码管为 2 位共阴动态显示数码管，用 74HC573 锁存显示的数据，用 P2.0 和 P2.1 端口控制数码管的位码。需要说明的是，数码管位码端连接的两个开关，在实际电路中是没有的，但是在仿真时加了这两个开关时仿真就可以顺利进行，否则系统仿真时数码管无法显示。

五、实验参考应用程序

1. 程序架构

程序架构如图所示 10 - 42 所示。整个程序分成四部分：System 文件夹中包含了系统创建时自建的启动文件 STARTUP. A51；Public 文件夹中包含了用户创建的系统配置头文件

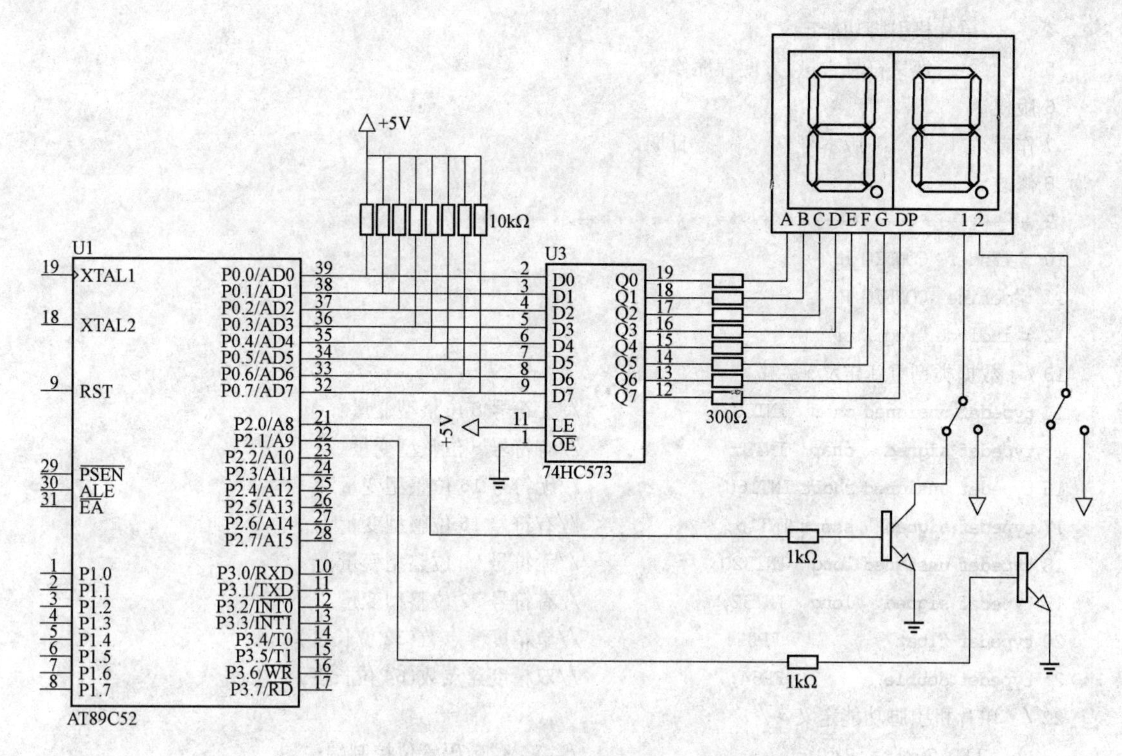

图 10 - 41　实验参考硬件电路原理图

config. h、延时函数定义文件 delay. c 和延时函数声明头文件 delay. h；Main 文件夹中包含了用户创建的定义主函数的文件 main. c；并行动态共阴数码管显示函数定义文件 Parallel-DynamicCATLED. c 和函数声明头文件 ParallelDynamicCATLED. h。

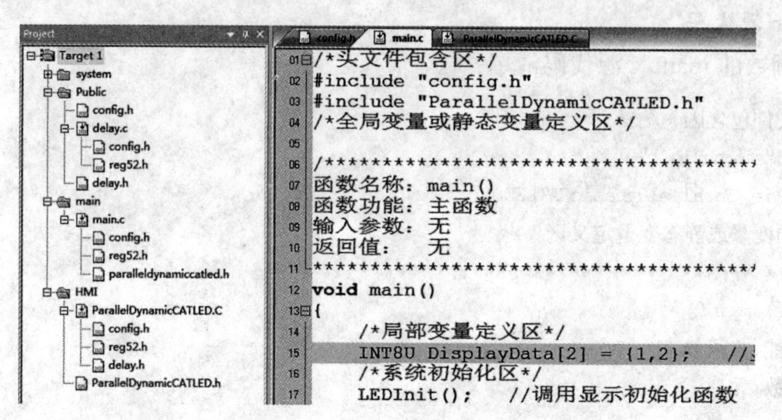

图 10 - 42　实验参考应用程序架构

2. config. h 源代码

config. h 源代码清单：

```
1 /*************************************************
2 文件名:config.h
3 功能:重定义数据类型,以简化输入
```

```
4       单片机引脚功能定义
5           定义符号常量,方便程序修改
6 版权:
7 作者:              版本号:             日期:
8 修改:
9 **********************************************/
10 #ifndef _CONFIG_H_
11 #define _CONFIG_H_
12 #include "reg52.h"
13 /*数据类型重新定义*/
14 typedef unsigned char   INT8U;              //无符号 8 位整型变量
15 typedef signed   char   INT8;               //有符号 8 位整型变量
16 typedef unsigned short INT16U;              //无符号 16 位整型变量
17 typedef signed   short INT16;               //有符号 16 位整型变量
18 typedef unsigned long   INT32U;             //无符号 32 位整型变量
19 typedef signed   long   INT32;              //有符号 32 位整型变量
20 typedef float            FP32;              //单精度浮点数(32 位长度)
21 typedef double           FP64;              //双精度浮点数(64 位长度)
22 /*单片机引脚功能定义*/
23 sbit LED_COM1 = P2^0;                       //第 1 位数码管位控制端
24 sbit LED_COM2 = P2^1;                       //第 2 位数码管位控制端
25 /*符号常量定义*/
26 #define LEDDATA P0                          //数码管段码数据传输端口
27 #endif
```

3. main.c 源代码

定义主函数的 main.c 源代码清单：

```
1 /*头文件包含区*/
2 #include "config.h"
3 #include "ParallelDynamicCATLED.h"
4 /*全局变量或静态变量定义区*/
5 /**********************************************
6 函数名称:main()
7 函数功能:主函数
8 输入参数:无
9 返回值:  无
10 **********************************************/
11 void main()
12 {
13         /*局部变量定义区*/
14         INT8U DisplayData[2] = {1,2};     //显示"12"
15         /*系统初始化区*/
16         LEDInit();                        //调用显示初始化函数
```

```
17          /*函数主体*/
18          while(1)
19          {
20                  LEDDisplay(DisplayData);        //调用显示函数
21          }
22 }
```

4. ParallelDynamicCATLED. c 源代码

ParallelDynamicCATLED. c 源代码清单:

```
1 /**********************************************
2 文件名:ParallelDynamicLED.c
3 功能:并行动态数码管显示
4 版权:
5 作者:              版本号:            日期:
6 修改:
7 **********************************************/
8 #include "config.h"
9 #include "delay.h"
10 INT8U code tab[] = {0x3f,0x06,0x5b,0x4f,0x66,0x6d,0x7d,0x07,
                       0x7f,0x6f,0x77,0x7c,0x39,0x5e,0x79,0x71};
11 //共阴数码管的字型码表格数据
12 /**********************************************
13 函数名称:LEDInit()
14 函数功能:并行动态显示初始化
15 输入参数:无
16 返回值:  无
17 **********************************************/
18 void LEDInit()
19 {
20         LED_COM1 = 0;                         //关闭第1位数码管
21         LED_COM2 = 0;                         //关闭第2位数码管
22 }
23 /**********************************************
24 函数名称:LEDDisplay()
25 函数功能:并行静态数码管显示
26 输入参数:*buffer:显示的数据,用数组传递
27 返回值:  无
28 **********************************************/
29 void LEDDisplay(INT8U *buffer)
30 {
31         LEDDATA = tab[buffer[0]];             //显示最高位数据
32         LED_COM1 = 1;                         //锁存信号有效,送显示数据
33         LongDelay(6000);
```

```
34          LED_COM1 = 0;                       //锁存信号有效,送显示数据
35          LEDDATA = tab[buffer[1]];           //显示下一位数据
36          LED_COM2 = 1;                       //锁存信号有效,送显示数据
37          LongDelay(6000);
38          LED_COM2 = 0;                       //锁存信号有效,送显示数据
39 }
```

5. ParallelDynamicCATLED. h 源代码

ParallelDynamicCATLED. h 源代码清单：

```
1 #ifndef   _ParallelDynamicCATLED_H_
2 #define   _ParallelDynamicCATLED_H_
3           void LEDInit();
4           void LEDDisplay(INT8U *buffer);
5 #endif
```

六、系统调试

加载目标代码文件“*.hex”到单片机中，单击软件运行按钮“▶”开始仿真，调试过程参考实验十五。

实验十八　数码管串行动态显示实验

一、实验目的

学习数码管串行动态显示的方法。

二、实验内容

通过串行动态显示方法在两位共阴数码管上显示“12”字样。试利用 Proteus 软件，设计系统仿真用的电路原理图；利用 Keil 软件，编写系统应用程序；调试系统的软硬件，实现系统的功能。

三、实验预习要求

预习数码管串行动态显示的方法。

四、实验参考硬件电路

实验参考硬件电路如图 10 - 43 所示。显示数据通过串口送到 74HC595 中并锁存，P3. 3 和 P3. 4 控制数码管的位码端。

五、实验参考应用程序

1. 程序架构

程序架构如图所示 10 - 44 所示。整个程序分成四部分：System 文件夹中包含了系统创建时自建的启动文件 STARTUP. A51；Public 文件夹中包含了用户创建的系统配置头文件 config. h、延时函数定义文件 delay. c 和延时函数声明头文件 delay. h、串行端口接收或发送数据函数定义文件 uart. c 和函数声明头文件 uart. h；Main 文件夹中包含了用户创建的定义主函数的文件 main. c；串行动态共阴数码管显示函数定义文件 SerialDynamicCATLED. c 和函数声明头文件 SerialDynamicCATLED. h。

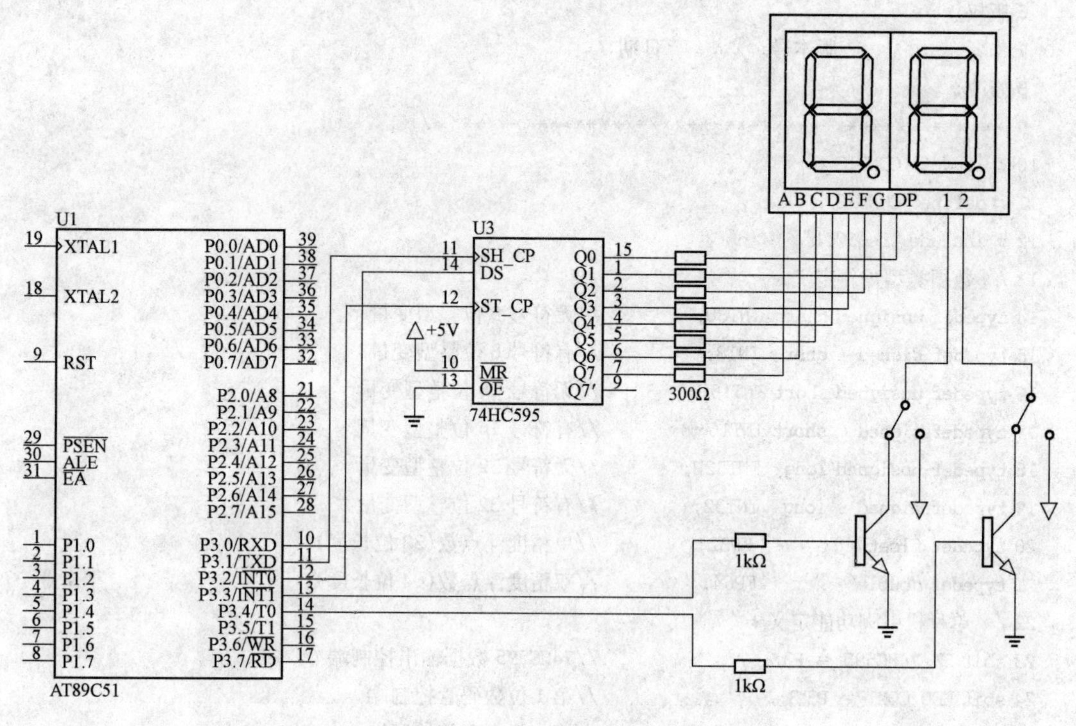

图 10-43　实验参考硬电路原理图

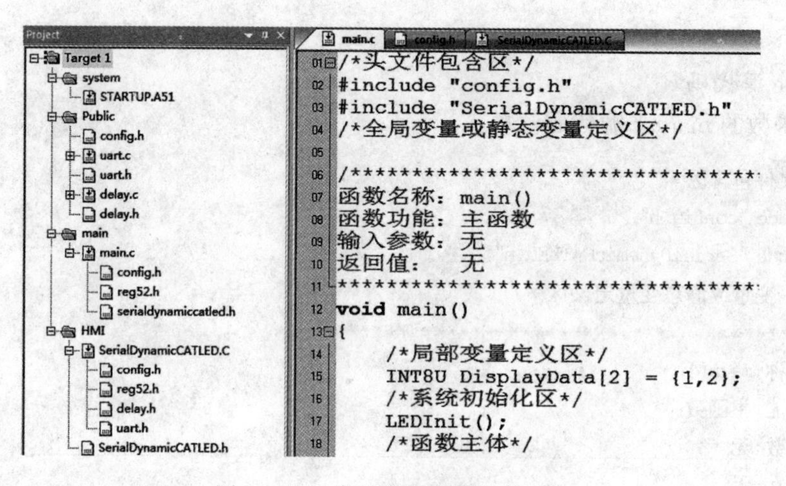

图 10-44　实验参考应用程序架构

2. config. h 源代码

config. h 源代码清单：

```
1 /**************************************************
2 文件名:config.h
3 功能:重定义数据类型,以简化输入
4         单片机引脚功能定义
5                 定义符号常量,方便程序修改
```

```
6 版权:
7 作者:              版本号:          日期:
8 修改:
9 ********************************************** /
10 #ifndef _CONFIG_H_
11 #define _CONFIG_H_
12 #include "reg52.h"
13 /*数据类型重新定义*/
14 typedef unsigned char  INT8U;           //无符号8位整型变量
15 typedef signed   char  INT8;            //有符号8位整型变量
16 typedef unsigned short INT16U;          //无符号16位整型变量
17 typedef signed   short INT16;           //有符号16位整型变量
18 typedef unsigned long  INT32U;          //无符号32位整型变量
19 typedef signed   long  INT32;           //有符号32位整型变量
20 typedef float           FP32;           //单精度浮点数(32位长度)
21 typedef double          FP64;           //双精度浮点数(64位长度)
22 /*单片机引脚功能定义*/
23 sbit SW_74HC595 = P3^2;                 //74HC595数据输出控制端
24 sbit LED_COM1 = P3^3;                   //第1位数码管控制端
25 sbit LED_COM2 = P3^4;                   //第2位数码管控制端
26 /*符号常量定义*/
27 #endif
```

3. main.c 源代码

定义主函数的 main.c 源代码清单：

```
1 /*头文件包含区*/
2 #include "config.h"
3 #include "SerialDynamicCATLED.h"
4 /*全局变量或静态变量定义区*/
5 /**********************************************
6 函数名称:main()
7 函数功能:主函数
8 输入参数:无
9 返回值:  无
10 ********************************************** /
11 void main()
12 {
13         /*局部变量定义区*/
14         INT8U DisplayData[2] = {1,2};    //数字“12”
15         /*系统初始化区*/
16         LEDInit();
17         /*函数主体*/
18         while(1)
```

```
19          {
20                  LEDDisplay(DisplayData);          //调用显示函数
21          }
22 }
```

4. SerialDynamicCATLED. c 源代码

SerialDynamicCATLED. c 源代码清单：

```
1 /********************************************
2 文件名:SerialDynamicLED.c
3 功能:串行动态数码管显示
4 版权:
5 作者:          版本号:          日期:
6 修改:
7 ********************************************/
8 #include "config.h"
9 #include "delay.h"
10 #include "uart.h"
11 INT8U code tab[] = {0x3f,0x06,0x5b,0x4f,0x66,0x6d,0x7d,0x07,
                       0x7f,0x6f,0x77,0x7c,0x39,0x5e,0x79,0x71};
12 //共阴数码管的字型码表格数据
13 /********************************************
14 函数名称:LEDInit()
15 函数功能:串行动态显示初始化
16 输入参数:无
17 返回值:  无
18 ********************************************/
19 void LEDInit()
20 {
21          LED_COM1 = 0;                          //关闭第1位数码管
22          LED_COM2 = 0;                          //关闭第2位数码管
23 }
24 /********************************************
25 函数名称:LEDDisplay()
26 函数功能:串行动态数码管显示
27 输入参数:*buffer:显示的数据,用数组传递
28 返回值:  无
29 ********************************************/
30 void LEDDisplay(INT8U *buffer)
31 {
32          INT8U i;
33          INT8U DisplayData[2] = {0,0};
34          for(i = 0;i < 2;i++)                   //查找显示数据的字型码
35          {
```

```
36                  DisplayData[i] = tab[buffer[i]];
37          }
38          SW_74HC595 = 0;                    //关闭 74HC595 输出
39          UARTNO(DisplayData,1);             //利用串行端口发送显示数据
40          SW_74HC595 = 1;                    //开启 74HC595 输出
41          SW_74HC595 = 0;                    //关闭 74HC595 输出
42          LED_COM1 = 1;                      //锁存信号有效,送显示数据
43          LongDelay(6000);
44          LED_COM1 = 0;                      //锁存信号有效,送显示数据
45          UARTNO(DisplayData + 1,1);         //利用串行端口发送显示数据
46          SW_74HC595 = 1;                    //开启 74HC595 输出
47          SW_74HC595 = 0;                    //关闭 74HC595 输出
48          LED_COM2 = 1;                      //锁存信号有效,送显示数据
49          LongDelay(6000);
50          LED_COM2 = 0;                      //锁存信号有效,送显示数据
51 }
```

5. SerialDynamicCATLED. h 源代码

SerialDynamicCATLED. h 源代码清单：

```
1 #ifndef  _SerialDynamicCATLED_H_
2 #define  _SerialDynamicCATLED_H_
3          void LEDInit();
4          void LEDDisplay(INT8U * buffer);
5 #endif
```

六、系统调试

加载目标代码文件“*.hex”到单片机中，单击软件运行按钮“▶”开始仿真，调试过程参考实验十五。

实验十九　矩阵键盘状态读取实验

一、实验目的

学习矩阵键盘读取的方法。

二、实验内容

读取 4*4 矩阵键盘，将被按下的键盘键值显示在数码管上。试利用 Proteus 软件，设计系统仿真用的电路原理图；利用 Keil 软件，编写系统应用程序；调试系统的软硬件，实现系统的功能。

三、实验预习要求

预习扫描法和反转法读取键盘的方法以及键值的编写方法。

四、实验参考硬件电路

实验参考硬件电路如图 10-45 所示。4*4 矩阵通过 P1 口接入单片机，P2 口输出键盘的键值数据在 1 位共阴数码管上显示。

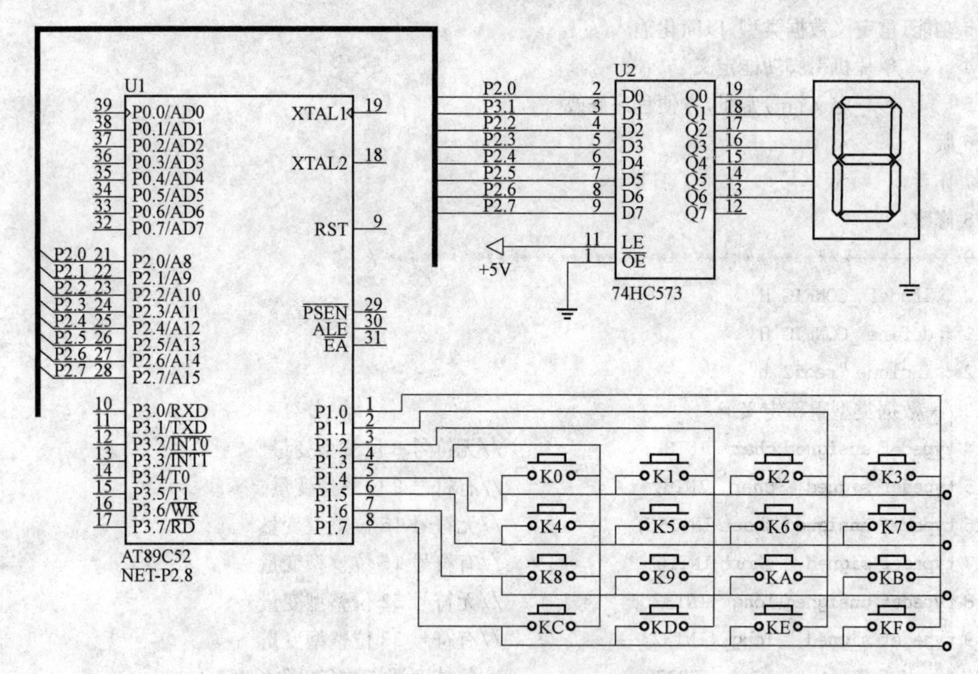

图 10-45　实验参考硬件电路原理图

五、实验参考应用程序

1. 程序架构

程序架构如图所示 10-46 所示。整个程序分成四部分：System 文件夹中包含了系统创建时自建的启动文件 STARTUP. A51；Public 文件夹中包含了用户创建的系统配置头文件 config. h、延时函数定义文件 delay. c 和延时函数声明头文件 delay. h；Main 文件夹中包含了用户创建的定义主函数的文件 main. c；HMI 文件夹中包含了用户创建的定义共阴数码管并行静态显示函数的文件 ParallelStaticCATLED. c、函数声明的头文件 ParallelStaticCATLED. h、矩阵键盘扫描函数定义文件 keyscan. c、函数声明头文件 keyscan. h。

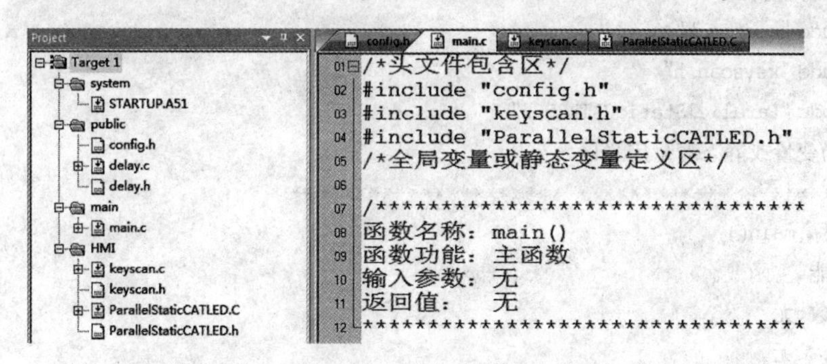

图 10-46　实验参考应用程序架构

2. config. h 源代码

config. h 源代码清单：

```
1 /***********************************************
2 文件名:config.h
```

```
3 功能:重定义数据类型,以简化输入
4       单片机引脚功能定义
5           定义符号常量,方便程序修改
6 版权:
7 作者:     版本号:         日期:
8 修改:
9 ********************************************** /
10 #ifndef _CONFIG_H_
11 #define _CONFIG_H_
12 #include "reg52.h"
13 /*数据类型重新定义*/
14 typedef unsigned char  INT8U;         //无符号8位整型变量
15 typedef signed   char  INT8;          //有符号8位整型变量
16 typedef unsigned short INT16U;        //无符号16位整型变量
17 typedef signed   short INT16;         //有符号16位整型变量
18 typedef unsigned long  INT32U;        //无符号32位整型变量
19 typedef signed   long  INT32;         //有符号32位整型变量
20 typedef float          FP32;          //单精度浮点数(32位长度)
21 typedef double         FP64;          //双精度浮点数(64位长度)
22 /*单片机引脚功能定义*/
23 /*符号常量定义*/
24 #define LED     P2                    //数码管段码数据传输端口
25 #define KEY     P1                    //矩阵键盘输入端口
26 #endif
```

3. main. c 源代码

定义主函数的 main. c 源代码清单：

```
1 /*头文件包含区*/
2 #include "config.h"
3 #include "keyscan.h"
4 #include "ParallelStaticCATLED.h"
5 /*全局变量或静态变量定义区*/
6 /**********************************************
7 函数名称:main()
8 函数功能:主函数
9 输入参数:无
10 返回值:  无
11 ********************************************** /
12 void main()
13 {
14         /*局部变量定义区*/
15         INT8U KeyValue[1] = {0x10};        //上电显示器不显示初值
16         /*系统初始化区*/
```

```
17          /* 函数主体 */
18          while(1)
19          {
20                  KeyValue[0] =   keyscan();
21                  if(KeyValue != 0x10)
22                  {
23                          LEDDisplay(KeyValue);     //调用显示函数
24                  }
25          }
26 }
```

4. ParallelStaticCATLED. c 源代码

ParallelStaticCATLED. c 源代码清单：

```
1 /*************************************************
2 文件名:ParallelStaticLED.c
3 功能:并行静态数码管显示
4 版权:
5 作者:  版本号:          日期:
6 修改:无
7 *************************************************/
8 #include "config.h"
9 INT8U code tab[] = {0x3f,0x06,0x5b,0x4f,0x66,0x6d,0x7d,0x07,
                     0x7f,0x6f,0x77,0x7c,0x39,0x5e,0x79,0x71,0x00};
10 //共阴数码管的字型码表格数据
11 /*************************************************
12 函数名称:LEDDisplay()
13 函数功能:并行静态数码管显示
14 输入参数:*buffer:显示的数据,用数组传递
15 返回值:  无
16 *************************************************/
17 void LEDDisplay(INT8U *buffer)
18 {
19          LED = tab[buffer[0]];                        //显示数据
20
21          //如果有更多位数码管显示,仿照上面结构添加后续代码
22 }
```

5. ParallelStaticCATLED. h 源代码

ParallelStaticCATLED. h 源代码清单：

```
1 #ifndef  _ParallelStaticCATLED_H_
2 #define  _ParallelStaticCATLED_H_
3          void LEDDisplay(INT8U *buffer);
4 #endif
```

6. keyscan. c 源代码

keyscan. c 源代码清单：

```
1 /*********************************************
2 文件名:keyscan.c
3 功能:矩阵键盘扫描程序
4 版权:
5 作者:              版本号:          日期:
6 修改:
7 *********************************************/
8 #include "config.h"
9 #include "delay.h"
10 /*********************************************
11 函数名称:keyscan()
12 函数功能:矩阵键盘扫描法程序
13 输入参数:无
14 返回值:  key_value,键值
15 *********************************************/
16 INT8U keyscan()
17 {
18          INT8U key_value = 0x10;
19          INT8U temp,temp0,temp1,temp2,temp3;
20          KEY = 0xf0;
21          temp = KEY & 0xf0;
21          if(temp ! = 0xf0)
22          {
24                   KEY = 0xf7;
25                   LongDelay(1250);
26                   temp0 = KEY & 0xf0;
27                   KEY = 0xfb;
28                   LongDelay(1250);
29                   temp1 = KEY & 0xf0;
30                   KEY = 0xfd;
31                   LongDelay(1250);
32                   temp2 = KEY & 0xf0;
33                   KEY = 0xfe;
34                   LongDelay(1250);
35                   temp3 = KEY & 0xf0;
36                   KEY = 0xf0;                        //等待键的释放
37                   while((KEY & 0xf0) ! = 0xf0);
38                   LongDelay(1250);
39                   while((KEY & 0xf0) ! = 0xf0);
40          }
41          if (temp0 ! = 0xf0)
```

```
42          {
43                  switch(temp0)
44                  {
45                          case 0xe0:
46                                  key_value = 0x00;
47                                  break;
48                          case 0xd0:
49                                  key_value = 0x04;
50                                  break;
51                          case 0xb0:
52                                  key_value = 0x08;
53                                  break;
54                          case 0x70:
55                                  key_value = 0x0c;
56                                  break;
57                          default:
58                                  break;
59                  }
60          }
61          if (temp1 ! = 0xf0)
62          {
63                  switch(temp1)
64                  {
65                          case 0xe0:
66                                  key_value = 0x01;
67                                  break;
68                          case 0xd0:
69                                  key_value = 0x05;
70                                  break;
71                          case 0xb0:
72                                  key_value = 0x09;
73                                  break;
74                          case 0x70:
75                                  key_value = 0x0d;
76                                  break;
77                          default:
78                                  break;
79                  }
80          }
81          if (temp2 ! = 0xf0)
82          {
83                  switch(temp2)
84                  {
```

```
85                  case 0xe0:
86                          key_value = 0x02;
87                          break;
88                  case 0xd0:
89                          key_value = 0x06;
90                          break;
91                  case 0xb0:
92                          key_value = 0x0a;
93                          break;
94                  case 0x70:
95                          key_value = 0x0e;
96                          break;
97                  default:
98                          break;
99          }
100     }
101     if (temp3 ! = 0xf0)
102     {
103             switch(temp3)
104             {
105                 case 0xe0:
106                         key_value = 0x03;
107                         break;
108                 case 0xd0:
109                         key_value = 0x07;
110                         break;
111                 case 0xb0:
112                         key_value = 0x0b;
113                         break;
114                 case 0x70:
115                         key_value = 0x0f;
116                         break;
117                 default:
118                         break;
119             }
120     }
121     return(key_value);
122 }
```

7. keyscan. h 源代码

keyscan. h 源代码清单：

```
1 #ifndef _KEYSCAN_H_
2 #define _KEYSCAN_H_
```

```
3        INT8U keyscan();
4 #endif
```

六、系统调试

加载目标代码文件“*.hex”到单片机中，单击软件运行按钮“▶”开始仿真。单片机上电后，显示器处于黑屏不显示任何信息。单击按钮K0，显示器显示该按键的键值“0”；单击按钮K1显示器显示该按键的键值“1”；单击按钮K2～KF，则显示器会分别显示键值“2”～“F”。

实验二十　ADC0809（并行I/O端口扩展）采集模拟量实验

一、实验目的

学习使用ADC0809（并行I/O端口扩展）采集0～5V电压的方法。

二、实验内容

使用ADC0809（并行I/O端口扩展）采集0～5V电压，将转换得到的数字量显示在LCD1602上。试利用Proteus软件，设计系统仿真用的电路原理图；利用Keil软件，编写系统应用程序；调试系统的软硬件，实现系统的功能。

三、实验预习要求

预习ADC0809芯片工作原理。

四、实验参考硬件电路

实验参考硬件电路如图10-47所示。ADC0809通过P2端口传输数据，ADC0809_OE引脚连接P3.5端口，ADC0809_EOC引脚连接P3.6端口，ADC0809_START引脚连接P3.7端口。LCD1602通过P0端口传输数据，LCD1602_RS引脚连接P3.2端口，LCD1602_RW引脚连接P3.3端口，LCD1602_E引脚连接P3.4端口。ADC0809的外部时钟频率设置为500kHz。

五、实验参考应用程序

1. 程序架构

程序架构如图所示10-48所示。整个程序分成六部分：System文件夹中包含了系统创建时自建的启动文件STARTUP.A51；Public文件夹中包含了用户创建的系统配置头文件config.h、延时函数定义文件delay.c和延时函数声明头文件delay.h；Main文件夹中包含了用户创建的定义主函数的文件main.c；InputInterface文件夹中包含了ADC0809芯片驱动文件ADC0809.c和声明头文件ADC0809.h；Arithmetic文件夹中包含了分离十六进制数字的函数定义文件arithmetic.c和声明头文件arithmetic.h；HMI文件夹中包含了LCD1602显示函数的定义文件LCD1602.c和声明头文件LCD1602.h。

2. config.h源代码

config.h源代码清单：

```
1 /**********************************************
2 文件名:config.h
3 功能:重定义数据类型,以简化输入
4       单片机引脚功能定义
```

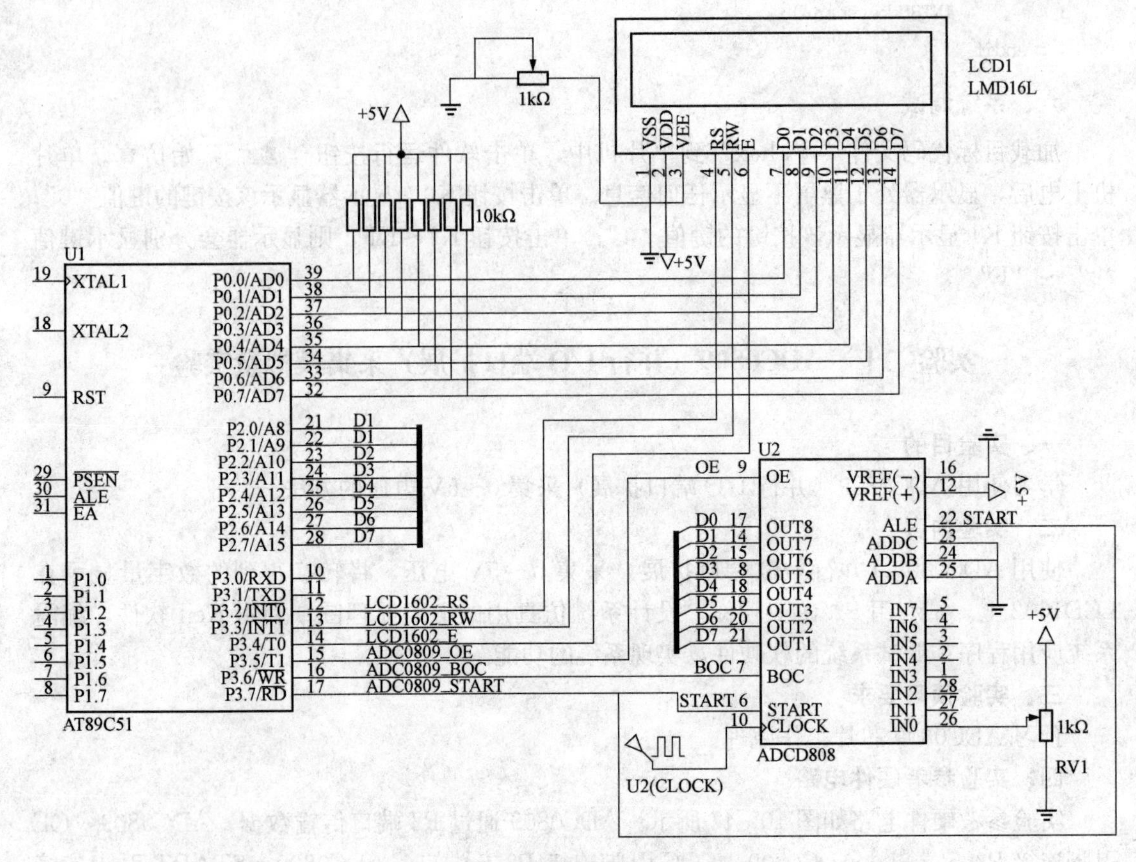

图 10-47　实验参考硬件电路原理图

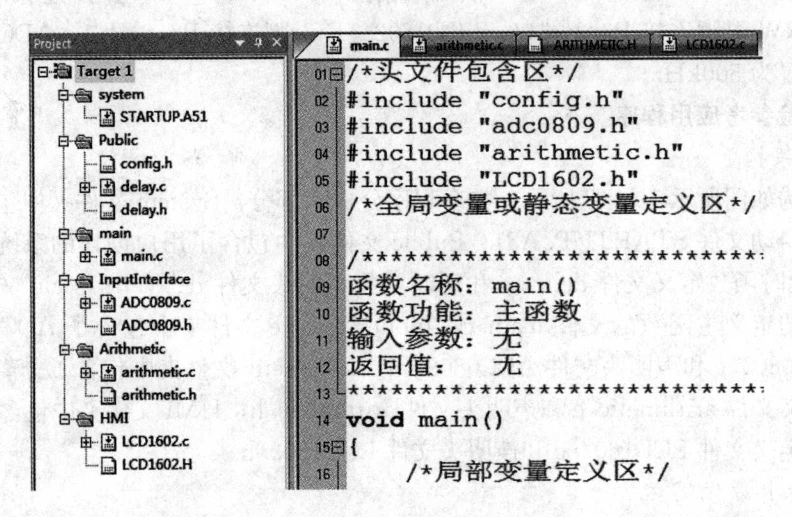

图 10-48　实验参考应用程序架构

5　　定义符号常量，方便程序修改

6 版权：

7 作者：　　　版本号：　　　日期：

8 修改：

```
9 ********************************************/
10 #ifndef _CONFIG_H_
11 #define _CONFIG_H_
12 #include "reg52.h"
13 /*数据类型重新定义*/
14 typedef unsigned char  INT8U;        //无符号8位整型变量
15 typedef signed   char  INT8;         //有符号8位整型变量
16 typedef unsigned short INT16U;       //无符号16位整型变量
17 typedef signed   short INT16;        //有符号16位整型变量
18 typedef unsigned long  INT32U;       //无符号32位整型变量
19 typedef signed   long  INT32;        //有符号32位整型变量
20 typedef float          FP32;         //单精度浮点数(32位长度)
21 typedef double         FP64;         //双精度浮点数(64位长度)
22 /*单片机引脚功能定义*/
23 sbit ADC0809_START = P3^7;           //ADC0809启动信号
24 sbit ADC0809_EOC = P3^6;             //ADC0809结束信号
25 sbit ADC0809_OE = P3^5;              //ADC0809输出开关
26 sbit LCD1602_RS =     P3^2;          //LCD1602串并传输选择端
27 sbit LCD1602_RW =     P3^3;          //LCD1602读写控制端
28 sbit LCD1602_E  =     P3^4;          //LCD1602使能端
29 /*符号常量定义*/
30 #define ADC0809DATA       P2         //ADC0809数据传输端口
31 #define LCD1602_DATAPINS P0          //LCD1602数据传输端口
32 #endif
```

3. main.c源代码

定义主函数的main.c源代码清单：

```
1 /*头文件包含区*/
2 #include "config.h"
3 #include "adc0809.h"
4 #include "arithmetic.h"
5 #include "LCD1602.h"
6 /*全局变量或静态变量定义区*/
7 /********************************************
8 函数名称:main()
9 函数功能:主函数
10 输入参数:无
11 返回值: 无
12 ********************************************/
13 void main()
14 {
15         /*局部变量定义区*/
16         INT8U SampleData;                //保存模拟量的采样值
```

```
17        INT8U SeparateData[2] = {0,0};                    //保存分离各位数字
18        /*系统初始化区*/
19        ADC0809_Init();                                   //ADC0809 初始化
20        LCD1602Init();                                    //LCD1602 初始化
21        LCDDisplayString("DigitalValue:",0x82,13);        //显示提示符
22        /*函数主体*/
23        while(1)
24        {
25              SampleData = ADC0809_Sample();              //启动 ADC0809 采集模拟量
26              SeparateSamData(SeparateData,SampleData) ; //分离数字量中各位数字
27              LCDDisplayVariable(SeparateData,0xc7,2);    //显示数字量
28        }
29 }
```

4. adc0809. c 源代码

定义主函数的 adc0809. c 源代码清单：

```
1 /**********************************************
2 文件名:ADC0809.c
3 功能:定义 ADC0809 相关驱动函数
4 版权:
5 作者:              版本号:          日期:
6 修改:
7 **********************************************/
8 #include "config.h"
9 #include "intrins.h"
10 /**********************************************
11 函数名称:ADC0809_Init()
12 函数功能:ADC0809 初始化
13 输入参数:无
14 返回值:  无
15 **********************************************/
16 void ADC0809_Init()
17 {
18        ADC0809_START = 0;                               //参见 ADC0809 时序图
19        _nop_();
20        _nop_();
21        ADC0809_START = 1;
22        ADC0809_OE = 0;                                  //关闭 ADC0809 数据读取开关
23        ADC0809_EOC = 1;                                 //定义 ADC0809_EOC 为输入引脚
24 }
25 /**********************************************
26 函数名称:ADC0809_Sample()
27 函数功能:ADC0809 采集固定输入通道的模拟量
```

```
28 输入参数:无
29 返回值:  SampelValue:采样值
30 ***********************************************/
31 INT8U ADC0809_Sample()
32 {
33         INT8U SampelValue = 0;
34         ADC0809_START = 0;                //启动 ADC0809
35         while(! ADC0809_EOC);             //等待 ADC0809 转换结束
36         ADC0809_OE = 1;                   //打开 ADC0809 数据读取开关
37         _nop_();
38         _nop_();
39         SampelValue = ADC0809DATA;        //读取 ADC0809 转换数据
40         ADC0809_OE = 0;                   //关闭 ADC0809 数据读取开关
41         ADC0809_START = 1;                //ADC0809 启动引脚复位
42         return SampelValue;               //返回采样值
43 }
```

5. adc0809. h 源代码

定义主函数的 adc0809. h 源代码清单:

```
1 #ifndef _ADC0809_H_
2 #define _ADC0809_H_
3         void ADC0809_Init();
4         INT8U ADC0809_Sample();
5 #endif
```

6. arithmetic. c 源代码

定义主函数的 arithmetic. c 源代码清单:

```
1 /**********************************************
2 文件名:arithmetic. c
3 功能:定义系统中各种算法函数
4 版权:
5 作者:          版本号:          日期:
6 修改:
7 ***********************************************/
8 #include "config. h"
9 /**********************************************
10 函数名称:SeparateSamData()
11 函数功能:分离采集数据(16 进制)
12 输入参数:SampleData:AD 采样值;
13        HexData[]:保存分离的各位数字(16 进制)
14 返回值:  无
15 ***********************************************/
16 void SeparateSamData(INT8U HexData[], INT8U SampleData)
```

```
17 {
18         HexData[0] = SampleData / 16;
19         HexData[1] = SampleData % 16 ;
20 }
```

7. arithmetic. h 源代码

定义主函数的 arithmetic. h 源代码清单：

```
1 #ifndef _ARITHMETIC_H_
2 #define _ARITHMETIC_H_
3 void SeparateSamData(INT8U HexData[],INT8U SampleData);
4  #endif
```

8. LCD1602. c 源代码

定义主函数的 LCD1602. c 源代码清单：

```
1 /**********************************************
2 文件名:LCD1602.c
3 功能:定义 LCD1602 驱动函数
4 版权:
5 作者:              版本号:         日期:
6 修改:
7 **********************************************/
8 #include "config.h"
9 #include "delay.h"
10 /**********************************************
11 函数名称:StatusCheck()
12 函数功能:检测 LCD1602 控制器忙状态
13 输入参数:无
14 返回值:  bit = 1:表示忙
15                bit = 0:表示闲
16 **********************************************/
17 bit StatusCheck()
18 {
19         INT8U temp;
20         LCD1602_E = 0;      //引脚时序参考手册中的时序图
21         LCD1602_RS = 0;
22         LCD1602_RW = 1;
23         LCD1602_E = 1;
24         LongDelay(1);
25         temp = LCD1602_DATAPINS;
26         LongDelay(123);
27         LCD1602_E = 0;
28         LCD1602_RS = 1;
29         LCD1602_RW = 0;
```

```
30          return((bit)(temp & 0x80));
31 }
32 /*********************************************
33 函数名称:LcdWriteCom()
34 函数功能:向 LCD1602 写命令
35 输入参数:com:LCD1602 各种命令,命令代码参见手册
36 返回值:  无
37 *********************************************/
38 void LcdWriteCom(INT8U com)
39 {
40          while(StatusCheck());          //忙状态检查
41          LCD1602_E = 0;                 //引脚时序参考手册中的时序图
42          LCD1602_RS = 0;
43          LCD1602_RW = 0;
44          LCD1602_DATAPINS = com;
45          LongDelay(123);
46          LCD1602_E = 1;
47          LongDelay(600);
48          LCD1602_E = 0;
49          LCD1602_RS = 1;
50          LCD1602_RW = 1;
51 }
52 /*********************************************
53 函数名称:LcdWriteData()
54 函数功能:向 LCD1602 写数据
55 输入参数:dat:传输的数据
56 返回值:  无
57 *********************************************/
58 void LcdWriteData(INT8U dat)
59 {
60          LCD1602_E = 0;                 //引脚时序参考手册中的时序图
61          LCD1602_RS = 1;
62          LCD1602_RW = 0;
63          LCD1602_DATAPINS = dat;
64          LongDelay(123);
65          LCD1602_E = 1;
66          LongDelay(600);
67          LCD1602_E = 0;
68          LCD1602_RW = 1;
69          LCD1602_RS = 0;
70 }
71 /*********************************************
72 函数名称:LCD1602Init()
```

```
73 函数功能:LCD1602 初始化
74 输入参数:无
75 返回值:  无
76 ************************************************/
77 void LCD1602Init()
78 {
79         LcdWriteCom(0x38);   //设置显示模式:16 * 2 显示,5 * 7 点阵,8 位数据端口
80         LcdWriteCom(0x0c);   //开显示不显示光标
81         LcdWriteCom(0x06);   //写一个指针加 1
82         LcdWriteCom(0x01);   //清屏
83         LcdWriteCom(0x80);   //设置数据指针起点
84 }
85 /************************************************
86 函数名称:LCDDisplayString()
87 函数功能:LCD1602 显示字符串
88 输入参数: * buffer:显示的字符串数据,用数组表示
89           Coordinate:显示字符串的位置,
90                     0x80 表示第 0 行第 0 列,0xc0 表示第 1 行第 0 列
91           Number:显示的字符数量
92 返回值:  无
93 ************************************************/
94 void LCDDisplayString(INT8U * buffer, INT8U Coordinate, INT8U Number)
95 {
96         INT8U i;
97         while(StatusCheck());
98         LcdWriteCom(Coordinate);
99         for(i = 0;i<Number;i++)
100         {
101                 LcdWriteData(buffer[i]);
102         }
103 }
104 /************************************************
105 函数名称:LCDDisplayVariable()
106 函数功能:LCD1602 显示变量中的数字
107 输入参数: * buffer:显示变量中的数字,用数组表示
108           Coordinate:显示变量中的数字位置,
109                     0x80 表示第 0 行第 0 列,0xc0 表示第 1 行第 0 列
110           Number:显示的字符数量
111 返回值:  无
112 ************************************************/
113 void LCDDisplayVariable(INT8U * buffer, INT8U Coordinate, INT8U Number)
114 {
115         INT8U i;
```

```
116         while(StatusCheck());                        //忙状态检查
117         LcdWriteCom(Coordinate);
118         for(i = 0;i<Number;i + + )
119         {
120                 if(buffer[i] >= 10)
121                 {
122                         LcdWriteData(buffer[i] + 0x37);  //大写字母 ASCII 码修正
123                 }
124                 else
125                 {
126                         LcdWriteData(buffer[i] + 0x30);  //数字 ASCII 码修正
127                 }
128         }
129 }
```

9. LCD1602. h 源代码

定义主函数的 LCD1602. h 源代码清单：

```
1 #ifndef __LCD1602_H_
2 #define __LCD1602_H_
3         void LCD1602Init();
4         void LCDDisplayString(INT8U  * buffer, INT8U Coordinate, INT8U Number);
5         void LCDDisplayVariable(INT8U  * buffer, INT8U Coordinate, INT8U Number) ;
6 #endif
```

六、系统调试

加载目标代码文件“*.hex”到单片机中，单击软件运行按钮“▶”开始仿真。单片机上电运行后，调节电位器旁边的向上箭头，使其值从 0%变化到 100%，则 LCD 显示器会显示对应的数字量 00～FF。

实验二十一　ADC0809（并行总线扩展）采集模拟量实验

一、实验目的

学习使用 ADC0809（并行总线扩展）采集 0～5V 电压的方法。

二、实验内容

使用 ADC0809（并行总线扩展）采集 0～5V 电压，将转换得到的数字量显示在 LCD1602 上。试利用 Proteus 软件，设计系统仿真用的电路原理图；利用 Keil 软件，编写系统应用程序；调试系统的软硬件，实现系统的功能。

三、实验预习要求

预习 ADC0809 芯片工作原理。

四、实验参考硬件电路

实验的参考硬件电路如图 10 - 49 所示。序号 U3 的 74HC573 用于锁存低 8 位地址。ADC0809 采用并行总线方法进行数据传送，数据总线 P0 端口连接 ADC0809 的数据端口，

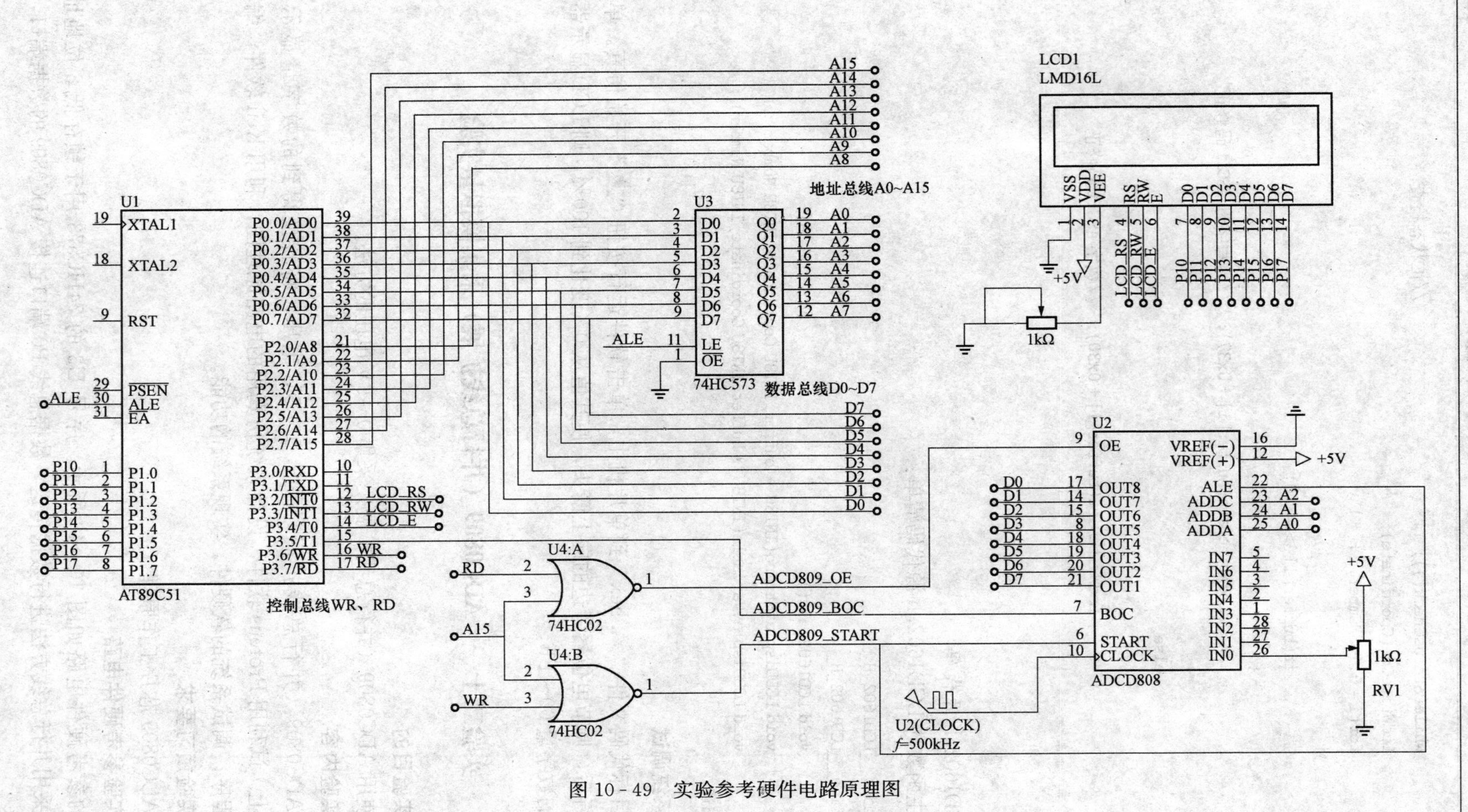

图 10-49 实验参考硬件电路原理图

地址总线A15～A0当中的A15、A2、A1、A0连接ADC0809的START端口、ADDC端口、ADDB端口、ADDA端口，控制总线RD、WR通过或非门控制ADC0809的启动和输出数据的开关。LCD1602用P1端口传输数据，3个控制线由P3.2～P3.4端口完成。ADC0809工作时需要外加时钟信号，仿真时将外部时钟频率设置为500kHz。

五、实验参考应用程序

1. 程序架构

程序架构如图所示10-50所示。整个程序分成六部分：System文件夹中包含了系统创建时自建的启动文件STARTUP.A51；Public文件夹中包含了用户创建的系统配置头文件config.h、延时函数定义文件delay.c和延时函数声明头文件delay.h；Main文件夹中包含了用户创建的定义主函数的文件main.c；InputInterface文件夹中包含了ADC0809芯片驱动文件ADC0809.c和声明头文件ADC0809.h；Arithmetic文件夹中包含了分离十六进制数字的函数定义文件arithmetic.c和声明头文件arithmetic.h；HMI文件夹中包含了LCD1602显示函数的定义文件LCD1602.c和声明头文件LCD1602.h。

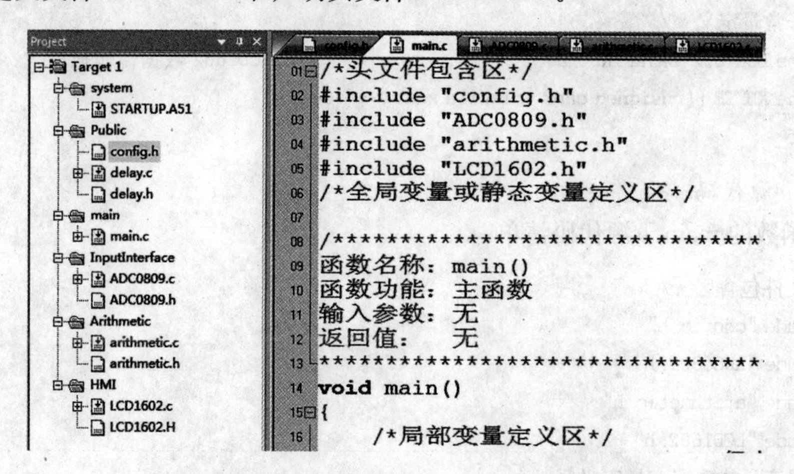

图10-50　实验参考应用程序架构

2. config.h源代码

config.h源代码清单：

```
1 /**************************************************
2 文件名:config.h
3 功能:重定义数据类型,以简化输入
4        单片机引脚功能定义
5        定义符号常量,方便程序修改
6 版权:
7 作者:                  版本号:                  日期:
8 修改:
9 ************************************************** /
10 #ifndef _CONFIG_H_
11 #define _CONFIG_H_
12 #include "reg52.h"
```

```
13 /*数据类型重新定义*/
14 typedef unsigned char  INT8U;                  //无符号8位整型变量
15 typedef signed   char  INT8;                   //有符号8位整型变量
16 typedef unsigned short INT16U;                 //无符号16位整型变量
17 typedef signed   short INT16;                  //有符号16位整型变量
18 typedef unsigned long  INT32U;                 //无符号32位整型变量
19 typedef signed   long  INT32;                  //有符号32位整型变量
20 typedef float          FP32;                   //单精度浮点数(32位长度)
21 typedef double         FP64;                   //双精度浮点数(64位长度)
22 /*单片机引脚功能定义*/
23 sbit LCD1602_RS =  P3^2;                       //LCD1602串并传输选择端
24 sbit LCD1602_RW =  P3^3;                       //LCD1602读写控制端
25 sbit LCD1602_E  =  P3^4;                       //LCD1602使能端
26 sbit ADC0809_EOC = P3^5;                       //ADC0809结束信号
27 /*符号常量定义*/
28 #define LCD1602_DATAPINS P1                    //LCD1602数据传输端口
29 #define XBYTE ((unsigned char volatile xdata *) 0)
30 #endif
```

3. main. c 源代码

定义主函数的 main. c 源代码清单：

```
1 /*头文件包含区*/
2 #include "config.h"
3 #include "ADC0809.h"
4 #include "arithmetic.h"
5 #include "LCD1602.h"
6 /*全局变量或静态变量定义区*/
7 /*********************************************
8 函数名称:main()
9 函数功能:主函数
10 输入参数:无
11 返回值:  无
12 *********************************************/
13 void main()
14 {
15         /*局部变量定义区*/
16         INT8U SampleData;                      //保存模拟量的采样值
17         INT8U SeparateData[2] = {0,0};         //保存工程量(温度)各位数字
18         /*系统初始化区*/
19         ADC0809_Init();                        //ADC0809初始化
20         LCD1602Init();                         //LCD1602初始化
21         LCDDisplayString("DigitalValue:",0x82,13); //显示提示符
22         /*函数主体*/
```

```
23          while(1)
24          {
25               SampleData = ADC0809_Sample(0);                //启动 ADC0809 采集模拟量
26               SeparateSamData(SeparateData,SampleData) ; //采集量转换为工程量
27               LCDDisplayVariable(SeparateData,0xc7,2);   //显示提示符(温度值)
28          }
29 }
```

4. adc0809. c 源代码

定义主函数的 adc0809. c 源代码清单:

```
1 /**********************************************
2 文件名:ADC0809. c
3 功能:并行静态数码管显示
4 版权:
5 作者:  版本号:        日期:
6 修改:
7 **********************************************/
8 # include "config. h"
9 /**********************************************
10 函数名称:ADC0809_Init()
11 函数功能:ADC0809 初始化
12 输入参数:无
13 返回值:  无
14 **********************************************/
15 void ADC0809_Init()
16 {
17          ADC0809_EOC = 1;                                    //定义 ADC0809_EOC 为输入引脚
18 }
19 /**********************************************
20 函数名称:ADC0809_Sample()
21 函数功能:ADC0809 采集输入模拟量
22 输入参数:Address:通道号
23 返回值:  SampelValue:采样值
24 **********************************************/
25 INT8U ADC0809_Sample(INT8U Address)
26 {
27          INT8U ADC0809_Value;
28          INT16U ADC0809_Addr;
29          ADC0809_Addr = 0x7f00 + Address;                    //确定 ADC0809 并行总线地址
30          XBYTE[ADC0809_Addr] = 0;                            //向 ADC0809 写任意数,启动 ADC0809
31          while(!ADC0809_EOC);                                //等待转换结束
32          ADC0809_Value = XBYTE[ADC0809_Addr];                //读取转换结果
33          return(ADC0809_Value);
```

```
34 }
```

5. adc0809. h 源代码

定义主函数的 adc0809. h 源代码清单：

```
1 #ifndef _ADC0809_H_
2 #define _ADC0809_H_
3         void ADC0809_Init();
4         INT8U ADC0809_Sample(INT8U Address) ;
5 #endif
```

其他程序 arithmetic. c、arithmetic. h、LCD1602. c、LCD1602. h 源代码清单参见实验二十所示。

六、系统调试

加载目标代码文件“*. hex”到单片机中，单击软件运行按钮“▶”开始仿真，调试过程参考实验二十。

实验二十二 PCF8591 采集模拟量实验

一、实验目的

学习使用 PCF8591 采集 0～5V 电压的方法。

二、实验内容

使用 PCF8591 采集 0～5V 电压，将转换得到的数字量显示在 LCD1602 上。试利用 Proteus 软件，设计系统仿真用的电路原理图；利用 Keil 软件，编写系统应用程序；调试系统的软硬件，实现系统的功能。

三、实验预习要求

预习 PCF8591 芯片工作原理。

四、实验参考硬件电路

实验参考硬件电路如图 10 - 51 所示。PCF8591 通过 P2. 0 和 P2. 1 模拟的 I^2C 总线接口与单片机连接，LCD1602 通过 P1 端口传输数据，LCD1602 的控制引脚连接单片机的 P3. 2～P3. 4 端口。

五、实验参考应用程序

1. 程序架构

程序架构如图所示 10 - 52 所示。整个程序分成六部分：System 文件夹中包含了系统创建时自建的启动文件 STARTUP. A51；Public 文件夹中包含了用户创建的系统配置头文件 config. h、延时函数定义文件 delay. c 和延时函数声明头文件 delay. h；Main 文件夹中包含了用户创建的定义主函数的文件 main. c；InputInterface 文件夹中包含了 PCF8591 芯片驱动文件 PCF8591. c 和声明头文件 PCF8591. h；Arithmetic 文件夹中包含了分离十六进制数字的函数定义文件 arithmetic. c 和声明头文件 arithmetic. h；HMI 文件夹中包含了 LCD1602 显示函数的定义文件 LCD1602. c 和声明头文件 LCD1602. h。

2. config. h 源代码

config. h 源代码清单：

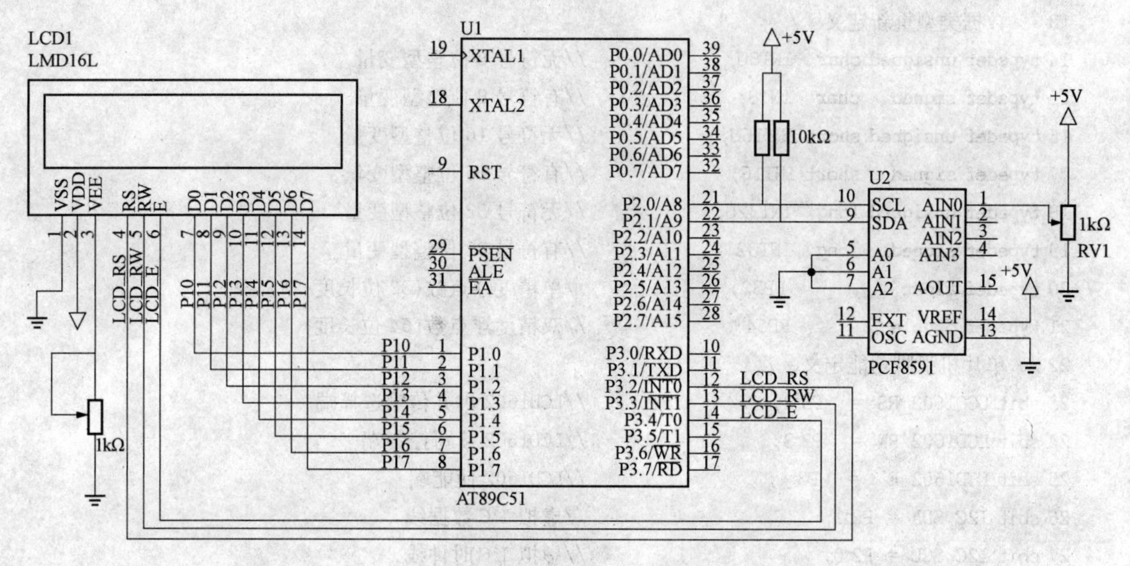

图 10-51　实验参考硬件电路原理图

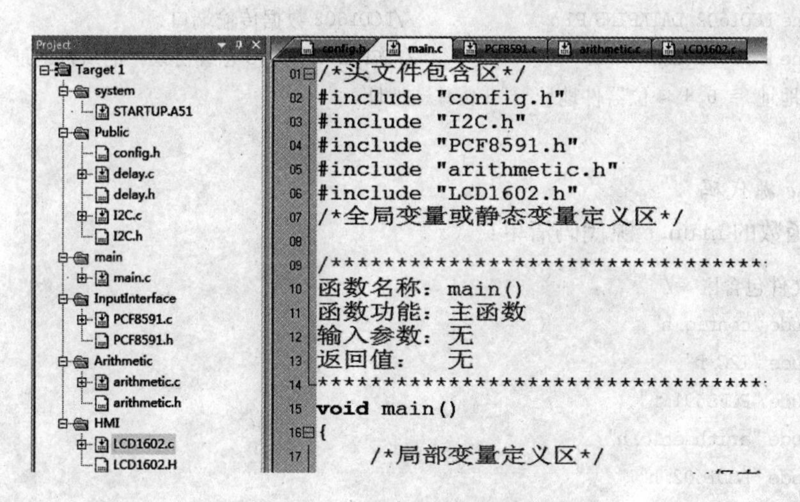

图 10-52　实验参考应用程序架构

```
1 /*************************************************
2 文件名:config.h
3 功能:重定义数据类型,以简化输入
4       单片机引脚功能定义
5       定义符号常量,方便程序修改
6 版权:
7 作者:   版本号:          日期:
8 修改:
9 *************************************************/
10 #ifndef _CONFIG_H_
11 #define _CONFIG_H_
12 #include "reg52.h"
```

```
13 /*数据类型重新定义*/
14 typedef unsigned char  INT8U;            //无符号8位整型变量
15 typedef signed   char  INT8;             //有符号8位整型变量
16 typedef unsigned short INT16U;           //无符号16位整型变量
17 typedef signed   short INT16;            //有符号16位整型变量
18 typedef unsigned long  INT32U;           //无符号32位整型变量
19 typedef signed   long  INT32;            //有符号32位整型变量
20 typedef float           FP32;            //单精度浮点数(32位长度)
21 typedef double         FP64;             //双精度浮点数(64位长度)
22 /*单片机引脚功能定义*/
23 sbit LCD1602_RS =   P3^2;                //LCD1602串并传输选择端
24 sbit LCD1602_RW =   P3^3;                //LCD1602读写控制端
25 sbit LCD1602_E  =   P3^4;                //LCD1602使能端
26 sbit I2C_SDA = P2^1;                     //虚拟I2C数据线
27 sbit I2C_SCL = P2^0;                     //虚拟I2C时钟线
28 /*符号常量定义*/
29 #define LCD1602_DATAPINS P1              //LCD1602数据传输端口
30 #define PCF8591_ADDR 0x48                //PCF8591在I2C总线协议中的从机地址
31 //从机地址 = 0 + 4位器件地址 + 3位片选地址
32 #endif
```

3. main.c 源代码

定义主函数的 main.c 源代码清单：

```
 1 /*头文件包含区*/
 2 #include "config.h"
 3 #include "I2C.h"
 4 #include "PCF8591.h"
 5 #include "arithmetic.h"
 6 #include "LCD1602.h"
 7 /*全局变量或静态变量定义区*/
 8 /***********************************************
 9 函数名称:main()
10 函数功能:主函数
11 输入参数:无
12 返回值:  无
13 ***********************************************/
14 void main()
15 {
16         /*局部变量定义区*/
17         INT8U SampleData;                  //保存模拟量的采样值
18         INT8U SeparateData[2] = {0,0};     //保存分离后各位数字
19         /*系统初始化区*/
20         I2C_Init();                        //I2C总线初始化
```

```
21          LCD1602Init();                                          //LCD1602 初始化
22          LCDDisplayString("DigitalValue:",0x82,13);              //显示提示符
23          /*函数主体*/
24          while(1)
25          {
26                SampleData = PCF8591_AD(0);                       //启动 PCF8591 采集模拟量
27                SeparateSamData(SeparateData,SampleData);         //分离数字量各位数字
28                LCDDisplayVariable(SeparateData,0xc7,2);          //显示数字量
29          }
30 }
```

4. PCF8591.c 源代码

定义主函数的 adc0809.c 源代码清单：

```
1 /**********************************************
2 文件名:PCF8591.c
3 功能:定义 PCF8591 驱动函数
4 版权:
5 作者:            版本号:          日期:
6 修改:
7 **********************************************/
8 #include "config.h"
9 #include "I2C.h"
10 /**********************************************
11 函数名称:PCF8591_AD()
12 函数功能:PCF8591 采集模拟量驱动函数
13 输入参数:channel:通道号
14 返回值:   INT8U:上次 AD 转换的数字量
15 **********************************************/
16 INT8U PCF8591_AD(INT8U channel)
17 {
18          INT8U temp;
19          INT8U MTD[1];
20          INT8U MRD[1];
21          MTD[0] = channel;                                  // 单端输入(第 4、5 位决定)
22          I2C_Puts(PCF8591_ADDR,0x00,0,MTD,1);               //将 MTD 中的通道号送 PCF8591 中
                                                               启动 AD 转换
23          I2C_Gets(PCF8591_ADDR,0x00,0,MRD,1);               //读取上次 AD 转换结果
24          temp = MRD[0];
25          return temp;                                       //返回上次 AD 转换结果
26 }
27 /**********************************************
28 函数名称:PCF8591_DA()
29 函数功能:PCF8591 输出模拟量驱动函数
```

```
30 输入参数:Data:需要转换的数字量
31 返回值:  无
32 ********************************************* /
33 / * void PCF8591_DA(INT8U Data)
34 {
35        INT8U MTD[2];
36        MTD[0] = 0x40;                    //启动模拟量输出(第6位)
37        MTD[1] = Data;                    //送出转换的数字量
38        I2C_Puts(PCF8591_ADDR,0x00,0,MTD,2); //注意 PCF8591 手册说输入的第 3 个量才是 DA 转
                                               换的输入量
39 } * /
```

5. PCF8591.h 源代码

定义主函数的 adc0809.h 源代码清单：

```
1 #ifndef _PCF8591_H_
2 #define _PCF8591_H_
3 INT8U PCF8591_AD(INT8U channel);
4 //void PCF8591_DA(INT8U Data);
5 #endif
```

六、系统调试

加载目标代码文件“*.hex”到单片机中，单击软件运行按钮“▶”开始仿真，调试过程参考实验二十。

实验二十三　TLC2543 采集模拟量实验

一、实验目的

学习使用 TLC2543 采集 0～5V 电压的方法。

二、实验内容

使用 TLC2543 采集 0～5V 电压，把转换得到的数字量显示在 LCD1602 上。试利用 Proteus 软件，设计系统仿真用的电路原理图；利用 Keil 软件，编写系统应用程序；调试系统的软硬件，实现系统的功能。

三、实验预习要求

预习 TLC2543 芯片工作原理。

四、实验参考硬件电路

实验参考硬件电路如图 10 - 53 所示。TLC2543 通过单片机的 P2.0～P2.4 端口进行数据传递，LCD1602 通过 P1 端口传输数据，LCD1602 的控制引脚连接单片机的 P3.2～P3.4 端口。

五、实验参考应用程序

1. 程序架构

程序架构如图所示 10 - 54 所示。整个程序分成六部分：System 文件夹中包含了系统创

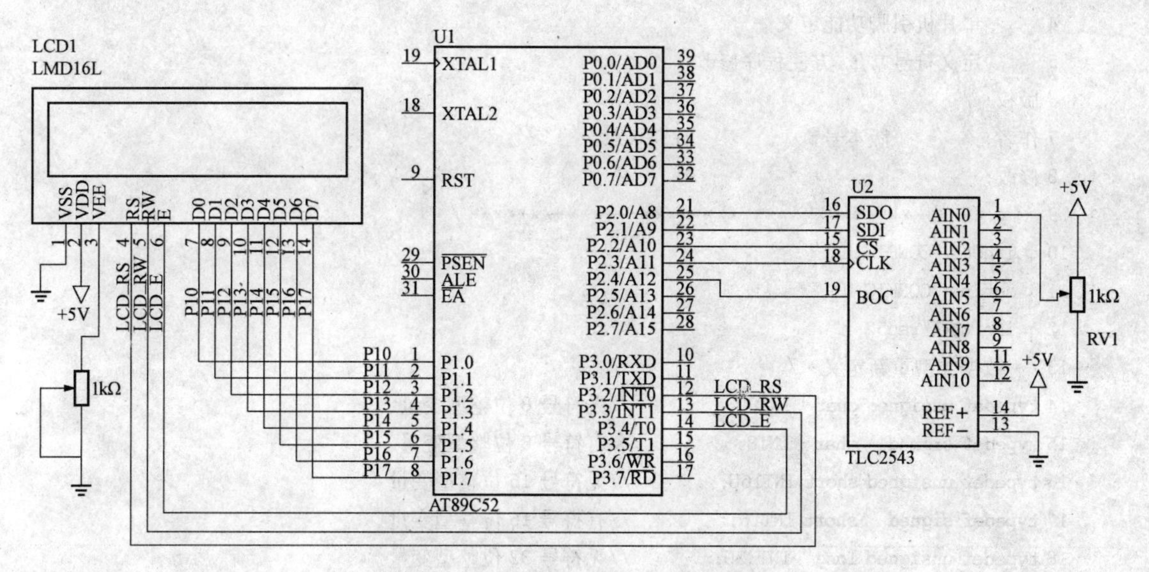

图 10 - 53　实验参考硬件电路原理图

建时自建的启动文件 STARTUP. A51；Public 文件夹中包含了用户创建的系统配置头文件 config. h、延时函数定义文件 delay. c 和延时函数声明头文件 delay. h；Main 文件夹中包含了用户创建的定义主函数的文件 main. c；InputInterface 文件夹中包含了 TLC2543 芯片驱动文件 TLC2543. c 和声明头文件 TLC2543. h；Arithmetic 文件夹中包含了分离十六进制数字的函数定义文件 arithmetic. c 和声明头文件 arithmetic. h；HMI 文件夹中包含了 LCD1602 显示函数的定义文件 LCD1602. c 和声明头文件 LCD1602. h。

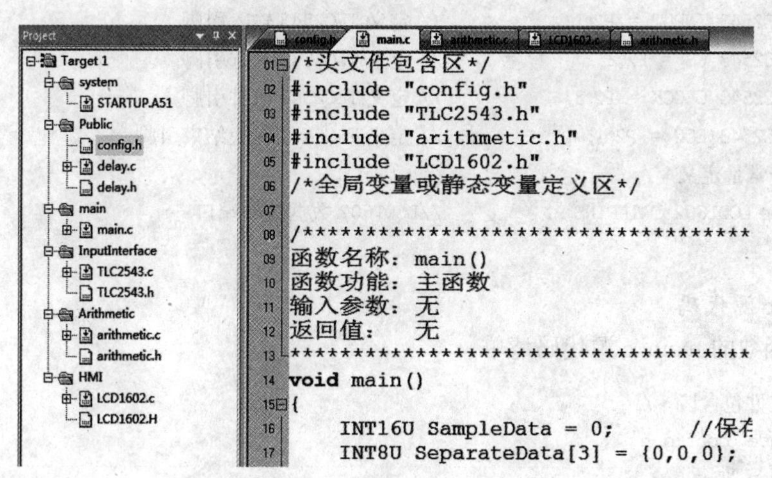

图 10 - 54　实验参考应用程序架构

2. config. h 源代码

config. h 源代码清单：

```
1 /*************************************************
2 文件名:config.h
3 功能:重定义数据类型,以简化输入
```

```
4        单片机引脚功能定义
5        定义符号常量,方便程序修改
6 版权:
7 作者:           版本号:            日期:
8 修改:
9 ********************************************** /
10 #ifndef _CONFIG_H_
11 #define _CONFIG_H_
12 #include "reg52.h"
13 /*数据类型重新定义*/
14 typedef unsigned char  INT8U;          //无符号8位整型变量
15 typedef signed   char  INT8;           //有符号8位整型变量
16 typedef unsigned short INT16U;         //无符号16位整型变量
17 typedef signed   short INT16;          //有符号16位整型变量
18 typedef unsigned long  INT32U;         //无符号32位整型变量
19 typedef signed   long  INT32;          //有符号32位整型变量
20 typedef float          FP32;           //单精度浮点数(32位长度)
21 typedef double         FP64;           //双精度浮点数(64位长度)
22/*单片机引脚功能定义*/
23 sbit LCD1602_RS =   P3^2;              //LCD1602串并传输选择端
24 sbit LCD1602_RW =   P3^3;              //LCD1602读写控制端
25 sbit LCD1602_E  =   P3^4;              //LCD1602使能端
26 sbit TLC2543_OUTPUT = P2^0;            // 定义TLC2543输出引脚
27 sbit TLC2543_INPUT = P2^1;             // 定义TLC2543输入引脚
28 sbit TLC2543_CS = P2^2;                // 定义TLC2543片选引脚
29 sbit TLC2543_CLOCK = P2^3;             // 定义TLC2543时钟引脚
30 sbit TLC2543_EOC = P2^4;               // 定义TLC2543转换结束引脚
31 /*符号常量定义*/
32 #define LCD1602_DATAPINS P1            //LCD1602数据传输端口
33 #endif
```

3. main.c 源代码

定义主函数的 main.c 源代码清单：

```
1 /*头文件包含区*/
2 #include "config.h"
3 #include "TLC2543.h"
4 #include "arithmetic.h"
5 #include "LCD1602.h"
6 /*全局变量或静态变量定义区*/
7 /**********************************************
8 函数名称:main()
9 函数功能:主函数
10 输入参数:无
```

```
11 返回值:  无
12 ********************************************* /
13 void main()
14 {
15         INT16U SampleData = 0;                     //保存采集值
16         INT8U SeparateData[3] = {0,0,0};           //保存分离数字量各位数字
17         TLC2543Init();                             //TLC2543 初始化
18         LCD1602Init();                             //LCD1602 初始化
19         LCDDisplayString("DigitalValue:",0x82,13); //显示提示符
20         while(1)
21         {
22                 SampleData = TLC2543_Sample(0x00);      //采集一次
23                 SeparateSamData(SeparateData,SampleData) ; //分离数字量各位数字
24                 LCDDisplayVariable(SeparateData,0xc7,3);  //显示各位数字
25         }
26 }
```

4. TLC2543. c 源代码

定义主函数的 TLC2543. c 源代码清单：

```
1 /*********************************************
2 文件名:TLC2543. c
3 功能:TLC2543 采集模拟量驱动程序
4 版权:
5 作者:         版本号:         日期:
6 修改:
7 ********************************************* /
8 #include "config. h"                               //包含配置头文件
9 #include "delay. h"                                //包含延时头文件
10 /*********************************************
11 函数名称:TLC2543_Init()
12 函数功能:TLC2543 初始化
13 输入参数:无
14 返回值:  无
15 ********************************************* /
16 void TLC2543Init()
17 {
18         TLC2543_CS = 1;
19         TLC2543_CLOCK = 0;
20         TLC2543_OUTPUT = 1;                        //定义为输入引脚
21         TLC2543_EOC = 1;                           //定义为输入引脚
22 }
23 /*********************************************
24 函数名称:TLC2543_Sample()
```

```
25 函数功能:TLC2543_Sample 采集模拟量驱动函数
26 输入参数:Channel:通道号,必须是 16 进制,XXXX(通道号)00(12 位)0(高位在先)0(单极性)
27 返回值:  ADValue:模拟量对应的数字量
28 ********************************************** /
29 INT16U TLC2543_Sample(INT8U Channel)
30 {
31          INT8U i;
32          INT16U ADValue = 0;                            //保存采集的数字量
33          TLC2543_CS = 0;                                //TLC2543 片选信号有效
34          for(i = 0;i < 12;i + + )
35          {
36            if(TLC2543_OUTPUT)
37            {
38                 ADValue |= 0x01;                        //读取上次转换结果中的 1 位(高位在先)
39            }
40            TLC2543_INPUT = (bit)(Channel & 0x80);       //取通道号数据中的 1 位(高位在先)
41            TLC2543_CLOCK = 1;                           //上升沿时传输数据
42            ShortDelay(17);
43            TLC2543_CLOCK = 0;
44            ShortDelay(17);
45            Channel <<= 1;                               //通道号数据左移 1 位
46            ADValue <<= 1;                               //保存上次转换结果数据左移 1 位
47          }
48          TLC2543_CS = 1;
49          while(!TLC2543_EOC);
50          ADValue >>= 1;                                 //由于保存上次转换结果的数据多了 1 次左
                                                             移 1 位需右移 1 次还原
51          return(ADValue);K52 }
```

5. TLC2543. h 源代码

定义主函数的 TLC2543. h 源代码清单:

```
1 #ifndef _TLC2543_H_
2 #define _TLC2543_H_
3 void TLC2543Init();
4 INT16U TLC2543_Sample(INT8U Channel);
5 #endif
```

6. arithmetic. c 源代码

定义主函数的 arithmetic. c 源代码清单:

```
1 /**********************************************
2 文件名:arithmetic.c
3 功能:定义系统中各种算法函数
```

```
 4 版权:
 5 作者:          版本号:          日期:
 6 修改:
 7 *********************************************/
 8 #include "config.h"
 9 /*********************************************
10 函数名称:SeparateSamData()
11 函数功能:分离采集数据(16进制)
12 输入参数:SampleData:AD采样值;
13          HexData[]:保存分离的各位数字(十六进制)
14 返回值:  无
15 *********************************************/
16 void SeparateSamData(INT8U HexData[],INT16U SampleData)
17 {
18         HexData[0] = SampleData / 256;
19         HexData[1] = SampleData % 256 / 16 ;
20         HexData[2] = SampleData % 256 % 16 ;
21 }
```

7. arithmetic. h源代码

定义主函数的arithmetic. h源代码清单：

```
1 #ifndef _ARITHMETIC_H_
2 #define _ARITHMETIC_H_
3 void SeparateSamData(INT8U HexData[],INT16U SampleData);
4 #endif
```

六、系统调试

加载目标代码文件“*.hex”到单片机中，单击软件运行按钮“▶”开始仿真。单片机上电运行后，调节电位器旁边的向上箭头，使其值从0%变化到100%，则LCD显示器会显示对应的数字量000～FFF。

实验二十四　DAC0832产生三角波实验

一、实验目的

学习D/A转换器的使用。

二、实验内容

利用DAC0832数模转换器产生三角波输出。试利用Proteus软件，设计系统仿真用的电路原理图；利用Keil软件，编写系统应用程序；调试系统的软硬件，实现系统的功能。

三、实验预习要求

预习DAC0832的工作原理。

四、实验参考硬件电路

实验参考硬件电路如图 10 - 55 所示。DAC0832 通过 P2 端口连接单片机传输数据，DAC0832 连接成直通式，即所有控制引脚全部接为有效值，运放 741 将 DAC0832 输出的电流转换为电压，然后连接示波器观察输出的电压波形。

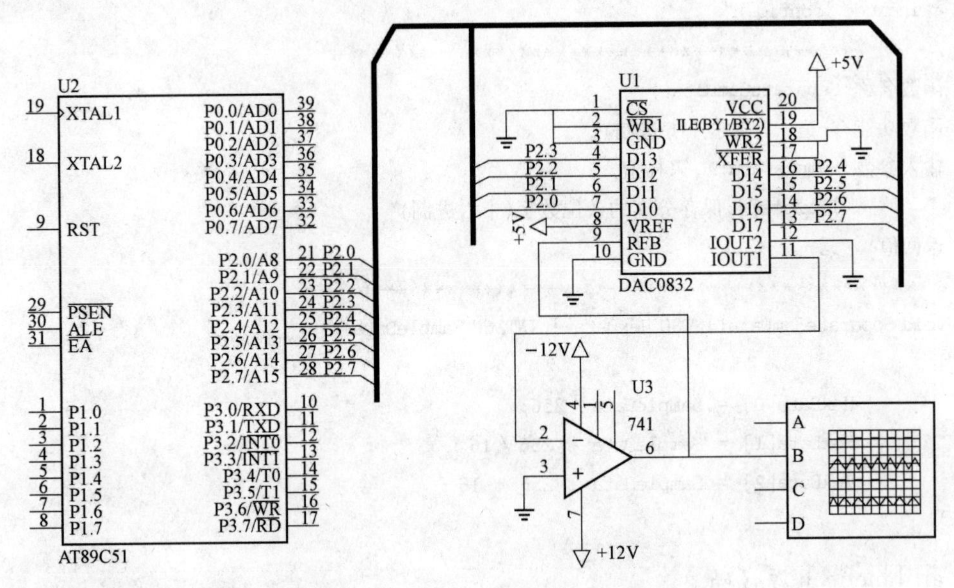

图 10 - 55　实验参考硬件电路原理图

五、实验参考应用程序

1. 程序架构

程序架构如图 10 - 56 所示。整个程序分成五部分：System 文件夹中包含了系统创建时自建的启动文件 STARTUP. A51；Public 文件夹中包含了用户创建的系统配置头文件 config. h；Main 文件夹中包含了用户创建的定义主函数的文件 main. c；OutputInterface 文件夹中包含了 DAC0832 芯片驱动文件 DAC0832. c 和 DAC0832. h 头文件；Arithmetic 文件夹中包含了算法函数定义文件 Arithmetic. c 和 Arithmetic. h 头文件。

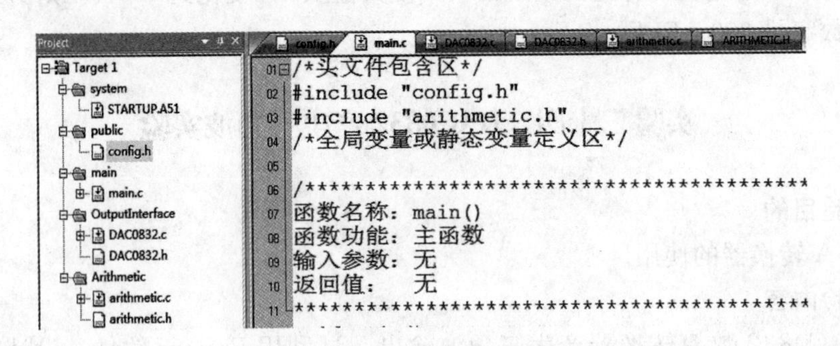

图 10 - 56　实验参考应用程序架构

2. config. h 源代码

config. h 源代码清单：

```
1 /**********************************************
2 文件名:config.h
3 功能:重定义数据类型,以简化输入
4      单片机引脚功能定义
5      定义符号常量,方便程序修改
6 版权:
7 作者:            版本号:        日期:
8 修改:
9 **********************************************/
10 #ifndef _CONFIG_H_
11 #define _CONFIG_H_
12 #include "reg52.h"
13 /*数据类型重新定义*/
14 typedef unsigned char  INT8U;        //无符号8位整型变量
15 typedef signed   char  INT8;         //有符号8位整型变量
16 typedef unsigned short INT16U;       //无符号16位整型变量
17 typedef signed   short INT16;        //有符号16位整型变量
18 typedef unsigned long  INT32U;       //无符号32位整型变量
19 typedef signed   long  INT32;        //有符号32位整型变量
20 typedef float          FP32;         //单精度浮点数(32位长度)
21 typedef double         FP64;         //双精度浮点数(64位长度)
22 /*单片机引脚功能定义*/
23 /*符号常量定义*/
24 #define DAC0832DATA     P2           //DAC0832数据传输端口
25 #endif
```

3. main.c源代码

定义主函数的main.c源代码清单:

```
1 /*头文件包含区*/
2 #include "config.h"
3 #include "arithmetic.h"
4 /*全局变量或静态变量定义区*/
5 /**********************************************
6 函数名称:main()
7 函数功能:主函数
8 输入参数:无
9 返回值:  无
10 **********************************************/
11 void main()
```

```
12 {
13         /*局部变量定义区*/
14         /*系统初始化区*/
15         /*函数主体*/
16         while(1)
17         {
18                 DAC0832_TriangularWave(); //输出三角波
19         }
20 }
```

4. DAC0832. c 源代码

定义主函数的 DAC0832. c 源代码清单：

```
1 /*********************************************************
2 文件名:DAC0832.c
3 功能:定义 DAC0832 输出模拟量驱动函数
4 版权:
5 作者:                    版本号:                    日期:
6 修改:
7 *********************************************************/
8 #include "config.h"
9 /*********************************************************
10 函数名称:DAC0832()
11 函数功能:DAC0832 输出模拟量
12 输入参数:DigitalData:需要转换的数字量
13 返回值:  无
14 *********************************************************/
15 void DAC0832(INT8U DigitalData)
16 {
17         DAC0832DATA = DigitalData;
18 }
```

5. DAC0832. h 源代码

定义主函数的 DAC0832. h 源代码清单：

```
1 #ifndef _DAC0832_H_
2 #define _DAC0832_H_
3 void DAC0832(INT8U DigitalData);
4 #endif
```

6. arithmetic. c 源代码

定义主函数的 arithmetic. c 源代码清单：

```
1 /*********************************************************
2 文件名:arithmetic.c
```

```
3 功能:工程中各种算法函数
4 版权:
5 作者:                    版本号:              日期:
6 修改:
7 ********************************************** /
8 #include "config.h"
9 #include "DAC0832.h"
10 /**********************************************
11 函数名称:DAC0832_TriangularWave()
12 函数功能:产生三角波
13 输入参数:无
14 返回值:  无
15 ********************************************** /
16 void DAC0832_TriangularWave()
17 {
18         INT8U i = 0;
19         do
20         {
21                 DAC0832(i);
22                 i++;
23         }
24         while(i < 0xff);
25         do
26         {
27                 DAC0832(i);
28                 i--;
29         }
30         while(i > 0x00);
31 }
```

7. arithmetic.h 源代码

定义主函数的 arithmetic.h 源代码清单:

```
1 #ifndef _ARITHMETIC_H_
2 #define _ARITHMETIC_H_
3 void DAC0832_TriangularWave();
4 #endif
```

六、系统调试

加载目标代码文件“*.hex”到单片机中，单击软件运行按钮“▶”开始仿真。运行后，虚拟示波器输出的三角波波形如图10-57所示。如果看不到该窗口，可以通过单击菜单“Debug-digital Oscilloscope”调出。

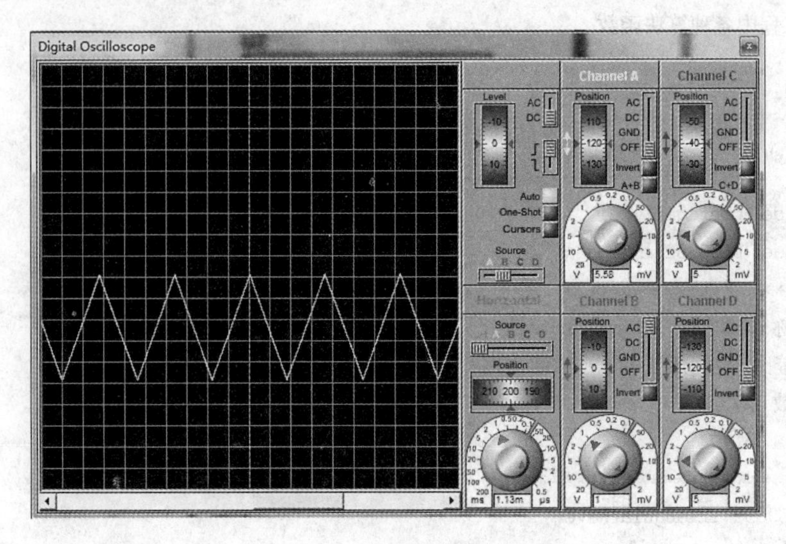

图 10 - 57　实验仿真运行画面

实验二十五　单片机与 PC 机通信实验

一、实验目的

学习单片机和 PC 机 RS - 232 通信。

二、实验内容

用 Visual Basic 软件开发上位机界面，通过 RS - 232 端口和下位机（单片机系统）通信。单片机系统读取按键的状态，传送给 PC 机显示在上位机界面上。在上位机界面上向单片机系统发送 1 位数字，单片机系统接收到数据后将其显示在数码管显示器上。试利用 Proteus 软件，设计系统仿真用的电路原理图；利用 Keil 软件，编写系统应用程序；调试系统的软硬件，实现系统的功能。

三、实验预习要求

（1）预习 Visual Basic 软件开发上位机软件的方法。

（2）预习单片机和 PC 机（Visual Basic）RS - 232 通信的方法。

四、实验参考硬件电路

实验参考硬件电路如图 10 - 58 所示。8 个按键通过 P1 端口与单片机相连，共阳数码管通过 P2 端口传输数据。图中的 COMPIM 元件为虚拟串行端口，通过 TXD、RXD 两个端口与单片机相连。

为了在电脑中仿真单片机和 PC 机之间的 RS - 232 通信，必须安装虚拟串行端口模拟软件，其中 VSPD 就是一款串行端口调试工具。利用虚拟串行端口模拟软件，完全模拟串行端口功能，可以实现在电脑上进行 RS - 232 通信实验。

安装好 VSPD6. 9 虚拟串行端口软件后的画面如图 10 - 59 所示。

单击上图中的“添加端口”按钮，就可以添加一对虚拟串行端口“COM1”、“COM2”，添加虚拟串行端口后的画面如图 10 - 60 所示。

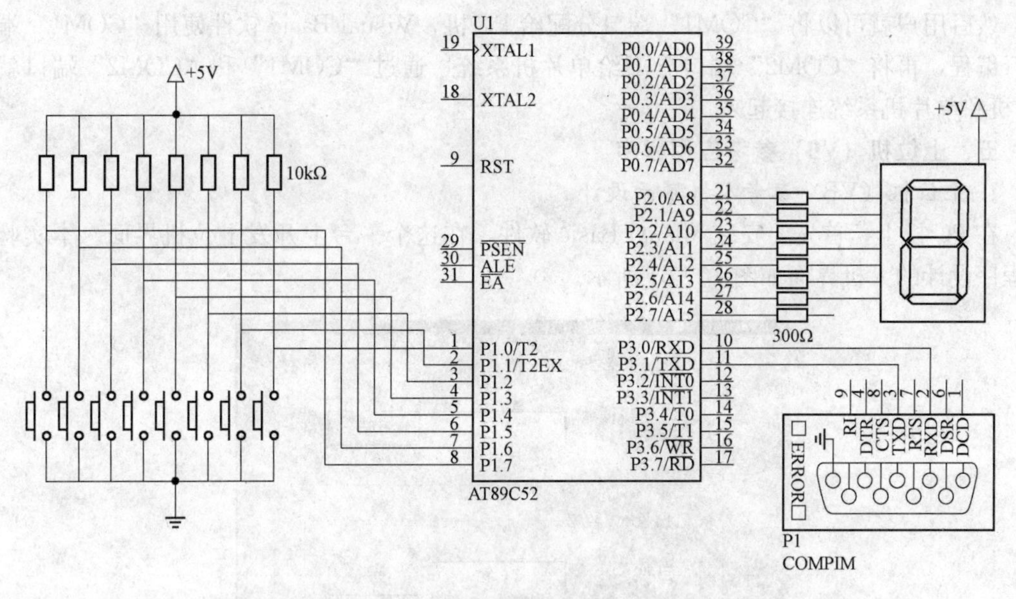

图 10 - 58　实验参考硬件电路原理图

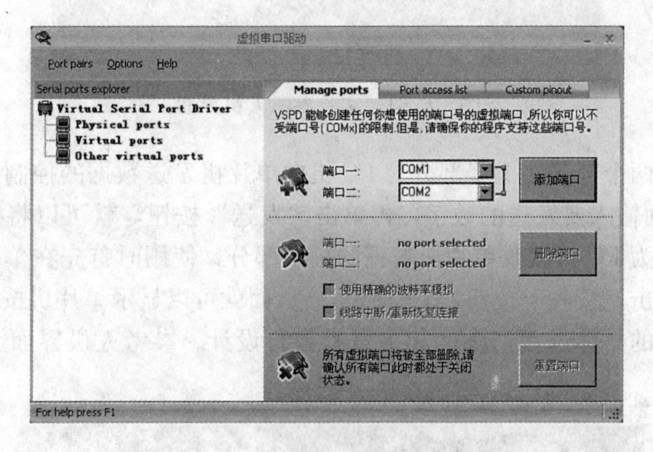

图 10 - 59　VSPD6.9 安装后运行画面

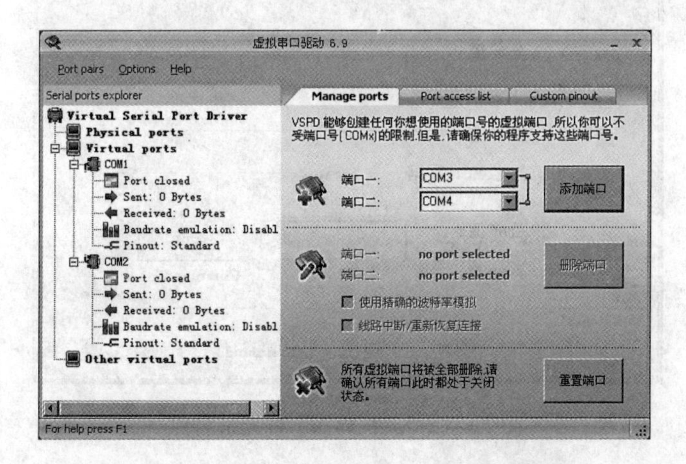

图 10 - 60　添加一对虚拟串行端口后的画面

然后用户就可以将“COM1”端口分配给 PC 机，Visual Basic 软件使用“COM1”端口进行编程，再将“COM2”端口分配给单片机系统，通过“COM1”和“COM2”端口就将 PC 机和单片机系统连接起来。

五、上位机（VB）参考应用程序

1. 上位机（VB）参考人机界面设计

在 PC 机上，首先要安装 Visual Basic 软件，在这个平台上开发上位机界面。本实验参考程序设计的人机界面如图 10-61 所示。

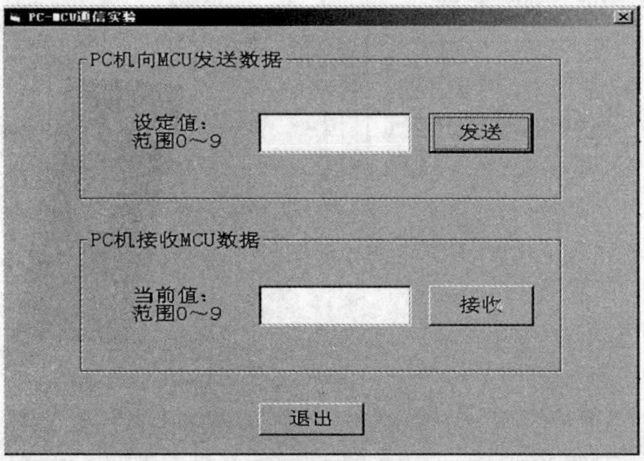

图 10-61 实验参考人机界面

整个界面分为两个部分。上半部分为 PC 机向单片机发送数据的控制部分，使用时首先在“设定值:”后面输入要发送的数字，再单击“发送”按钮，就可以将数字发送到单片机中显示。下半部分为 PC 机接收单片机数据的控制部分，使用时首先在单片机系统中设置按钮的状态，然后单击“接收”按钮，“当前值:”后面就可以显示单片机按钮的状态值。

人机界面设计的具体过程请参阅相关资料自行设计。参考人机界面上各元素名称如图 10-62 所示。

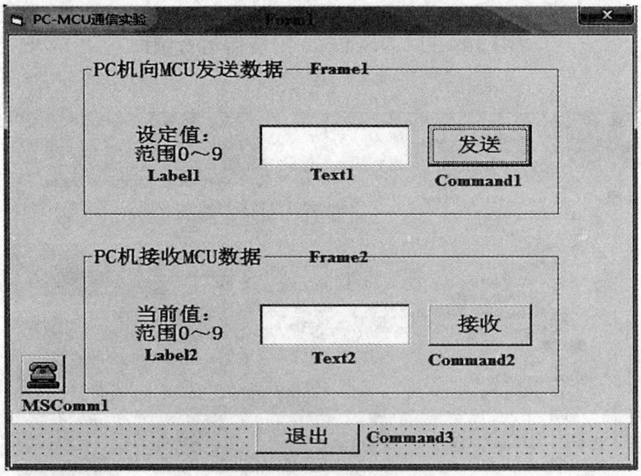

图 10-62 人机界面中各元素名称

注意，在默认情况下，软件工具栏中是没有MSComm控件的。添加的方法是：选择软件菜单“工程”→“部件”→“MicrosoftCommControl6.0”复选框后确定。如果没有“MicrosoftCommControl6.0”选项，可在“部件”对话框“控件”属性中单击“浏览”按钮，在系统目录windows \ system32目录下选择MSComm32.ocx项。

各元素对象属性可按表10-1进行设置。

表10-1　人机界面元素属性

名称	属性	值
Form1	Caption	PC-MCU通信实验
	BorderStyle	1-Fixed Single
Frame1	Caption	PC机向MCU发送数据
	Text	四号宋体
Frame2	Caption	PC机向MCU数据
	Text	四号宋体
Label1	Caption	设定值范围0～9
	Font	四号字体
Label2	Caption	设定值范围0～9
	Font	四号字体
Text1	Text	空
	Aligmment	2
	MaxLength	1
	Font	三号宋体
Text2	Text	空
	Aligmment	2
	MaxLength	1
	Enablea	False
	Font	三号宋体
Comman1	Caption	发送
	Font	四号宋体
Comman2	Caption	接收
	Font	四号宋体

2. VB通信控件MSComm

Visual Basic软件可以通过两种方法进行串行端口（简称串口）通信。一是利用串口通信控件MSComm实现，二是利用调用API函数实现。在实践中，使用串口通信控件MSComm实现通信的方法比调用API函数的方法更加方便、快捷，而且用较少的代码就可以实现相同的功能，从而使编程效率大大提高，因此本实验中也使用了串口通信控件MSComm来实现通信。

使用串口通信控件MSComm实现通信的方法很简单，就是通过对此控件的属性和事件进行相应编程，就可以轻松实现串口通信。MSComm控件属性可以分为与串口通信设置有关的属性、与发送数据有关的属性和与接收数据有关的属性三部分，见表10-2～表10-4。

表10-2　MSComm控件与串口通信设置有关的属性

序号	属性	语法	作用
1	CommPort	MSComm1. CommPort＝1～16	设置或返回通信端口号
2	Settings	MSComm1. Settins＝“9600，N，8，1” 传输波特率为9600bit/s，无奇偶校验位，8位数据位，1位停止位	设置并返回通信参数
3	Handshaking	MSComm1. Handshaking＝0，1，2，3， 0：没有握手协议，不考虑流量控制 1：comXOn/XOff，在数据流中嵌入控制符来进行流量控制 2：comRTS，由信号线RTS自动进行流量控制 3：comRTSOnXOff，两者皆可注意：选用2方便些	设置或返回硬件握手协议
4	PortOpen	MSComm1. PortOpen＝True，Fasse	设置或返回通信商品的状态，打开或关闭

表10-3　MSComm控件与发送数据有关的属性

序号	属性	语法	作用
1	OutBufferSize	MSComm1. OutBufferSize＝整型数据 表示发送缓冲区的字节数	设置或返回发送缓冲区的大小
2	OutBufferCount	MSComm1. OutBufferCount＝整型表达式 0：表示请除发送缓冲区	已接收到，并在接收缓冲区等待被取走的字符数
3	OutPut	MSComm1. OutPut＝out或 MSComm1. OutPut＝“This is a string” 第一种发送的是二进制数据，用Variant类型的字节数组数据第二种发送的是文本数据，用Variant类型的字符串	向发送缓冲写数据
4	STreshold	MSComm1. STreshold＝整型表达式	OnComm事件发生之前，设置并返回发送缓冲区中允许最小字符数。即当发送缓冲区中字符数小于该值时，触发OnComm事件

表10-4　MSComm控件与接收数据有关的属性

序号	属性	语法	作用
1	InputMoide	MSComm1. InputMode＝0，1 0：以文本方式取回传入的数据 1：以二进制方式取回传入的数据	设置或返回接收数据的数据类型
2	InBufferSize	MSComm1. InBufferSize＝整型数据 表示接收缓冲区的字节数	设置或返回接收缓冲区的大小

续表

序号	属性	语法	作用
3	InBufferCount	MSComm1. InBufferCount＝整型表达式 0；表示清除接收缓冲区	设置或返回在发送缓冲区中等待的字符数
4	RThreshold	MSComm1. RThreshold＝整型数据	OnComm 事件发生之前，设置并返回接收缓冲区可接收的字符数。也就是说，当发送缓冲区中的字符数等于这个值时，触发 OnComm 事件
5	InputLen	MCSComm1. InputLen＝整型数据表示从接收缓冲区读取的字符数，0 表示读取缓冲区中全部内容	设置并返回 Input 属性从接收缓冲区读取的字符数
6	Input	TxtDisplay. Text＝MSCommLInput 设计时无效，运行时只读	返回并删除接收缓冲区中的数据流

MSComm 控件将 17 个事件归并为一个 OnComm，用属性 CommEvent 的 17 个值来区分不同的触发时机。在发生通信事件或错误时，将触发 OnComm 事件，CommEvent 属性的值将被改变。因此，在发生 OnComm 事件时，如果有必要，可以检查 CommEvent 属性的值。通信过程中捕捉这些事件和错误将有助于应用程序对这些情况作出相应的反应。

通信事件包括下列设置值，见表 10－5。

表 10－5　通信事件的 CommEven 值及描述

常数	值	描　述
comEvSend	1	在传输缓冲区中有比 Sthreshold 数少的字符
comEvReceive	2	收到 Rthreshold 个字符。该事件将持续产生直到用 Input 属性从接收缓冲区中删除数据
comEvCTS	3	Clear T0 Send 线的状态发生变化。该事件只在 DST 从 1 变到 0 时才发生
comEvDSR	4	Data Set Ready 线的状态发生变化。该事件只在 DST 从 1 变到 0 时才发生
comEvCD	5	Carrier Detect 线的状态发生变化
comEvRing	6	检测到振铃信号。一些 UART（通用异步接收－传输）可能不支持该事件
comEvEOF	7	收到文件结束（ASCII 字符为 26）字符

通信错误包括下列设置值，见表 10－6。

表 10－6　通信错误的 CommEven 值及描述

常数	值	描　述
comEventBreak	1001	接收到一个中断信号
comEventCTSTO	1002	Clear To Send 超时。在系统规定时间内传输一个字符时，Clear To Send 线为低电平
comEventDSRTO	1003	Data Set Ready 超时。在系统规定时间内传输一个字符时，Data Set Ready 线为低电平
comEventFrame	1004	帧错误。硬件检测到一帧错误
comEventOverrun	1006	端口超速。没有在下一个字符到达之前从硬件读取字符，该字符丢失
comEventCDTO	1007	载波检测超时时。在系统规定时间内传输一个字符时，Carrier Detect 线为低电平。Carrier Detect 也称为 Receive Line Signal Detect（RLSD）

续表

常数	值	描　　述
comEventRxOver	1008	接受缓冲区溢出。接收缓冲区没有空间
comEventRxParity	1009	奇偶校验。硬件检测到奇偶校验错误
comEventTxFull	1010	传输缓冲区已满。传输字符时传输缓冲区已满
comEventDCB	1011	检索端口的设备控制块（DCB）时的意外错误

利用MSComm控件进行通信时，可以按照以下步骤编程：

（1）加入通信部件，也就是MSComm对象；

（2）设置通信端口号码，即CommPort属性；

（3）设置通信协议，即HandShaking属性；

（4）设置传输速率等参数，即Settins属性；

（5）设置其他参数，若必要时再加上其他的属性设置；

（6）打开通信端口，即PortOpen属性设成True；

（7）送出字符串或读字符串，使用Input及Output属性；

（8）使用完MSComm通信对象后，将通信端口关闭，即PortOpen属性设成False。

注意（1）～（5）可在设计环境的属性窗口中设定，也可在程序中设定；（6）～（8）只能在程序中设定。

3. 上位机（VB）参考程序代码

参考相关资料将人机界面上相关元素添加相应代码，实现相应的功能。

（1）窗口初始化代码清单。当运行上位机人机界面时，首先进行窗口初始化，其代码清单：

```
Private Sub Form_Load()
MSComm1.CommPort = 1     '设置通信端口为COM5串口
MSComm1.Settings = "1200,n,8,1"
    '波特率为1200bit/s,无奇偶校验位,数据位为8位,1位停止位
MSComm1.InputLen = 0
    '从接收缓冲区读走的字符数,0为默认,表示一次读取所有数据
MSComm1.InBufferSize = 1024
    '此值表示接收缓冲区大小为1024个字节
MSComm1.InBufferCount = 0      '清空接收缓冲区内容
MSComm1.InputMode = comInputModeBinary '表示接收的数据是二进制
MSComm1.RThreshold = 1
    '此值表示接收缓冲区接收到1个字节数据后,产生OnComm事件
MSComm1.OutBufferSize = 1024
    '此值表示发送缓冲区大小为1024个字节
MSComm1.OutBufferCount = 0      '清空发送缓冲区内容
MSComm1.SThreshold = 1
    '此值表示发送缓冲区发送到1个字节数据后,产生OnComm事件
MSComm1.PortOpen = True          '打开通信端口
```

```
End Sub
```

(2) MSComm 控件触发 OnComm 事件清单。当 MCU 响应 PC 请求发送开关状态数据后，MSComm 控件会触发 OnComm 事件，把接收缓冲区的接收数据送文本框显示，代码清单：

```
Private Sub MSComm1_OnComm()
Dim InDataB() As Byte
Select Case MSComm1.CommEvent
Case comEvReceive
InDataB() = MSComm1.Input
Text_Receive.Text = InDataB(0)
MSComm1.InBufferCount = 0
 End Select
 End Sub
```

(3) PC 向 MCU 发送数据代码清单。当 PC 向 MCU 发送数据时，双击人机界面中“发送”按钮就可以实现，其代码清单：

```
Private Sub Cmdsend_Click()
Dim OutAddressB(0) As Byte
   '定义 OutCodeB(0)数组为字节型(范围 0～255)
Dim OutDataB(0) As Byte  '定义 OutDataB(0)数组为字节型
Dim Data As Integer     '定义 Data 变量为整型(范围 - 32768～32767)
Data = Val(Text_Send.Text)  '将要发送的字符转换数值数据
OutAddressB(0) = CByte(0)  '将“0”转换成字节数据放入数组中
OutDataB(0) = CByte(Data)  '将“Data”数据转换成字节数据放入数组
MSComm1.OutBufferCount = 0
   '清空发送缓冲区数据,发送数据时必要一步
MSComm1.Output = OutAddressB()
   '发送“0”,表示 PC 向 MCU 发送数据
MSComm1.OutBufferCount = 0  '清空发送缓冲区数据
MSComm1.Output = OutDataB()   '将数组中的数据发送出去
End Sub
```

(4) PC 接收 MCU 发送数据代码清单。当 PC 接收 MCU 数据时，双击人机界面中“接收”按钮就可以实现，其代码清单：

```
Private Sub Cmdreceive_Click()
Dim OutAddressB(0) As Byte
Dim OutDataB(0) As Byte
OutAddressB(0) = CByte(1)
OutDataB(0) = CByte(2)
MSComm1.OutBufferCount = 0
MSComm1.Output = OutAddressB()
  '发送“1”,表示 PC 请求 MCU 发送数据
```

```
MSComm1.OutBufferCount = 0
MSComm1.Output = OutDataB()     '这个数据"2"
End Sub
```

（5）退出程序代码清单。单击人机界面中“退出”按钮就可以关闭人机界面，退出程序，代码清单：

```
Private Sub Comm_Exit_Click()
MSComm1.PortOpen = False        '关闭串口通信端口
Unload Me                       '关闭窗体
End Sub
```

六、下位机（单片机系统）参考应用程序

1. 程序架构

下位机程序架构如图所示10-63所示。整个程序分成四部分：System文件夹中包含了系统创建时自建的启动文件STARTUP.A51；Public文件夹中包含了用户创建的系统配置头文件config.h；Main文件夹中包含了用户创建的定义主函数的文件main.c；HMI文件夹中包含了用户创建的定义共阴数码管并行静态显示函数的文件ParallelStaticCATLED.c、函数声明的头文件ParallelStaticCATLED.h。

图10-63 下位机参考应用程序架构

2. config.h源代码

config.h源代码清单：

```
1 /*********************************************
2 文件名:config.h
3 功能:重定义数据类型,以简化输入
4       单片机引脚功能定义
5       定义符号常量,方便程序修改
6 版权:
7 作者:           版本号:          日期:
8 修改:
9 *********************************************/
10 #ifndef _CONFIG_H_
11 #define _CONFIG_H_
12 #include "reg52.h"
13 /*数据类型重新定义*/
```

```
14 typedef unsigned char  INT8U;              //无符号8位整型变量
15 typedef signed   char  INT8;               //有符号8位整型变量
16 typedef unsigned short INT16U;             //无符号16位整型变量
17 typedef signed   short INT16;              //有符号16位整型变量
18 typedef unsigned long  INT32U;             //无符号32位整型变量
19 typedef signed   long  INT32;              //有符号32位整型变量
20 typedef float          FP32;               //单精度浮点数(32位长度)
21 typedef double         FP64;               //双精度浮点数(64位长度)
22 /*单片机引脚功能定义*/
23 /*符号常量定义*/
24 #define LED     P2                         //数码管段码数据传输口
25 #define KEY     P1                         //按钮数据传输口
26 #endif
```

3. main.c 源代码

定义主函数的main.c源代码清单：

```
1 /*头文件包含区*/
2 #include "config.h"
3 #include "ParallelStaticCATLED.h"
4 /*全局变量或静态变量定义区*/
5 INT8U SBUFSendData;                           //保存发送数据
6 INT8U SBUFReceiveData[2];                     //保存接收数据
7 /*********************************************
8 函数名称:SerialInit()
9 函数功能:串口初始化
10 输入参数:无
11 返回值:无
12 *********************************************/
13 void SerialInit()
14 {
15         TMOD = 0x20;                  //T1作波特率发生器的初始化,定时,方式2
16         TL1 = 0xE8;                   //波特率为1200bit/s,11.0592MHz
17         TH1 = 0xE8;
18         ET1 = 0;                      //禁止T1中断,波特率发生器脉冲一直持续
19         TR1 = 1;                      //启动T1
20         EA = 1;                       //开启CPU中断
21         ES = 1;                       //开启串口中断
22         SCON = 0x50;                  //串口初始化01010000,方式1,REN=1,双机通信
23         PCON = 0x00;
24 }
25 /*********************************************
26 函数名称:main()
27 函数功能:主函数
```

```
28 输入参数:无
29 返回值:  无
30 ********************************************** /
31 void main()
32 {
33         SerialInit();                        //初始化串口
34         KEY = 0xff;                          //按钮连接端口定义为输入端口
35         LED = 0xff;                          //上电关闭数码管显示器
36         while(1)
37         {
38                 SBUFSendData = (KEY & 0x0f);  //MCU 向 PC 机发送按钮状态
39         }
40 }
41 / **********************************************
42 函数名称:Int_Serial()
43 函数功能:串口中断函数
44 输入参数:无
45 返回值:  无
46 ********************************************** /
47 void Int_Serial(void) interrupt 4 using 1
48 {
49         EA = 0;                              //关闭中断
50         RI = 0;
51         SBUFReceiveData[0] = SBUF;           //读取第 1 个数据
52         while(0 == RI);                      //等待第 2 个数据
53         RI = 0;
54         SBUFReceiveData[1] = SBUF;           //读取第 2 个数据
55         if(0 == SBUFReceiveData[0])
56         {
57                 LEDDisplay(SBUFReceiveData + 1); //显示接收到的数据
58         }
59         else if (1 == SBUFReceiveData[0])
60         {
61                 SBUF = SBUFSendData;         //把按钮状态数据发送 PC 机
62                 while(0 == TI);
63                 TI = 0;
64         }
65         EA = 1;                              //开中断
66 }
```

4. ParallelStaticCATLED. c 源代码

ParallelStaticCATLED. c 源代码清单：

```
1 / **********************************************
```

```
2 文件名:ParallelStaticLED.c
3 功能:并行静态数码管显示
4 版权:
5 作者:  版本号:        日期:
6 修改:无
7 ***********************************************/
8 #include "config.h"
9 INT8U code tab[] = {0xc0,0xf9,0xa4,0xb0,0x99,0x92,0x82,0xf8,
                    0x80,0x90,0x88,0x83,0xc6,0xa1,0x86,0x8e};
10 //共阳数码管的字型码表格数据
11 /***********************************************
12 函数名称:LEDDisplay()
13 函数功能:并行静态数码管显示
14 输入参数:*buffer:显示的数据,用数组传递
15 返回值:  无
16 ***********************************************/
17 void LEDDisplay(INT8U *buffer)
18 {
19         LED = tab[buffer[0]];   //显示数据
20 //如果有更多位数码管显示,仿照上面结构添加后续代码
21 }
```

5. ParallelStaticCATLED.h 源代码

ParallelStaticCATLED.h 源代码：

```
1 #ifndef  _ParallelStaticCATLED_H_
2 #define  _ParallelStaticCATLED_H_
3 void LEDDisplay(INT8U *buffer);
4 #endif
```

七、系统调试

（1）运行 VSPD 软件。

（2）设置单片机和 COMPIM 的属性并运行 Proteus 程序。

将单片机运行的频率设置为 11.0592MHz，如图 10-64 所示。

将 COMPIM 的属性中的端口设置为“COM2”，数据传输的波特率设置为 1200bit/s，如图 10-65 所示。

（3）运行上位机程序。

设置好相关属性后，运行 Proteus 仿真电路和 VB 上位机人机界面。当两个程序都启动运行后，虚拟串口的窗口中“COM1”、“COM2”两端口后面就会实时显示相关信息，如图 10-66 所示。

在上位机的人机界面上“PC 机向 MCU 发送数据”设定值窗口中输入数据如“3”，然后单击“发送”按钮，则单片机系统的显示器上会显示“3”的字型。

设置单片机系统中的按钮状态，然后单击上位机人机界面中的“接收”按钮，则 PC 机

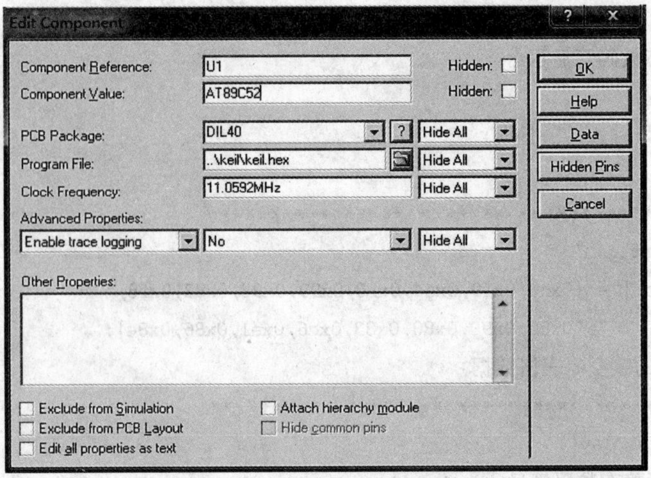

图 10－64　单片机属性设置窗口

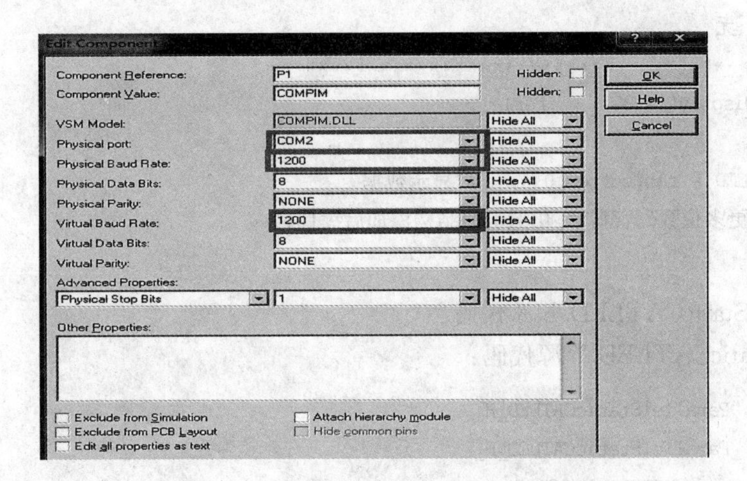

图 10－65　COMPIM 元件属性设置窗口

会接收单片机发送过来的按钮状态值。

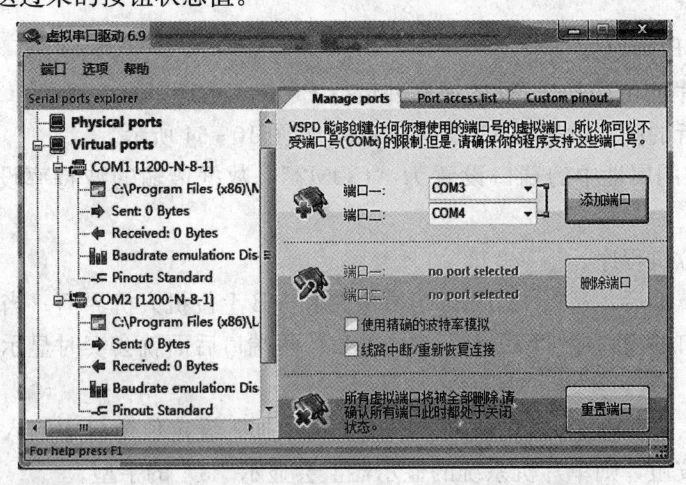

图 10－66　Proteus 和 VB 程序运行后虚拟串口的属性窗口

第 11 章　基于 Proteus 的单片机课程设计

单片机课程设计是完整学习单片机基本原理后进行的一次综合性练习，也是一次非常重要的集中实践性教学环节。

单片机课程设计的目的在于加深学生对单片机原理的理解，使学生熟练掌握单片机应用系统的设计方法，以提高学生在单片机应用方面的实践技能，培养学生综合运用理论知识解决实际问题的能力。

11.1　课程设计任务书

课程设计任务书是教师在课程设计开始时下达给学生的。学生根据任务书的具体要求在教师的指导下有计划地完成课程设计拟定的各项任务。单片机课程设计任务书可参考表11－1进行设计。

表 11－1　单片机课程设计任务书

单片机课程设计任务书	
姓名：＿＿＿＿　学号：＿＿＿＿　专业班级：＿＿＿＿　指导教师：＿＿＿＿	
题目	基于单片机的数字温度计设计
课题任务	学生在教师指导下，综合运用所学知识，设计一个单片机系统完成温度的检测和显示。
设计要求	（1）单片机选用自己熟悉的型号； （2）温度传感器选用模拟量输出的型号； （3）自选一款 A/D 转换器和显示器； （4）设计时间为一周（或两周）。
参考设计步骤	（1）接收课题，明确课题设计的任务； （2）查找课题相关的资料（纸质或电子版），并进行高效地阅读和整理； （3）确定课题的设计方案，并绘制系统的原理框图； （4）设计系统的硬件，绘制出各模块的电路原理图； （5）绘制系统软件的流程图，并编写相关的代码； （6）系统软硬件调试； （7）整理设计资料，撰写课程设计报告。
成果形式	（1）课程设计报告一份（必做）； （2）仿真文件一份（选做）； （3）实物一份（选做）。
参考文献	[1] 童诗白，华成英．模拟电子技术基础［M］．5 版．北京：高等教育出版社，2015 [2] 何立民．单片机高级教程：应用与设计［M］．北京：北京航空航天大学出版社，2007 [3] 周航慈．单片机应用程序设计技术［M］．3 版．北京：北京航空航天大学出版社，2011

11.2 方 案 论 证

温度是日常生活、工农业生产以及科学实验中一个重要的参数，对温度的测量与控制有着十分重要的意义。

根据测温元件是否与被测介质接触，温度的测量方法分为接触式测温与非接触式测温两大类。接触式测温是将温度敏感元件和被测量温度直接接触，当两者达到热平衡时，温度敏感元件的温度即为被测量温度。非接触式测温是应用物体的热辐射能量随温度的变化而变化的原理，选择合适的热辐射接收装置测量被测物理发出的热辐射能量，并且将其调理成可以测量和显示的各种信号，实现温度的测量。

课程设计任务书下达的课题任务只是完成温度的测量和显示，没有对温度进行控制的要求，而且温度的检测要求只能选择输出模拟量的温度传感器，因此完整的温度测量和显示系统可以选择单片机作为主控制器。以单片机为核心的检测和显示系统应该由 4 个模块组成：主控制器、温度传感器及其调理电路、A/D 转换电路、显示电路。系统组成原理框图如图 11 - 1 所示。

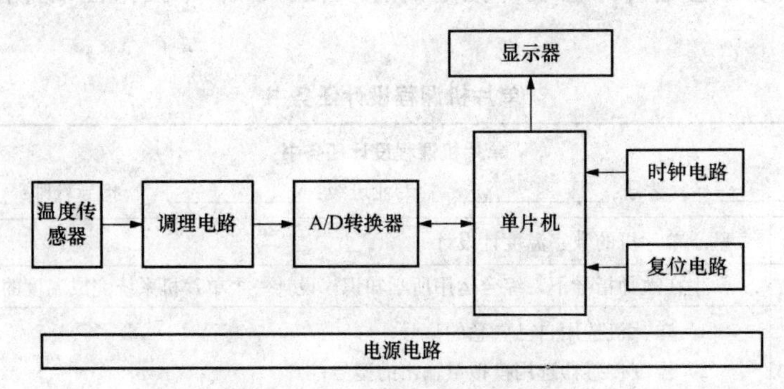

图 11 - 1　系统组成原理框图

图中的温度传感器用于检测环境温度。由于设计要求只能选择模拟量输出的温度传感器，所以传感器输出的信号是不能直接送单片机中处理的。另外传感器的输出信号一般都要经过调理电路，调理成合适的电压信号送后面的 A/D 转换器。

A/D 转换器的主要任务是将调理电路输出的电压信号转换成数字量，以便能够让单片机正确读取温度值。

单片机是系统的主控制器，主要作用是完成对温度检测和显示的控制。图中的时钟电路和复位电路是单片机系统正常运行时的必要电路。

显示器用于显示温度的检测值，一般选用数码管或液晶显示模块。

框图中的电源电路主要任务是产生各种等级的直流电压，给系统中需要直流电压的模块供电。

11.3 系统硬件电路的设计

根据系统组成原理框图，将硬件电路设计分成以下几部分：①单片机最小硬件系统设计，保证单片机系统能够正常工作；②AD590调理电路设计，将传感器输出的电流信号调理成合适的电压信号，送入A/D转换器；③TLC2543与单片机接口电路设计，完成调理电路输出的电压信号的模数转换工作；④LCD1602与单片机接口电路设计，完成温度值的显示工作。

11.3.1　单片机最小硬件系统设计

单片机最小硬件系统是指保证单片机能够正常工作的最小组成电路。它包含单片机系统必备的时钟电路和复位电路。根据课程设计要求，选择较为熟悉的51系列单片机AT89S52。

1. AT89S52单片机简介

AT89S52是一种低功耗、高性能的8位微控制器，具有8KB在系统可编程Flash存储器。内部资源有8KB的Flash，256B的RAM，32位I/O端口线，看门狗定时器，2个数据指针，3个16位定时器/计数器，1个6向量2级中断结构，全双工串行端口，片内晶振及时钟电路。

AT89S52的外部引脚功能图如图11-2所示。AT89S52，共40个引脚，工作时需要接上5V直流电压。图中电源旁边的电容C1为去耦电容，主要有两个作用：一方面可以看成电路的蓄能电容，另一方面旁路掉该器件的高频噪声。数字电路中典型的去耦电容值是0.1μF。

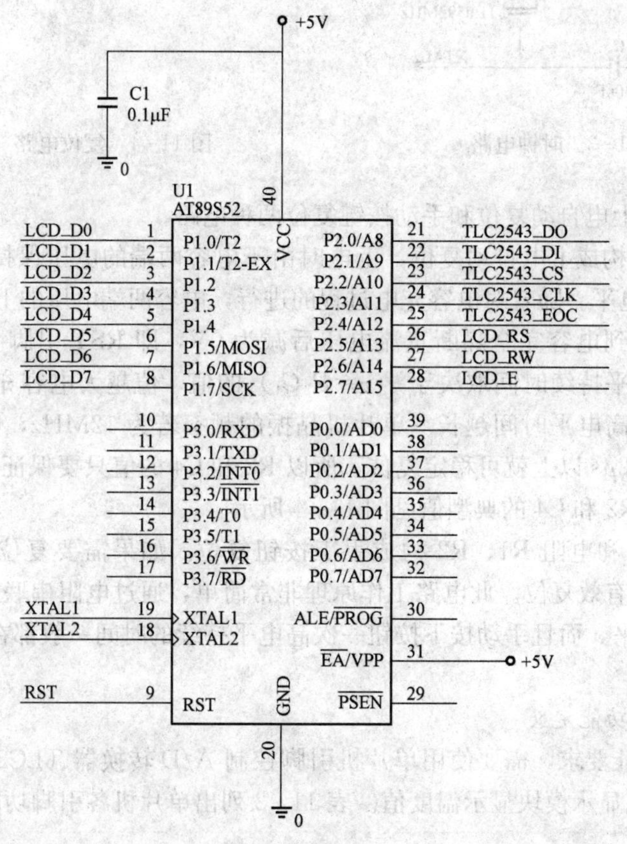

图11-2　AT89S52外部引脚功能图

单片机中的 EA 引脚接 5V 直流电源，目的是使用片内的 ROM。

为了方便后续电路的绘制，图中已将准备使用的单片机引脚用网络标号的形式引出来。它们是连接时钟电路的 XTAL1 和 XTAL2；连接复位电路的 RST；连接 TLC2543 芯片的 TLC2543_DO、TLC2543_DI、TLC2543_CS、TLC2543_CLK、TLC2543_EOC；连接 LCD1602 的 LCD_D0 ～ LCD_D7、LCD_RS、LCD_RW、LCD_E。

2. 时钟电路设计

单片机系统时钟电路如图 11-3 所示。电路中的晶振频率一般选 12MHz、6MHz、11.0592MHz，在系统进行通信时一般选用 11.0592MHz。两个电容的参数值均为 30pF。

3. 复位电路设计

AT89S52 单片机复位的要求是在复位引脚上要持续 2 个机器周期的高电平。设计的复位电路如图 11-4 所示。

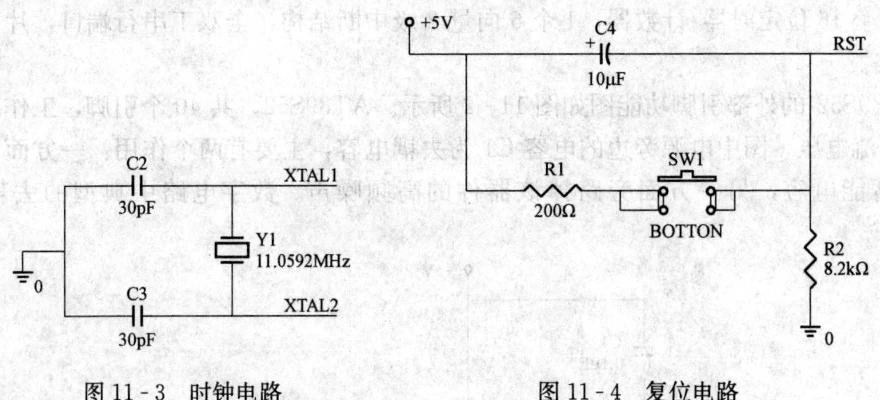

图 11-3　时钟电路　　　　图 11-4　复位电路

复位电路分为上电自动复位和手动按键复位两种电路。

图中 C4 和 R2 构成上电自动复位，上电时由于电容两端的电压保持 0V 不变，RST 引脚得到一个 5V 高电平。随着对电容充电过程的进行，电容两端电压的上升，RST 引脚上的电压逐渐下降，直到电容完全隔断直流电压后减为 0V，即 RST 引脚上得到一个低电平。RST 引脚上的高电平持续时间取决于 $\tau(\tau=R_2C_4)$ 的值，值越大电容充电的速度越慢，即 RST 引脚上持续的高电平时间越长。单片机晶振的频率若为 12MHz，则只要保证 RST 引脚的高电平时间为 2μs 以上就可稳定复位，所以 R2 和 C4 的值只要保证 RST 上的高电平持续大于 2μs 即可。R2 和 C4 的典型值见图 11-4 所示。

图中按钮 SW1 和电阻 R1、R2 构成手工按钮复位。如果需要复位时，用户手动按下 SW1 按钮一次即可有效复位。此电路工作原理非常简单，通过电阻串联分压原理使 RST 引脚上得到一个高电平，而且手动按下按钮一次高电平持续的时间一般都在毫秒级，因此可以保证有效复位。

4. 单片机引脚功能定义

根据系统的功能要求，需要使用单片机引脚控制 A/D 转换器 TLC2543 进行模数转换，控制 LCD1602 液晶显示模块显示温度值。表 11-2 列出单片机各引脚功能的定义。

表 11-2　单片机引脚分配表

单片机引脚名称	对应网络标号	功能定义
P2.0	TLC2543_DO	TLC2543 数据输出端
P2.1	TLC2543_DI	TLC2543 数据输入端
P2.2	TLC2543_CS	TLC2543 片选端
P2.3	TLC2543_CLK	TLC2543 时钟引脚
P2.4	TLC2543_EOC	TLC2543 转换结束端
P1.0～P1.7	LCD_D0～LCD_D7	LCD1602 数据端
P2.5	LCD_RS	LCD1602 数据命令选择端
P2.6	LCD_RW	LCD1602 读写控制端
P2.7	LCD_E	LCD1602 使能端

11.3.2　AD590 调理电路设计

在工业生产中，用于检测温度的传感器大多数用热电偶和热电阻，除此之外还经常使用集成的温度传感器。

由于热电偶和热电阻传感器在使用过程中较为复杂，本次设计不再考虑选用这两种传感器检测温度。

美国 DALLAS 半导体公司生产的 DS18B20，是一款智能单总线数字温度传感器，测温范围为－55～125℃，最高分辨率可达 0.0625℃。DS18B20 传感器使用时外围电路较为简单，但是传感器输出为数字量，不符合设计要求，因此也不选用。

美国 ANALOG DEVICES 公司生产的 AD590，是单片集成两端感温电流源，其输出电流与绝对温度成比例。测量范围为－50～150℃，精度为±0.3～±0.5℃，可以选用。

1. AD590 传感器简介

AD590 是一款两端口集成电路温度传感器，可产生与绝对温度成比例的输出电流。其封装如图 11-5 所示。

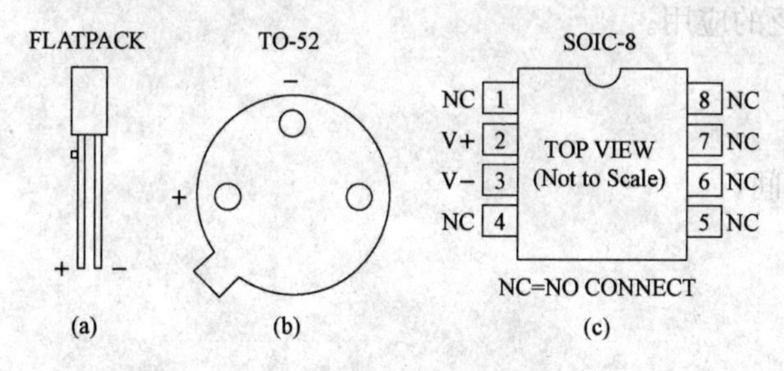

图 11-5　AD590 引脚图

(a) FLATPACK 封装；(b) TO-52 封装；(c) SOIC-8 封装

在 4～30V 的电源电压范围内，AD590 传感器可充当一个高阻抗的恒流调节器，调节系数为 1μA/K。芯片中薄膜电阻的激光微调可用于校准器件的电流输出：298.2μA@298.2K（25℃）。

AD590 主要的性能参数如下：

(1) 测温范围：－55～＋150℃。

(2) 灵敏度：1μA/K。

(3) 电源电压范围：4～30V。

(4) 在－55～＋150℃范围内，非线性误差为±0.3～±0.5℃。

2. AD590 调理电路设计

由于 AD590 输出电流信号，而后面的 TLC2543 转换器接收的输入电压范围为 0～5V（5V 电压供电），因此需要将 AD590 输出的电流信号转换为合适的电压信号送 TLC2543 转换。

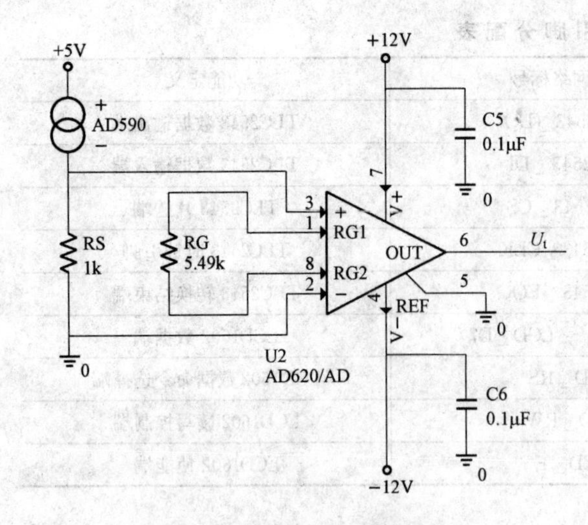

图 11-6　AD590 调理电路

设计的 AD590 调理电路如图 11-6 所示。

AD590 传感器的灵敏度为 1μA/K，即温度每变化 1K（绝对温度）输出电流变化 1μA，而且当温度为 25℃（298.2K）时输出为 298.2μA。因此可以推导出输出电流和温度的关系式为

$I=(273.15+T)\ \mu A$　（T 为摄氏温度）

采样电阻 R_S 上的电压为

$$U=(273.15+T)\mu A\times 1k\Omega$$
$$=(0.27315+T/1000)V$$

假设测量的温度范围为 0～60℃，则采样电压范围为 0.27315～0.333V。这个电压不适合直接送入 A/D 转换器中，因此需要后续调理电路调整成合适的电压。

AD620 芯片是一款低成本、高精度仪表放大器，仅需要一个外部电阻来设置增益，增益范围为 1～10000。增益 G 与增益调节电阻 R_G 的关系为

$$R_G=\frac{49.4k\Omega}{G-1}$$

根据 TLC2543 输入电压范围，将 AD620 的增益设置为 10 倍即可达到 2.7315～3.3315V。因此增益电阻 $R_G=5.49k\Omega$。

这样调理电路最终输出电压的范围为 2.732～3.332V（0～60℃）。

11.3.3　TLC2543 转换器与单片机接口电路设计

TLC2543 转换器是 TI 公司的 12 位串行模数转换器，使用开关电容逐次逼近技术完成 A/D 转换过程。由于是串行输入结构，能够节省 51 系列单片机 I/O 资源；且价格适中，分辨率较高，因此在仪器仪表中有较为广泛的应用。

其性能特点有：

(1) 12 位分辨率 A/D 转换器；

(2) 在工作温度范围内 10μs 转换时间；

(3) 11 个模拟输入通道；

(4) 3 路内置自测试方式；

(5) 采样率为 66kbit/s；

(6) 线性误差±1LSBmax；

(7) 有转换结束输出 EOC；

(8) 具有单、双极性输出；

(9) 可编程的 MSB 或 LSB 前导；

(10) 可编程输出数据长度。

TLC2543 转换器与单片机接口电路如图 11-7 所示。

将 AD590 调理电路输出的电压 U_t 连接到 TLC2543 转换器的通道 0 上，通过 P2.0～

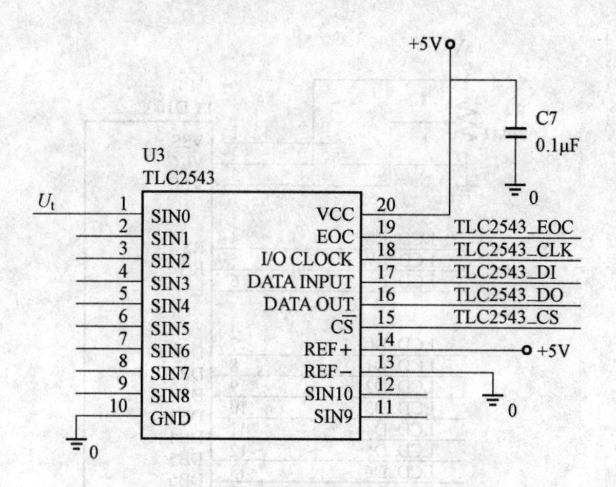

图11-7　TLC2543转换器与单片机接口电路

P2.4引脚将采集的数据传送到单片机中。

11.3.4　LCD1602显示模块与单片机接口电路设计

LCD1602显示模块是一种点阵字符型液晶显示模块，可以显示两行共32个字符，字符的点阵为5×8点，是一种很常用的小型液晶显示模块，在单片机系统、嵌入式系统等的人机界面中得到了广泛的应用。LCD1602显示模块共有16个引脚，其功能见表11-3。

表11-3　LCD1602显示模块引脚说明

编号	符号	引脚说明	编号	符号	引脚说明
1	VSS	电源地	9	D2	数据I/O
2	VDD	电源正	10	D3	数据I/O
3	VL	液晶显示偏压信号	11	D4	数据I/O
4	RS	数据/命令选择端（H/L）	12	D5	数据I/O
5	R/W	读/写选择端（H/L）	13	D6	数据I/O
6	E	使能信号	14	D7	数据I/O
7	D0	数据I/O	15	BLA	背光源正
8	D1	数据I/O	16	BLK	背光源负

引脚可以分为三部分，一是电源引脚，如1、2、3、15、16引脚；二是并行数据引脚，如7～14引脚；三是控制引脚，如4、5、6引脚。

LCD1602显示模块与单片机接口电路如图11-8所示。用P2.5控制LCD1602显示模块的RS端，用P2.6控制LCD1602显示模块的R/W端，用P2.7控制LCD1602显示模块的E端，用P1口传输LCD1602显示模块的数据。

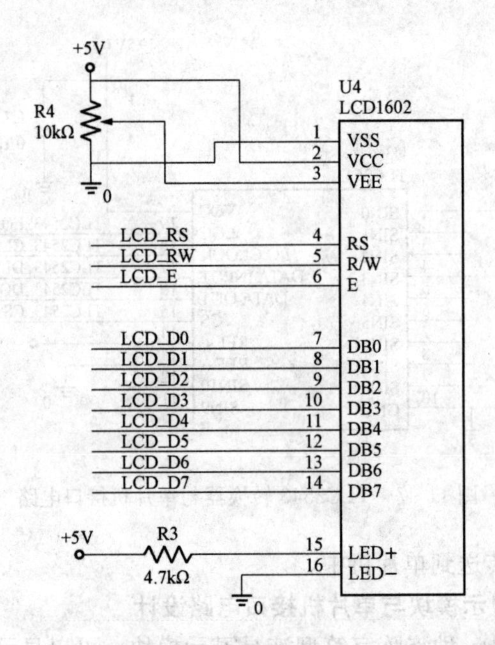

图 11-8　LCD1602 显示模板与单片机接口电路

11.4　系统软件程序的设计

系统程序主要包括主程序、采集程序、数字滤波程序、工程量转换程序、显示程序等。

11.4.1　主程序

主程序主要任务是负责温度的采集、滤波、工程量转换、显示任务的调度，其流程图如图 11-9 所示。

系统上电后，首先进行初始化工作，接着调用带有数字滤波算法的采集程序，完成模拟量转换成数字量的任务，然后再调用工程量转换程序，将 A/D 转换得到的数字量转换成工程量，最后调用显示程序将工程量显示在 LCD1602 显示模块上。

11.4.2　采集程序

采集程序由 TLC2543 芯片完成，TLC2543 芯片是 12 位串行 A/D 转换器。根据数据手册编程时要注意，输出引脚输出的数字量是上一次转换的结果。TLC2543 采集程序流程图如图 11-10 所示。

子程序执行后，先进行初始化工作，接着读取上一次转换数字量中的 1 位数字，再送出本次的控制字中的 1 位。由于 TLC2543 是 12 位 A/D 转换器，因此要完成循环 12 次才能完成数据的读取和发送工作。然后根据本次发送的控制字，完成本次模拟量的采集和转换任务，在转换期间一直等待，直到转换结束返回。

11.4.3　数字滤波程序

由于在 A/D 转换过程中可能会有干扰作用于模拟信号，将导致转换结果偏离真实值。如果仅采样一次，无法确定该结果是否可信，因此必须采样多次，得到多个转换数据，再通过某种算法处理后，得到一个可信度较高的结果，这就是数字滤波。

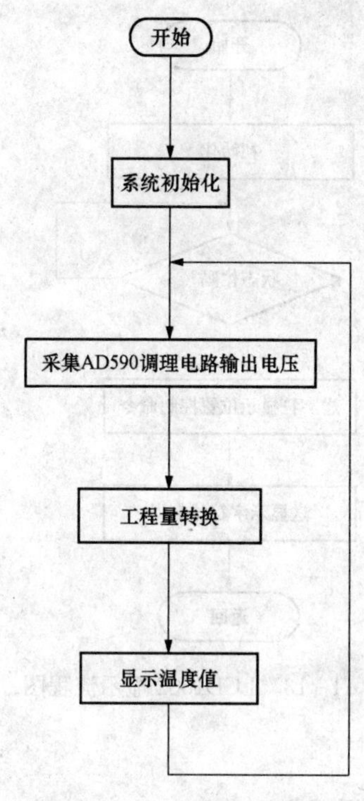

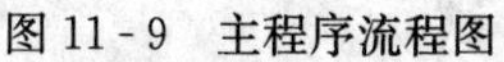
图 11-9　主程序流程图

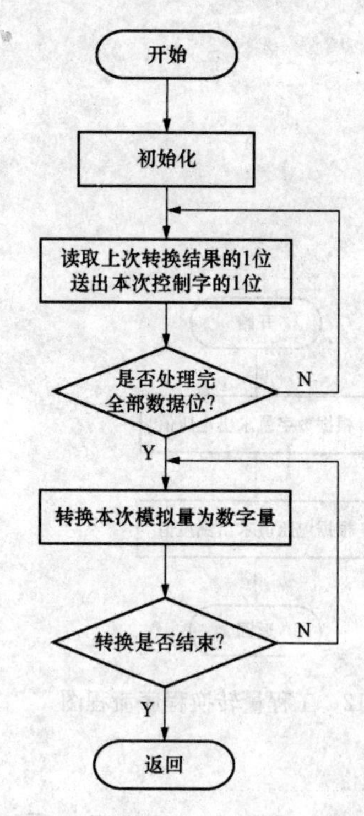

图 11-10　TLC2543 采集程序流程图

数字滤波的算法很多，本项目中采用的是去极值算术平均值滤波。其算法如图 11-11 所示。

去极值算术平均值滤波算法原理是：连续采样 N 次，将其累加求和，并找出其中最大值和最小值，然后将它们从累加和中减去，求出剩下的 $N-2$ 个数据的平均值。

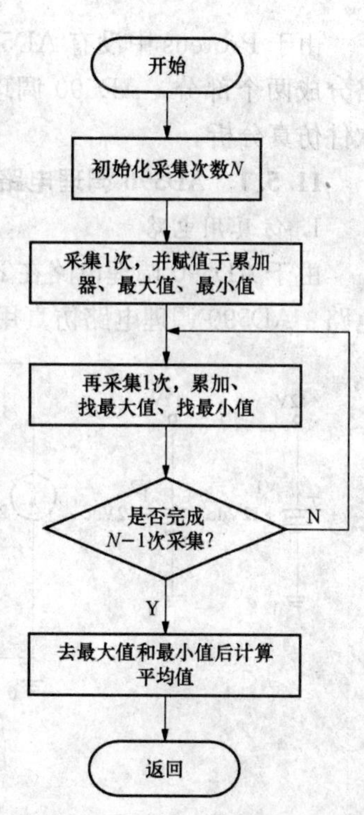

图 11-11　去极值算术平均值滤波程序流程图

11.4.4　工程量转换程序

A/D 转换得到的数字量先要转换成工程量才能显示在显示模块上，用户看起来才直观明了。其转换的流程图如图 11-12 所示。

首先根据对应关系将转换得到的数字量求出转换前的电压值，再根据传感器调理电路输出电压与温度的关系，求出原始的温度值，用于显示。

11.4.5　显示程序

工程量计算出后，就可以直接将显示程序送显示模块。其流程图如图 11-13 所示。

LCD1602 显示模块上电后，先进行初始化。显示模块如果处于忙状态，则不会响应外部任何请求，所以每写一次命令或数据前都需要检查显示器是否处于忙状态。当显示模块处于闲时，先送要显示字符的显示位置，通过写命令函数完成；再送要显示的字符数据，通过写数据函数完成。

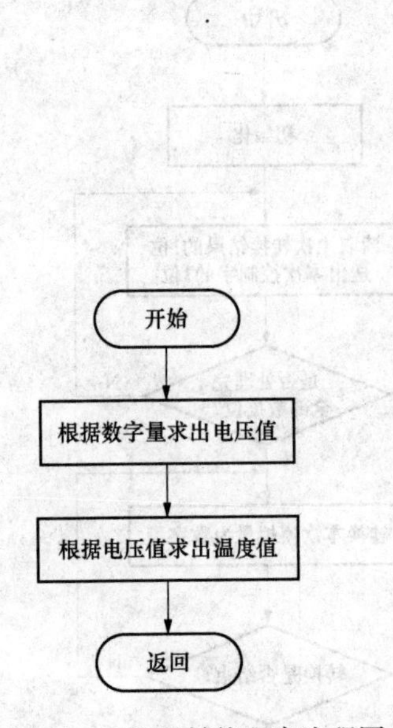

图 11-12　工程量转换程序流程图

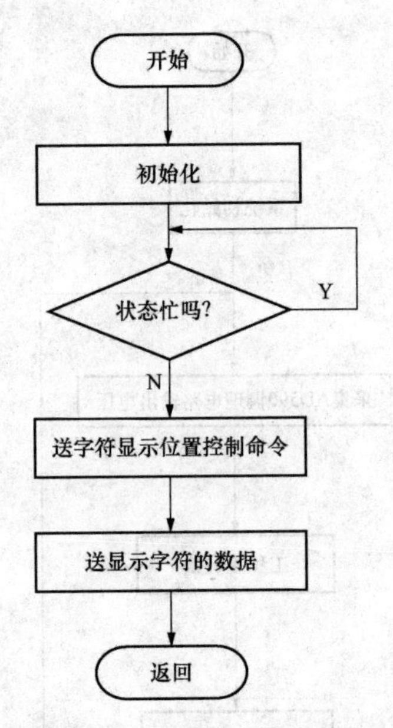

图 11-13　LCD1602 显示流程图

11.5　系统仿真调试

由于 Proteus 中没有 AD590 调理电路的仿真元件，因此无法仿真整个电路。将整个电路分成两个部分，AD590 调理电路用 Pspice 软件进行仿真分析，后半部分仍然用 Proteus 软件仿真分析。

11.5.1　AD590 调理电路仿真分析

1. 仿真用电路

由于 AD590 调理电路在 Pspice 里也没有仿真元件，仿真时使用电流源代替 AD590 调理电路。AD590 调理电路仿真用电路如图 11-14 所示。

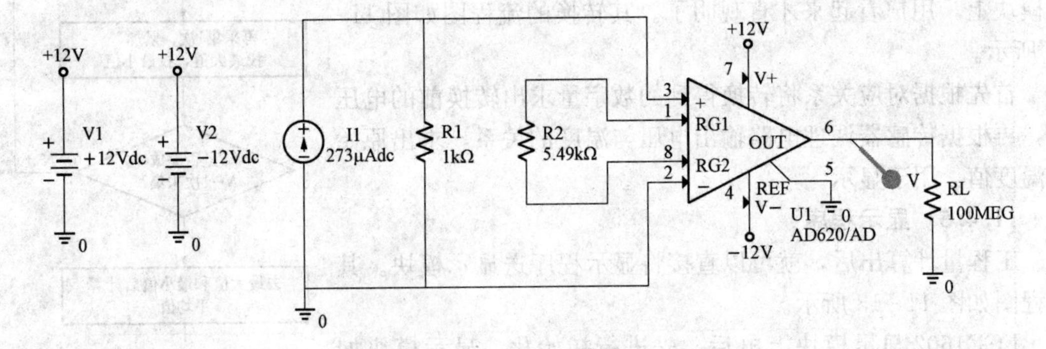

图 11-14　AD590 调理电路仿真用电路

2. 仿真类型设置

对电路进行瞬态分析，同时加上参数扫描，如图 11-15 所示。扫描的变量是电流源 I1，扫描的范围从0℃对应的273.15μA到60℃对应的328.15μA，步长为1μA。这样就可以模拟传感器温度每升高1K输出电流增加1μA。

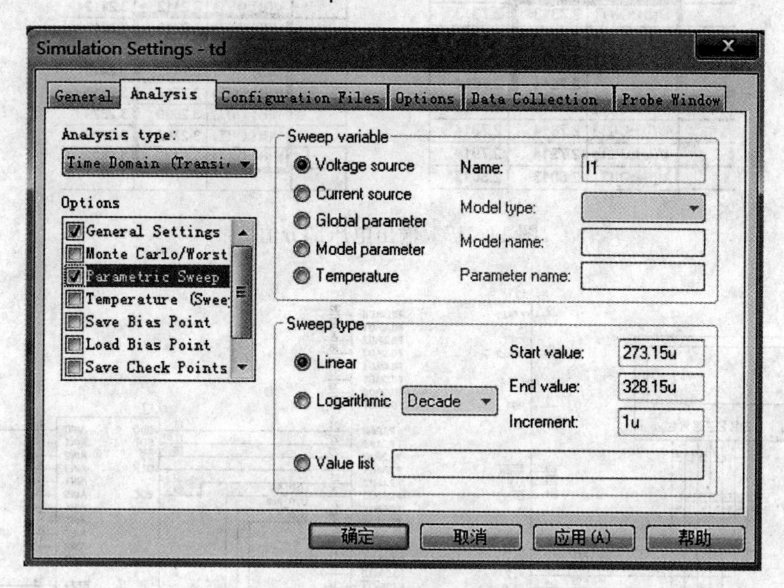

图11-15　仿真类型设置

3. 仿真结果分析

用电压探针观测AD620输出端的电压波形，如图11-16所示。

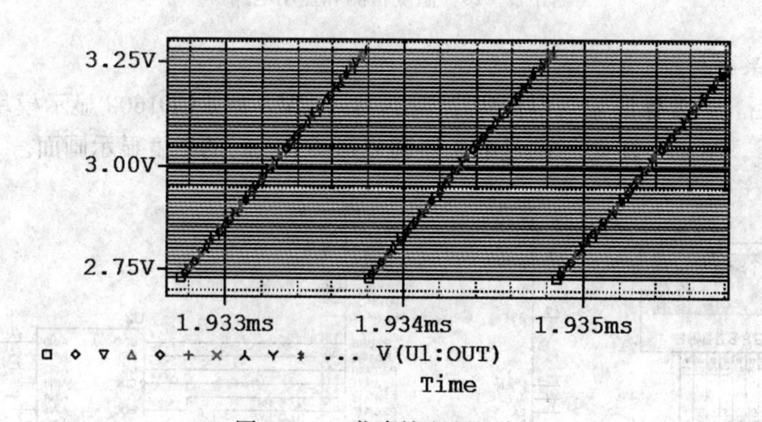

图11-16　仿真输出电压波形

打开光标，可以详细查看输出电压值，部分电压值如图11-17所示。从图中可以看出仿真结果和前面理论计算基本吻合。

11.5.2　温度检测和显示电路仿真分析

1. 仿真用电路

在Proteus软件中用电位器来模拟传感器调理电路，对于后续的A/D转换电路来讲是等效的，仿用真电路如图11-18所示。

Trace	Cursor1	Cursor2
X Value	1.9338m	1.9330m
V(U1:OUT)	2.7313	2.7313
V(U1:OUT)	2.7414	2.7414
V(U1:OUT)	2.7513	2.7513
V(U1:OUT)	2.7614	2.7614
V(U1:OUT)	2.7713	2.7713
V(U1:OUT)	2.7814	2.7814
V(U1:OUT)	2.7914	2.7914
V(U1:OUT)	2.8013	2.8013

V(U1:OUT)	3.1913	3.1913
V(U1:OUT)	3.2013	3.2013
V(U1:OUT)	3.2112	3.2112
V(U1:OUT)	3.2212	3.2212
V(U1:OUT)	3.2313	3.2313
V(U1:OUT)	3.2412	3.2412
V(U1:OUT)	3.2513	3.2513
V(U1:OUT)	3.2629	3.2629
V(U1:OUT)	3.2708	3.2708
V(U1:OUT)	3.2822	3.2822

图 11-17　输出电压部分值

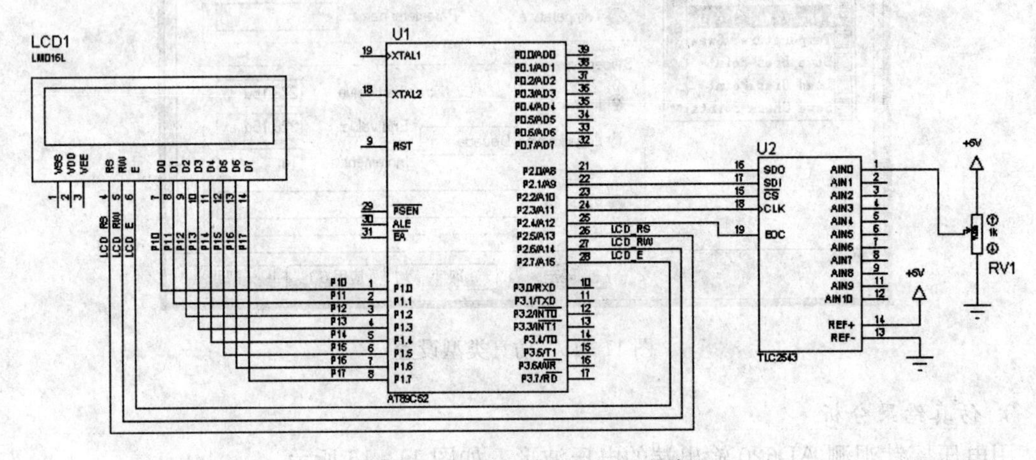

图 11-18　温度检测和显示电路

2. 仿真结果分析

系统运行后，只要保证输入电压为 2.732～3.332V，则 LCD1602 显示模块显示的温度范围为 0～60℃。图 11-19 显示的是电位器调节到某个点时的温度显示画面。

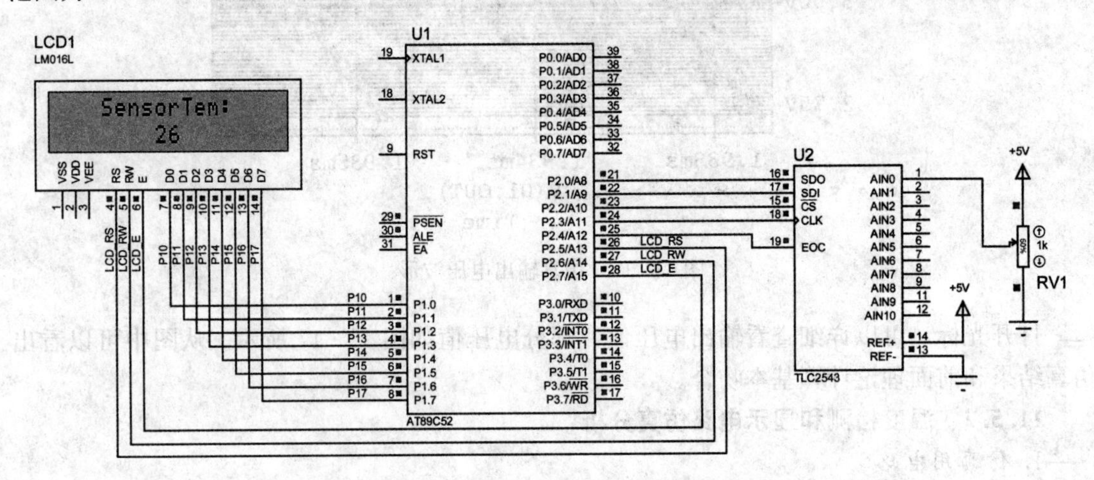

图 11-19　检测温度为 26℃时的仿真画面

11.6　系统总原理图

系统总原理图如 11-20 所示。

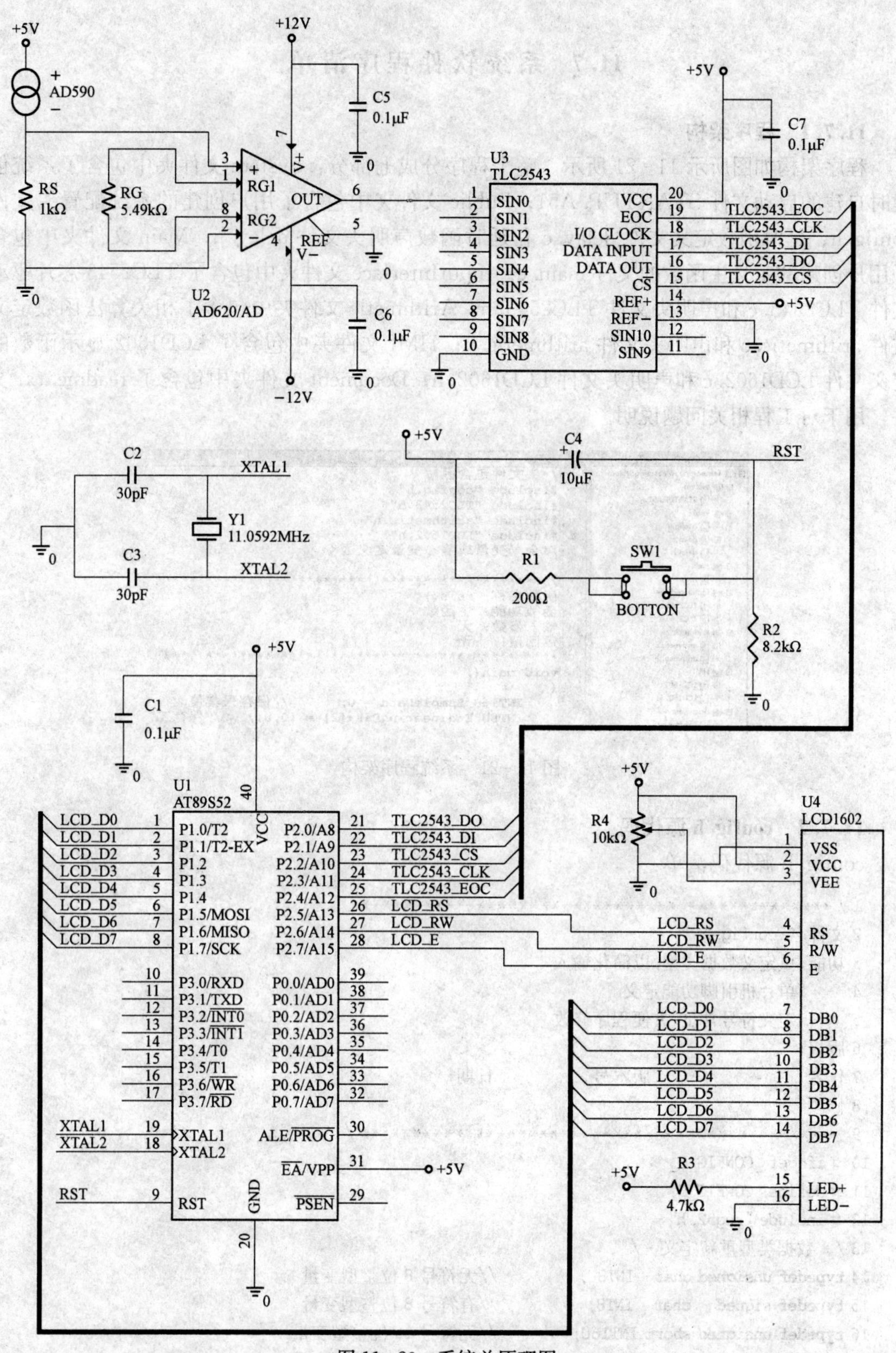

图11-20　系统总原理图

11.7 系统软件程序清单

11.7.1 程序架构

程序架构如图所示 11 - 21 所示。整个程序分成七部分：System 文件夹中包含了系统创建时自建的启动文件 STARTUP. A51；Public 文件夹中包含了用户创建的系统配置头文件 config. h、延时函数定义文件 delay. c 和延时函数声明头文件 delay. h；Main 文件夹中包含了用户创建的定义主函数的文件 main. c；InputInterface 文件夹中包含了 TLC2543 芯片驱动文件 TLC2543. c 和声明头文件 TLC2543. h；Arithmetic 文件夹中包含了相关算法函数定义文件 arithmetic. c 和声明头文件 arithmetic. h；HMI 文件夹中包含了 LCD1602 显示函数的定义文件 LCD1602. c 和声明头文件 LCD1602. h；Document 文件夹中包含了 readme. txt 文件，用于对工程相关问题说明。

```
TemperatureMeasuringSystem
  system
    STARTUP.A51
  Public
    config.h
    delay.c
    delay.h
  main
    main.c
  InputInterface
    TLC2543.c
    TLC2543.h
  Arithmetic
    arithmetic.c
    arithmetic.h
  HMI
    LCD1602.c
    LCD1602.H
  document
    readme.txt
```

```
01 /*头文件包含区*/
02 #include "config.h"
03 #include "TLC2543.h"
04 #include "arithmetic.h"
05 #include "LCD1602.h"
06 /*全局变量或静态变量定义区*/
07
08 /***********************************************
09 函数名称：main()
10 函数功能：主函数
11 输入参数：无
12 返回值：   无
13 ***********************************************/
14 void main()
15 {
16     INT16U SampleData = 0;        //保存采集值
17     INT8U EngineeringData[2] = {0,0};    //保存工
```

图 11 - 21 系统程序架构

11.7.2 config. h 源代码

config. h 源代码清单：

```
1 /**********************************************
2 文件名:config.h
3 功能:重定义数据类型,以简化输入
4      单片机引脚功能定义
5      定义符号常量,方便程序修改
6 版权:
7 作者:                版本号:            日期:
8 修改:
9 **********************************************/
10 #ifndef _CONFIG_H_
11 #define _CONFIG_H_
12 #include "reg52.h"
13 /*数据类型重新定义*/
14 typedef unsigned char  INT8U;           //无符号 8 位整型变量
15 typedef signed   char  INT8;            //有符号 8 位整型变量
16 typedef unsigned short INT16U;          //无符号 16 位整型变量
17 typedef signed   short INT16;           //有符号 16 位整型变量
18 typedef unsigned long  INT32U;          //无符号 32 位整型变量
```

```
19 typedef signed  long  INT32;          //有符号32位整型变量
20 typedef float         FP32;           //单精度浮点数(32位长度)
21 typedef double        FP64;           //双精度浮点数(64位长度)
22 /*单片机引脚功能定义*/
23 sbit TLC2543_OUTPUT = P2^0;           // 定义TLC2543输出脚
24 sbit TLC2543_INPUT = P2^1;            // 定义TLC2543输入脚
25 sbit TLC2543_CS = P2^2;               // 定义TLC2543片选引脚
26 sbit TLC2543_CLOCK = P2^3;            // 定义TLC2543时钟引脚
27 sbit TLC2543_EOC = P2^4;              // 定义TLC2543转换结束引脚
28 sbit LCD1602_RS =  P2^5;              //LCD1602串并传输选择端
29 sbit LCD1602_RW =  P2^6;              //LCD1602读写控制端
30 sbit LCD1602_E  =  P2^7;              //LCD1602使能端
31 /*符号常量定义*/
32 #define LCD1602_DATAPINS P1           //LCD1602数据传输口
33 #endif
```

11.7.3 main.c源代码

定义主函数的main.c源代码清单：

```
1 /*头文件包含区*/
2 #include "config.h"
3 #include "TLC2543.h"
4 #include "arithmetic.h"
5 #include "LCD1602.h"
6 /*全局变量或静态变量定义区*/
7 /*********************************************
8 函数名称:main()
9 函数功能:主函数
10 输入参数:无
11 返回值:  无
12 *********************************************/
13 void main()
14 {
15         INT16U SampleData = 0;                  //保存采集值
16         INT8U EngineeringData[2] = {0,0}; //保存工程量分离后的两位温度数据
17         TLC2543Init();                          //TLC2543初始化
18         LCD1602Init();                          //LCD1602初始化
19         LCDDisplayString("SensorTem:",0x83,10); //显示提示符
20         while(1)
21         {
22           SampleData = MeanValueDigitalFilter(0x00,5);  //采集5次后数字滤波
23           SamDataToEngData(EngineeringData,SampleData) ; //采集量转换为工程量
24           LCDDisplayVariable(EngineeringData,0xc7,2);   //显示工程量(温度值)
25         }
26 }
```

11.7.4 TLC2543.c源代码

定义主函数的TLC2543.c源代码清单：

```
1 /*********************************************
2 文件名:TLC2543.
3 功能:TLC2543采集模拟量驱动程序
4 版权:
5 作者:      版本号:        日期:
6 修改:
7 *********************************************/
8 #include "config.h"                    //包含配置头文件
9 #include "delay.h"                     //包含延时头文件
10 /*********************************************
11 函数名称:TLC2543_Init()
12 函数功能:TLC2543初始化
13 输入参数:无
14 返回值:  无
15 *********************************************/
16 void TLC2543Init()
17 {
18        TLC2543_CS = 1;
19        TLC2543_CLOCK = 0;
20        TLC2543_OUTPUT = 1;             //定义为输入引脚
21        TLC2543_EOC = 1;                //定义为输入引脚
22 }
23 /*********************************************
24 函数名称:TLC2543_Sample()
25 函数功能:TLC2543_Sample采集模拟量驱动函数
26 输入参数:Channel:通道号,必须是16进制,
27 返回值:  ADValue:模拟量对应的数字量
28 *********************************************/
29 INT16U TLC2543_Sample(INT8U Channel)
30 {
31        INT8U i;
32        INT16U ADValue = 0;             //保存采集的数字量
33        TLC2543_CS = 0;                 //TLC2543片选信号有效
34        for(i = 0;i < 12;i++)
35        {
36            if(TLC2543_OUTPUT)
37            {
38                ADValue |= 0x01;        //读取上次转换结果中的1位(高位在先)
39            }
40            TLC2543_INPUT = (bit)(Channel & 0x80);//取通道号数据中的1位(高位在先)
41            TLC2543_CLOCK = 1;          //上升沿时传输数据
```

```
42              ShortDelay(17);
43              TLC2543_CLOCK = 0;
44              ShortDelay(17);
45              Channel <<= 1;                    //通道号数据左移1位
46              ADValue <<= 1;                    //保存上次转换结果数据左移1位
47          }
48          TLC2543_CS = 1;
49          while(!TLC2543_EOC);
50          ADValue >>= 1;
            //由于保存上次转换结果的数据多了1次左移1位需右移1次还原
51          return(ADValue);
52 }
```

11.7.5　TLC2543.h 源代码

定义主函数的 TLC2543.h 源代码清单：

```
1 #ifndef _TLC2543_H_
2 #define _TLC2543_H_
3 void TLC2543Init();
4 INT16U TLC2543_Sample(INT8U Channel);
5 #endif
```

11.7.6　arithmetic.c 源代码

定义主函数的 arithmetic.c 源代码清单：

```
1 /*********************************************
2 文件名:arithmetic.c
3 功能:工程中各种算法函数
4 版权:
5 作者:          版本号:        日期:
6 修改:
7 *********************************************/
8 #include "config.h"
9 #include "TLC2543.h"
10 /*********************************************
11 函数名称:MeanValueDigitalFilter()
12 函数功能:采用平均值法对采集值进行数字滤波
13 输入参数:Number:采集的次数,要求不小于3次;
14          Channel:通道号,用16进制表示
15 返回值:FilterValue:数字滤波后的采集值
16 *********************************************/
17 INT16U MeanValueDigitalFilter(INT8U Channel,INT8U Number)
18 {
19          //平均值数字滤波方法:去掉最大值和最小值,再求平均值
20          INT8U i;
```

```
21          INT16U FilterValue;                       //保存数字滤波后的采集值
22          INT32U temp;                              //临时保存采集值
23          INT32U sum;                               //保存采样数据累加器
24          INT32U max;                               //保存最大采样值
25          INT32U min;                               //保存最小采样值
26          temp = TLC2543_Sample(Channel);           //去掉第 1 个采样值(上次采集值)
27          sum = TLC2543_Sample(Channel);            //采集真正的第 1 次值
28          max = TLC2543_Sample(Channel);            //采集真正的第 1 次值
29          min = TLC2543_Sample(Channel);            //采集真正的第 1 次值
30          for(i = 1;i < Number;i + + )
31          {
32                  temp = TLC2543_Sample(Channel);//采集下 1 次值
33                  sum + = temp;                     //累加和
34                  if(temp > max)
35                  {
36                          max = temp;               //保留最大值
37                  }
38                  else if(temp < min)
39                  {
40                          min = temp;               //保留最小值
41                  }
42          }
43          sum - = max;                              //去掉最大值
44          sum - = min;                              //去掉最小值
45          FilterValue = sum/(Number - 2);           //求剩余平均值
46          return(FilterValue);
47 }
48 / ***********************************************
49 函数名称:SamDataToEngData()
50 函数功能:AD 采样值转换成工程量
51 输入参数:SampleData:AD 采样值
52 返回值:  EngineeringData:工程量
53 *********************************************** /
54 void SamDataToEngData(INT8U DecData[ ], INT16U SampleData)
55 {
56          INT32U temp = 0;
57          FP32 Voltage = 0;
58          FP32 Temperature = 0;
59          Voltage = SampleData * 5.0 / 4095.0;
60             //0V 对应 000H,5V 对应 FFFH
61          Temperature = 100.0 * Voltage - 273.2;
62             //2.732V 对应 0 度,3.332V 对应 60 度
63          temp = (INT32U)(Temperature);
```

```
64          DecData[0] = temp / 10;
65          DecData[1] = temp % 10 ;
66 }
```

11.7.7　arithmetic. h 源代码

定义主函数的 arithmetic. h 源代码清单：

```
1 #ifndef _ARITHMETIC_H_
2 #define _ARITHMETIC_H_
3 void SamDataToEngData(INT8U DecData[], INT16U SampleData);
4 INT16U MeanValueDigitalFilter(INT8U Channel,INT8U Number);
5 #endif
```

附　　录

附表 1　　**部分新旧电气元件符号对照表**

名称	新符号		旧符号（本书采用符号）	
	文字符号	图形符号	文字符号	图形符号
二极管	VD		D	
发光二极管	VL		D	
开关	S		S，SW	
按钮开关	SB		K	
电池组				
极性电容	C		C	
三极管	VT		Q	
与门		&		
或非门		≥1		

附表 2 **实验开发板元器件清单**

电容、晶振、二极管、三极管（9 样）		
原理图文字符号	元器件名称	单个数量
C1，C2	33pF 插件电容	2
C3，C6，C7	104（0.1μF）插件电容	3
C18，C19	20pF 插件电容	2
E1	10μF/25V 插件电容	1
D9	二极管（插件）	1
Q1	NPN 插件三极管 S8050	1
X1	11.0592MHz 晶振	1
X2	32.768kHz 晶振	1
X3	12MHz 晶振	1

插座、插针、跳帽、开关、发光二极管等塑料件（8 样）		
原理图文字符号	元器件名称	单个数量
J1，J2，J5，JP6，J8，HEADER2×2，VCC，GND	（40 针）	2
Zigbee，LCD－1602	2.54mm 单排排母（40 孔）	1
	短路块（跳线帽）2.54mm	3
P1	6 脚自锁开关	1
S1，S2，S3，S4，S5	4 脚按链开关	4
L5，L6，L7，L8，L9，L10，L11，L12	发光二极管 LED	8（黄 4＋白 4）
LED0	发光二极管 LED	1 绿
LED1，LED2，LED3，LED4	发光二极管 LED	4 红

续表

电阻（8样）		
原理图文字符号	元器件名称	单个数量
J10	9针排阻（5.1kΩ）	1
R3	电位器（10kΩ）	1
R1，R29，R30，R31	10kΩ插件电阻	1
R2	5.1kΩ插件电阻	1
R18	470Ω插件电阻	1
R20	100Ω插件电阻	1
R4，R5，R6，R7，R8，R9，R10，R11，R12，R13，R14，R15，R16，R17，R19，R32	1kΩ插件电阻	16
R21，R22，R23，R24，R25，R26，R27，R28	200Ω插件电阻	8
芯片及插座、LCD显示屏（9样）		
原理图文字符号	元器件名称	单个数量
DS18B20	DS18B20	1
	DS18B20底座（单排圆孔座）	1
DS1302_2	DS1302	1
	8PIC插座	1
	40PIC插座	1
STC12C5A32S2	STC单片机	1
L298N	L298N电机驱动	1
	杜邦线（母对母）	3

续表

其他（9样）		
原理图文字符号	元器件名称	单个数量
BATTERY	CR1220 3V 电池	1
	贴片 CR1220 纽扣电池座	1
DS1 - 4	4 位共阴数码管（0.36 英寸）	1
BELL	5V 有源蜂鸣器	1
USB	PL2303USB 转 TTL 电源供电 & 程序烧写	1
电机		1
铜柱＋螺母		各 4
杜邦线	长	1
LCD _ 1602	LCD _ 1602 显示屏	1
7289BS	贴片芯片 ZLG7289BS	1

附表 3 **考核表样式**

STC单片机实验开发板考核表	
班级： 姓名： 学号：	
内　　容	备　　注
最小系统	
单片机 I/O 端口控制实验	
蜂鸣器驱动实验	
按键实验	
数码管显示实验	
液晶屏显示实验	
直流电机控制实验	
电子万年历显示实验	
温度显示实验	
多路温度无线检测实验	
波特率	
学生签名	
备注	

参考文献

[1] 何立民．单片机高级教程——应用与设计［M］．2 版．北京：北京航空航天大学出版社，2006.
[2] 张毅刚，彭喜元，彭宇．单片机原理及应用［M］．2 版．北京：高等教育出版社，2010.
[3] 楼苗然，胡佳文，李光飞．单片机实验与课程设计（Proteus 仿真版）［M］．杭州：浙江大学出版社，2010.
[4] 曹文．电子设计基础［M］．北京：机械工业出版社，2011.
[5] 郎朗．单片机原理与应用实验教程［M］．合肥：合肥工业大学出版社，2013.
[6] 陈孟元．DSP 应用设计与实践开发—TMS320F28x 系列［M］．北京：中国电力出版社，2016.